- 福建省科学技术协会2014年科技思想库重大专项"福建省生态文明建设与发展问题研究（项目批准号：FJKX-ZD1401）"
- 福州大学哲学社科研究后期资助项目"科普资源开发与经济发展方式转变——基于省域层面的实证研究(项目批准号：14HQS09)"

KEPU ZIYUAN KAIFA YU JINGJI FAZHAN FANGSHI ZHUANBIAN
—— JIYU SHENGYU CENGMIAN DE SHIZHENG YANJIU

科普资源开发与经济发展方式转变
——基于省域层面的实证研究

丁 刚 / 著

中国财经出版传媒集团
经济科学出版社
Economic Science Press

图书在版编目（CIP）数据

科普资源开发与经济发展方式转变：基于省域层面的实证研究/丁刚著. —北京：经济科学出版社，2017.6
ISBN 978 - 7 - 5141 - 8194 - 4

Ⅰ.①科… Ⅱ.①丁… Ⅲ.①科学普及 - 资源开发 - 研究 - 中国 Ⅳ.①N4

中国版本图书馆 CIP 数据核字（2017）第 162182 号

责任编辑：王柳松
责任校对：杨　海
版式设计：齐　杰
责任印制：邱　天

科普资源开发与经济发展方式转变
——基于省域层面的实证研究
丁　刚　著

经济科学出版社出版、发行　新华书店经销
社址：北京市海淀区阜成路甲 28 号　邮编：100142
总编部电话：010 - 88191217　发行部电话：010 - 88191522
网址：www.esp.com.cn
电子邮件：esp@esp.com.cn
天猫网店：经济科学出版社旗舰店
网址：http://jjkxcbs.tmall.com
北京季蜂印刷有限公司印装
710×1000　16 开　12.75 印张　300000 字
2017 年 6 月第 1 版　2017 年 6 月第 1 次印刷
印数：0001—1200 册
ISBN 978 - 7 - 5141 - 8194 - 4　定价：43.00 元
（图书出现印装问题，本社负责调换。电话：010 - 88191510）
（版权所有　侵权必究　打击盗版　举报热线：010 - 88191661
QQ：2242791300　营销中心电话：010 - 88191537
电子邮箱：dbts@esp.com.cn）

目录

第1章 绪论 ………………………………………………………………… 1

    1.1 研究背景和意义 / 1

    1.2 国内外研究现状述评 / 3

    1.3 研究内容与方法 / 14

第2章 省域科普资源开发绩效评价 …………………………………… 15

    2.1 科普资源的内涵界定 / 15

    2.2 基于全局熵值法的省域科普资源开发绩效综合评价 / 21

第3章 省域经济发展方式转变的绩效评价 …………………………… 32

    3.1 经济发展方式转变的内涵 / 32

    3.2 基于单一指标评价法的省域 TFP 测算 / 33

    3.3 涵盖 TFP 指标的省域经济发展方式转变绩效综合评价 / 43

第4章 科普资源开发对经济发展方式转变影响的省域实证分析 ……… 54

    4.1 基于空间面板 Durbin 模型的总体宏观影响作用测度 / 54

    4.2 基于 BGWR 模型的个体微观影响作用测度 / 57

第5章 省域科普资源开发绩效的探索性空间数据分析 ……………… 64

    5.1 研究方法介绍 / 64

    5.2 科普资源总体开发绩效层面 / 67

    5.3 科普人力资源开发绩效层面 / 74

    5.4 科普财力资源开发绩效层面 / 79

    5.5 科普场地资源开发绩效层面 / 85

    5.6 科普传媒资源开发绩效层面 / 91

5.7 科普活动资源开发绩效层面 / 96

第6章 省域经济发展方式转变绩效的探索性空间数据分析 ………………… 103

6.1 经济发展方式转变总体绩效层面 / 103
6.2 经济增长绩效层面 / 110
6.3 经济结构绩效层面 / 116
6.4 环境友好绩效层面 / 121
6.5 自主创新绩效层面 / 127
6.6 生活质量绩效层面 / 132
6.7 统筹省域经济发展方式转变进程的思路 / 138

第7章 科普资源共建共享：促进省域经济发展方式转变的必然选择 ……… 148

7.1 科普资源共建共享的由来与含义 / 148
7.2 科普资源共建共享的要素及方式 / 151
7.3 科普资源共建共享的条件和原则 / 154
7.4 国内外科普资源共建共享的主要经验 / 156
7.5 科普资源共建共享的机制 / 164
7.6 省域科普资源共建共享的空间溢出效应分析 / 169
7.7 促进省域科普资源开发共建共享的对策建议 / 181

参考文献 / 191

第1章

绪论

1.1 研究背景和意义

改革开放以来,中国经济发展取得了举世瞩目的成就,但仍面临经济结构不尽合理、经济增长质量有待提升等问题的严峻挑战,资源短缺、环境污染、生态破坏等现象日趋严重,区域经济协调发展的目标尚未实现。

当前转变中国省域经济发展方式具有极其重要的现实意义。主要体现在:

第一,转变经济发展方式是深入贯彻科学发展观的需要。科学发展观是以人为本,全面、协调、可持续的发展观,强调经济、社会和人的全面发展,要求经济发展不能单纯以追求经济总量为目标。转变经济发展方式相对转变经济增长方式而言,其含义更为广泛和深刻。转变经济发展方式不仅追求经济总量的增长,还突出体现经济结构、自主创新、资源节约、以人为本等领域的改进。根据对转变经济发展方式含义的阐释分析可知,转变经济发展方式的根本目的是经济发展成果由全体人民共享,同时也体现了全面协调可持续发展的理念,因此其能充分反映科学发展观的核心要义,进一步深化和丰富了科学发展观。

第二,转变经济发展方式是推动经济持续健康发展的需要。近年来,中国区域经济一直快速增长,2010年中国GDP更是首次超过日本,成为世界第二大经济体。然而在取得显著成就的同时,亦应清晰地认识到现有经济发展方式存在的不足。当前中国区域经济增长仍以投资和出口为主,投资和消费结构性失衡,消费拉动经济增长的内生动力不足;三大产业结构不甚合理,第三产业特别是服务业比例不高;技术创新能力薄弱,产品附加值偏低;经济增长过分依靠资源能源的高投入和高消耗,经济发展的资源成本过于昂贵。因此,必须大力促进各省域转变经济发展方式，依靠科技的拉动作用实现产业结构的调整优化，推动各省域经济实现又好又快发展。

第三，转变经济发展方式是推进区域经济社会协调发展的需要。改革开放以来，为充分调动社会各方面经济建设的积极性，中国采取鼓励一部分人、一部分地区先富起来的非均衡经济发展策略，这在一段时间内无疑促进了中国经济的快速发展。然而，随着经济发展水平的不断提升，中国不同省域之间发展不均衡和社会不同阶层间收入差距扩大的问题亦逐渐凸显。促进各省域经济发展方式转变能够提高社会经济增长效益，提高全体国民的福利水平，使全体国民共享经济发展的成果。

第四，转变经济发展方式是实现区域可持续发展的需要。在可持续发展理念的指导下，实现人类各种需要的满足，不能以破坏资源和生态环境为代价，也不应阻碍经济、社会和生态的协调发展，然而现实情况却不容乐观。长期以来，在旧有的"高投入、高消耗、高排放、低效益"的粗放型增长方式下，中国资源利用效率低，浪费现象严重。与此同时，中国的环境和生态问题亦因过度追求经济增长而日益凸显出来。由于一直沿用粗放的经济发展方式，中国主要污染物排放量已经远远超过环境的承载能力。促进各省域转变经济发展方式对实现经济、社会和资源环境的可持续发展有着重要意义。

在充分了解转变省域经济发展方式紧要性的同时，还应认识到促进省域经济发展方式转变协调发展问题的重要性。一方面，促进省域经济发展方式转变协调发展是中国社会追求共同富裕和稳定发展的内在要求，区域经济发展方式转变进程不均衡往往是引发社会动荡的重要原因，发达国家和发展中国家的深刻教训都证明了这一点，只有促进省域经济发展方式转变协调发展，才能实现各省域的共同发展，实现整个社会的共同富裕。另一方面，促进省域经济发展方式转变协调发展亦是实现省域共同利益的现实需要。在社会主义市场经济条件下，既要承认省域之间存在的竞争关系，更不能忽视省域之间存在不可分割的共同利益。生产力水平的提高会将其影响作用溢出原有地域范围之外，不断提升的生产力会向新的更为广阔范围内的省域转移和扩展，并且在其他省域形成新的聚集。由于各省域之间先天自然条件和后天发展基础导致的差异性，使得各省域经济发展方式转变进程之间具有强烈的互补性，这是各省域之间进行区域合作的内在经济动因。

不言而喻，技术进步和人力资本提升是推动经济发展方式转变的强大动力。科学技术知识的普及是提高公众科学素养，进而促进人力资本积累和技术进步转化为现实生产力的重要手段，对于推动经济发展方式转变有着重要意义。事实上，改革开放以来中国高度重视科普资源的建设问题，发布了《关于加强科学技术普及工作的若干意见》，颁布了《中华人民共和国科学技术普及法》，制定并实施了《全民科学素质行动计划纲要》，明确指出要提高科普资源开发能力，以此来提高公民科学素质，推进各项事业的蓬勃发展。由是观之，科普资源开发会对省域经济发展方式转变产生影响作用似乎是毋庸置疑的。但问题的关键在于，在实证层面尚缺乏对于此种影响作用是否存在、若存在其大小程度如何的论据支持。本书认为，对于省域科普资源开发绩效和经济发展方式转变绩效的科学评价是达成这一实证分析目的的关键。与此同时，由于中国各省域的科普资源开发和经济发展方式转变的情形不尽相同，因而在实证分析时将空间差异因素纳入应是合理的，既有利于了解省域科普资源开发绩效和经济发展方式转变绩效的空间异质性，又有助于将省域科普资源开发对经济发展方式转变的影响作用作差别化、精细化解读。

实际上，省域科普资源开发对经济发展方式转变的影响作用颇为复杂。一般而言，省域经济发展方式转变和科普资源开发行为确实仅限定于在本行政区划之内发生，但其空间上的交互作用和影响可能是一个不容忽略的客观事实。在实证分析时，若不能充分考虑该影响作用机制的复杂性，往往会使得分析结果的客观性和科学性受到质疑。基于上述认知，笔者认为，从可充分诠释空间交互作用机理的空间统计和计量分析视角入手，对其予以剖析和解读或许是较为客观的一条思路。

1.2 国内外研究现状述评

1.2.1 经济发展方式转变的理论内涵

经济发展方式转变是具有中国特色的新提法、新战略，专门以经济发展方式转变理论内涵为主题的国外文献极为少见。相关研究多集中于经济增长、经济发展和可持续发展领域。

早期的西方经济学以经济增长理论为研究重点，通过建立经济学模型来分析经济增长的动力源泉。自亚当·斯密开始，西方经济学形成了古典经济增长理论、新古典经济增长理论和新经济增长理论三大理论体系。以亚当·斯密、大卫·李嘉图为代表的古典经济增长理论十分重视生产要素投入规模对经济增长的促进作用，并将劳动和资本的投入视为经济增长的主要动力源泉；以罗伯特·索洛、斯旺为代表的新古典经济增长理论认可劳动和资本的投入对于经济增长的促进作用，但该理论指出，长远来看经济增长的决定因素是技术进步而非资本积累和劳动力的增加；以阿罗、罗默、卢卡斯、戴维斯、诺斯为代表的新经济增长理论在将技术进步对经济增长的影响作用内生化的同时，亦将人力资本、制度创新等因素引进经济增长模型，强调其在经济增长中发挥的重要作用。其中，阿罗和保罗·罗默打破了索洛模型的假设前提，将技术进步对经济增长的影响作用内生化，建立了内生经济增长理论，着重探讨了内生技术进步与外溢对经济持续增长的作用；卢卡斯把人力资本当作一个独立的要素纳入经济增长模型，将人力资本看作经济增长的发动机；以诺斯为首的新制度经济学家，认为经济增长的决定因素是降低交易费用以及所遵循的制度因素及其创新。

由于过度追求增长速度使得许多西方国家的经济发展遭遇"瓶颈"，出现了"有增长无发展"的情况，经济增长的成果并没有惠及普通人民，失业率上升、贫富差异拉大、环境污染加重等问题日益严峻。20世纪60年代末开始，很多学者开始反思经济增长至上论的弊端，逐步形成了经济发展观，此时学术界对于发展的阐释发生了明显的变化，增长和发展的概念被明确区分开来。瑞典发展经济学家缪尔达尔（Myrdal，1968）指出，经济发展不只是GDP的增长，而是一种包括整个经济、文化和社会发展过程的上升运动，英国发展经济学家D. 西尔斯（D. Sears，1969）明确反对将经济增长视为发展的目标，他指出仅注重增长本身是不够充分的，也许对社会有害，一个国家除非在经济增长之外，在不平等、失业和贫困方面趋于减少，否则不可能享有发展。美国学者迈克尔·托达罗（Michael. Todaro）认为，发展是包括整个经济和社会体制的重组和重整在内的多维过程的变化。除了收入和产量的提高外，发展显然还包括制度、社会和管理结构的基本变化以及人的态度。

可持续发展诞生于20世纪70年代，80年代形成了较为完整的理论体系，90年代逐渐被社会各界认可。在经历过经济增长的黄金时期后，人口膨胀、资源耗竭和生态失衡问题不仅危害了人民的日常生活，还直接制约了经济增长水平的提升。于是，一种重新审视经济增长与人类、社会、环境、资源间关系的发展理论引发了大众的广泛关注，即可持续发展理论。可持续发展意味着，生态—经济—社会复合系统的整体有序、协调演进，其核心是人与自然的和谐统一与共同进步，人既是可持续发展的主体和动力，又是实现可持续发展的目的。随后，以可持续发展观为理论基石又诞生了多种经济发展模式，如循环经济、低碳经济、绿色经济等。

就国内研究现状而言，长期以来经济增长和经济发展作为内涵相似的两个概念一直未被理论界严格区分。经济增长是一个被国内研究者广泛认可的经济学概念，论者围绕经济增长方式的内涵界定、经济增长的动力来源、经济增长方式的转变等领域展开了深入研究,形成了诸多富有理论意义和实践价值的研究成果。近年来,以全面发展、均衡发展、可持续发展为核心理念的经济发展概念,引起了理论界的广泛关注与认可。

1. 经济增长方式转变的内涵

国内学者从不同角度出发,对经济增长的内涵进行了阐释。例如,中国经济发展研究会副会长颜鹏飞(2011)在谈到经济增长和经济发展的区别时强调,经济增长特指社会财富的增长,而经济发展包涵了社会经济各领域的变化。杨磊(2012)从发展经济学的视角阐释了经济增长的内涵,他认为经济增长是指在一定时期内一个国家或地区由于就业人数的增加、资本的积累和技术的进步等原因,经济规模在数量上的扩大,国民生产总值是衡量经济增长的主要指标。郑予洪(2013)则指出,经济增长是指以 GDP 等经济总量指标表示的某个国家或地域的经济增长量,随着时代的发展,经济增长还包括产业结构优化、经济效益提高、资源合理配置及环境污染治理等内容。这种广义上的界定,使得经济增长的范围扩充到与经济发展几乎等同的地步。

改革开放 30 多年来,中国依靠粗放型的经济增长方式获得了持续的高速增长,创造了令世界瞩目的"中国奇迹"。但伴随粗放型经济增长方式而产生的"高投入、高能耗、高污染、低效率"的问题,使得粗放型经济增长广受诟病。如何实现经济增长方式的转变,成为研究领域的热点问题。例如,卫兴华和侯为民(2007)认为,正是由于中国经济在运行中仍然具有的粗放型特征,制约了经济的可持续发展和国际竞争力的提高。从中国经济发展所处的阶段和现实国情看,集约型增长是经济增长方式的必然选择。这一观点代表了学术界在经济增长方式转变问题上的主流观点。张卓元(2005)则认为,转变经济增长方式不限于从粗放型转变为集约型,而是要从高投入、高消耗、高排放、低效率的粗放型经济增长方式,转变为低投入、低消耗、低排放、高效率的资源节约型经济增长方式,要把提高自主创新能力和节约资源、保护环境纳入经济增长转型的范畴中来。

制约经济增长方式由粗放型向集约型转型的因素,包括体制机制、生产要素投入比例、资源环境压力、市场定价机制等。经济增长方式转型该从何处着手,不同的学者从多个角度提出了建议。王小鲁(2000)认为,传统经济增长方式的根源在于现行经济体制,因此,要实现经济增长方式的根本转变就要对企业产权、生产要素产权制度以及环境资源产权制度进行创新和变革。唐龙(2009)从体制改革的视角出发研究经济增长方式转变问题,他认为转变经济增长方式需要深化经济体制改革,通过约束政府行为,转变政府职能,改革财税体制,加快国有企业股份制改革等措施来推动经济增长方式的转变进程。王一鸣（2007）提出，转变经济增长方式的核心是培育市场功能。宏观上而言，要深化资源价格形成机制、财税体制、投资体制、行政管理体制改革，构建经济增长方式转变的宏观环境。微观上而言，要以企业改革为重点，加快现代企业制度建设。林毅夫和苏剑（2007）结合中国要素禀赋结构指出，现阶段较为可行且有效的经济增长方式转变做法是：将增长方式从资本密集型和自然资源密集型向劳动投入为主的增长方式转变，此外还应为企业建立一个合理的要素价格体系，优化资源配置。林卫斌等（2012）研究发现，现有的高能耗、高污染的增长方式从根本上是由当前的能源定价机制和能源价格体系决定的，因此，从能源环境视角看，转变经济增长方式从根本上要求改革现有的能源环境定价机制，改变现有的扭曲的能源环境价格体系。唐龙（2009）亦提出，资源及环境价格改革成为21世纪转变经济增长方式的一个关键环节。顾成军和龚新蜀（2012）构建了最终消费率和环境保护投资两变量对经济增长及其增长方式转变影响的模型，利用统计数据对模型进行实证检验，建议一方面，要努力实现政府投资和消费对经济增长方式转变的共同推动，另一方面，应持续加大环境保护投资。孙祖芳（2009）探讨了人力资源因素对于经济增长方式转变的重要作用，研究结论表明中国作为一个具有劳动力资源比较优势的国家，应该充分重视人力资本投资，提高人力资源综合素质，促进经济增长从粗放型向集约型转变。厉无畏和王振（2006）从经济结构的调整、推进产业服务化、坚持实施"走出去"战略、科技的自主创新、调整能源战略、大力发展循环经济、土地和水资源的节约利用、建设节约型政府以及发展创意产业八个方面为中国的经济增长方式转变开辟了新的路径。

2. 经济发展方式转变的内涵

经济发展是一个以经济增长为基础，包含了经济增长质量提升、产业结构优化、社会福利增进、生态环境保护等多元化要素的经济学概念。刘承功等（2001）、胡学勤（2006）、颜鹏飞（2011）、杨磊（2012）和都波（2012）等学者从经济发展与经济增长的关系着手，对经济发展的含义予以阐释。例如，胡学勤（2006）认为，与经济增长相比，经济发展是一个既侧重经济质量改变又侧重经济结构改善的长期性战略目标；颜鹏飞（2011）认为，经济发展一般是指，随着经济的增长而促成的社会经济各领域多方面的变化，如社会发展、文化发展及生态文明等；杨磊（2012）从发展经济学的视角出发，将经济发展定义为一个国家或地区国民经济量的增长与经济结构的优化，包括国民生产总值或国民收入的一定速度的增长和经济结构的升级换代在内的国民经济整体素质与综合国力的提高，经济发展包括经济增长，但其外延要比经济增长大得多；都波（2012）认为，经济发展的含义要比经济增长的含义广泛得多，它不仅包含经济数量的增加，还包含随着经济数量增加而引起的经济结构的变化，以及社会、文化和政治素质的提高和结构的深刻变化。亦有部分学者从其他角度出发定义了经济发展方式的内涵。如，贺立龙（2011）认为，经济发展方式体现科学发展观的本质，是以人为本、创新驱动、产业协调、环境友好的经济发展方式。欧志文等（2008）认为，经济发展方式是指，经济发展的方法和形式，经济增长方式、经济发展效益、产业结构调整优化、收入分配、环境保护和现代化程度都是经济发展方式的核心组成部分。吴树青（2008）认为，经济发展方式内涵丰富，不仅包括单纯的经济增长，经济发展方式的目的还包括调整优化经济结构、提高经济效益、降低能耗、提升资源综合利用率等。宋立（2011）从经济增长方式视角、经济模式和发展机制视角、发展绩效与发展方式评价视角三个不同角度，对经济发展方式的内涵进行了解读。

对于经济发展方式转变的内涵界定，学者们从不同视角出发取得了丰富的研究成果。如，吕政（2008）、陈柱兵（2008）、蒋志华等（2010）从全面均衡视角探讨了经济发展方式的转变。吕政认为，经济发展方式转变应在深刻认识经济发展背景的基础上，积极调整优化产业结构，正确处理发展速度和发展效益的关系，提高企业自主创新能力，统筹区域经济和生态环境协调发展。蒋志华等认为，经济发展方式的转变应以科学发展观替代传统发展观，用全面协调可持续的经济发展替代以往单纯的经济增长，用高级、优化的经济结构替代以往低级、简单的经济结构，发展目标、发展环境、发展理念、发展战略、发展模式亦应与时俱进。姚聪莉（2007）、奕文莲（2008）、肖元真（2008）等从经济结构着手探讨经济发展方式的转变，大多认为当前经济转型的核心问题是经济发展方式转变，经济发展方式转变应以产业结构调整优化为工作重点，促进体制机制改革，促进传统工业化向新型工业化转型，推进经济发展由数量型增长向质量型发展转变。

由于各地区的产业基础和资源禀赋存在差异，不同区域在转变经济发展方式方面所面临的问题和挑战亦各不相同，因而其转变路径也不尽相同。一部分学者认为，当前经济发展方式转变的关键是深化改革，完善社会主义市场经济体制。如，吴敬琏（2005）认为，要打破经济转型的体制性障碍就要推进经济体制和社会政治体制的改革；张卓元（2006）认为，转变经济发展方式的关键是深化政府改革。王一鸣（2007）认为，经济发展方式的转变与社会主义市场经济体制的完善是一个互动过程。现阶段加快转变经济发展方式，最根本的是要深化改革，完善资源价格形成机制，完善财税体制，加快行政管理体制改革。另一部分学者则认为，经济发展方式转变的关键是增强创新能力，只有不断创新才能维持经济发展方式转变的可持续性。如，卫兴华等（2007）认为，科技创新和体制创新是经济发展方式转变的根本出路；汪洋（2010）认为，转变经济发展方式的关键是增强自主创新能力，形成强大的核心竞争力才能实现经济发展方式的转变。

1.2.2 经济发展方式转变绩效评价

经济发展方式转变这一概念是符合中国国情的新提法，国外鲜有文献针对这一主题进行研究探讨，因而对经济发展方式转变绩效进行评价的文献亦极为鲜见。

目前，国内学术界主要采用两种方法来对经济发展方式转变绩效进行评价：

第一，以全要素生产率（total factor productivity，TFP）指标测算为主的单一指标评价法。该方法以技术进步为出发点，通过计算"索洛余值"得出 TFP 的增长状况，并据此来反映评价地区的经济发展方式转变现状。宗兆礼（2006）采用 TFP 指标评价法对山东省改革开放以来经济增长方式的转变情形进行了实证研究，邱竞（2008）在对北京市改革开放后的经济增长方式转变绩效进行评价时亦运用了 TFP 指标法。蒋晶晶和冯邦彦（2011）建立了全要素生产率增长率的模型，测算出 1985~2008 年广东省的全要素增长率，认为广东省的经济增长方式属于投资拉动型增长，有效劳动作用不明显。王大鹏等（2007）以 1990~2004年 22 个沿海发达城市及内陆副省级工业城市为样本，利用非参数 Malmquist 生产率指数方法对其全要素生产率变动、技术效率变化和技术变化进行了测算及分解。薛贺香（2012）选择全要素生产率作为测度变量，对河南省 1978~2009 年的经济发展方式转变绩效进行了实证探究。

第二，基于系统论方法，构建多维度、多层次的综合指标体系对各地区的经济发展方式转变绩效进行评价。该类研究大致可划分为两大类型，一类以各省域为研究对象来构建综合指标体系，另一类则以特定省域为研究对象来构建综合指标体系。以各省域作为研究对象进行评价指标体系构建的第一类研究文献较为丰富。如，骆希千（2009）对经济发展方式转变进行了定量分析，从经济发展、人民的生活水平与方式、资源环保和科技进步方面构建经济发展方式转变的指标体系。2010 年中国经济年会发布了《中国转变经济发展方式评价指数》，根据转变经济发展方式的总体要求设置经济社会发展水平指标、城乡结合指标、需求结构指标、产业结构指标、要素投入效率指标、创新能力指标和环境保护指标七类指标。李玲玲和张耀辉（2010）从理论层面入手诠释了经济发展方式转变的内涵，以经济增长方式转变的目标、动力、过程及结果为基本结构构建了三级指标体系。韩晓明（2013）设计了包含经济发展指数、经济发展动力指数、资源环境可持续指数和经济发展质量指数四类指数的转变经济发展方式进程测度体系。白雪飞（2013）从系统理论出发，构建了由经济系统、社会系统、自然系统和科技系统四大指标群组成的经济发展方式转变协调度评价指标体系，测度和分析了中国经济发展方式转变的协同度。裴卫旗（2013）以科学发展观为约束条件来测度经济发展方式的合理性转变，文章构建了经济效益、经济发展要素配置、经济结构、经济与社会和谐度、经济发展与环境和谐度等五大层面的指标来评价中国经济发展方式转变的合理性程度。

以特定省域作为研究对象进行实证探究的第二类文献数量亦较为可观。如，沈露莹（2010）立足于现阶段上海市转变经济发展方式的主要内涵和要求，构建了一套集经济增长、服务经济、城市功能、自主创新、资源集约和以人为本六个领域为一体的指标体系，并对上海市转变经济发展方式状况进行了实证分析和阶段评价。董正信等（2011）在对河北省经济发展方式转变进程进行评价时，构建了由社会总需求、产业结构、科技进步、资源环境和民生改善五个一级指标组成的指标体系，利用 1996～2008 年的数据对河北省的经济发展方式转变进程进行了实证探究。石宏博（2011）从经济发展、民生福利、环境评价与协调发展等方面选取反映经济发展方式转变的指标，运用因子分析法构建了经济发展方式综合评价模型，并进行了实证分析。关浩杰（2012）从经济增长、经济结构、经济效益、自主创新、资源环境、社会发展和民生角度出发选择评价指标来构建指标体系，对河南省的经济发展方式转变水平进行了实证考察，并得出河南省经济发展方式自 2001 年开始逐步好转的结论。尹奥等（2012）以现阶段山东经济发展方式转变的内涵为依据，构建了包括经济结构优化、经济质量增长、科技创新、经济增长对环境影响、社会和谐、经济效益六个层面的综合评价指标体系对山东省的经济发展方式转变进程进行了实证探究。许捷和龚新蜀（2014）以新疆生产建设兵团为考察对象，构建了由经济增长、发展动力、资源环境、社会发展四个一级指标组成的经济发展方式转变评价指标体系，实证研究结果表明新疆生产建设兵团需要从收入分配、市场化改革、资源利用效率等方面入手来加速经济发展方式转变的进程。

1.2.3 科普的含义

科普一词大约出现在 19 世纪中叶，它是伴随着科学的发展而产生的，科学发展走向专业化、职业化则是导致现代科普出现的直接原因（石顺科，2007）。

目前，国内外尚未对"科普"这一概念作出统一的界定，国外关于科普含义研究的主要学者有：J. M. 齐姆（J. M. Ziman，1977）、科内利斯·格斯塔夫·C.（Cornelis Gustaaf C.，1998）[①]、里恩·比恩韦尼多（León Bienvenido，1998）[②]、约翰·C. 伯纳姆（John C. Burnham，1987）、J. D. 伯纳（J. D. Bernard，1994）、罗伯特·K. 默顿（Robert K. Merton，1939）、诺鲁兹·阿利内泽（Noruzi Alireza，2008）[③]、巴萨拉·G.（Basalla G.，1976）、T. W. 伯恩斯和 D. J. 奥康娜（T. W. Burns & D. J. O'Connor，2003），普遍认为科普是面向公众的科学通俗化宣传，能够减少科学家和公众的距离。而国内关于科普含义的研究主要从内容界定、传播学和系统过程三个视角进行：（1）以科普的内容界定为视角研究科普的内涵。主要代表文献有章道义（1983）、郭治（1996）、周孟璞和松鹰（1984）、向进青（2002）、袁清林（2002），这些文献对科普内容的界定主要围绕科学知识、科学方法和科学思想三个方面展开；（2）从传播学的角度研究科普的内涵。主要代表文献有：江峻任（2004）、翟杰全（2010）和胡俊平等（2015），这些文献认为可将科普视为科技传播的一部分，一种信息传播的过程；（3）从系统过程的角度研究科普内涵。主要代表文献有，刘为民（2000）、何郁冰（2003）、李阳和丁秋蕊（2006）、翟树刚（2013），这些文献对科普的系统过程及基本要素等进行了研究。

1.2.4 科普资源的内涵

目前，关于科普资源内涵的研究，主要围绕科普资源的定义和分类展开：（1）关于科普资源的定义。代表性观点主要有：尹霖和张平淡（2007）从广义和狭义两个视角对科普资源进行了界定，认为广义的科普资源是科普社会实践和科普事业发展中所需要的一切有用物质，包括人力、财力、物力、知识、信息和组织制度等；狭义的科普资源指，科普活动、科普实践过程中所需要的要素及组合资源，如人力资源、资金资源、载体、产品、活动、信息等，其内涵包括科普项目或活动中所涉及的媒介和科普内容；任福君（2009）认为，科普资源是用于科普事业发展的人力、物力、财力、组织、政策环境、科普内容及信息等要素的总和。朱效民（1999）、湖北省科协课题组（2010）认为，科普资源是在一定的

[①] Cornelis Gustaaf C. Is Popularization of Science Possible. http：//www. bu. edu/wcp/Papers/Scie/ScieCorn. htm.

[②] León Bienvenido. Science Popularisation through television documentary：A study of the work of British wildlife filmmaker David Attenborough. http：//www. pantaneto. co. uk/issue15/leon. htm.

[③] Noruzi Alireza. Science Popularization through Open Access. http：//www. webology. org/2008/v5n1/editorial15. html.

社会经济、文化条件下对科普事业发展、繁荣有着直接影响或间接影响的因素;《2004年度广东省科普工作统计实施方案》指出,科普资源是指,科学技术知识传播的媒介和载体;吴华刚(2014)认为,科普资源是由开展科普活动所必需的各种要素构成的资源系统,主要包括实现科普目标所需投入的人力资源、财力资源、场地资源、传媒资源和活动资源。(2)关于科普资源的分类。代表性观点主要有:田小平(2003)将科普资源分为专业性资源和基础性资源两大类;牛政斌(2006)以文化资源范畴为视角,将科普资源分为文字音像形态的媒介资源、物化形态的设施资源、自然现象形态的资源、人力组织资源和公众活动形态的资源;任福君(2009)将科普资源概括为科普能力和科普内容或科普产品两类,前者涵盖人力、物力、财力、组织政策环境及科普信息等资源,后者包含传媒与信息类科普资源、场馆与基地类科普资源、活动类科普资源等资源。另外,湖北省科协课题组(2010)认为,科普资源是由人力资源、物质资源和资金资源组成;科技部政策法规与体制改革司在《2006年度全国科普工作统计调查方案》明确指出,科普资源包括科普机构和人员、科普经费投入、科普场地以及科普传媒等;上海科普资源开发与共享中心(2008)认为,科普资源是一个系统,包含科普物力资源、科普财力资源、科普人力资源和科普政策法规资源等。

1.2.5 科普资源开发绩效评价

截至目前,理论界专门以科普资源开发绩效评价为主题的文献极为鲜见,已有研究多集中在科普评估方面。

1. 科普评估的内容

张义芳、武夷山和张晶(2003)等依据中国科普工作的现状,将科普评估内容框架分为三个模块,即战略规划或计划的评估、重大活动或项目的评估和组织/管理能力的评估;张仁开和李健民(2007)探讨了科普评估的内涵,并提出科普评估的内容框架,可分为科普工作评估和公众科学素养调查,科普工作评估涵盖科普活动评估、科普机构评估、科普设施评估、科普传媒评估和科普项目评估六大方面,公众科学素养调查主要测度科普工作所产生的各类影响;史路平和安文(2010)介绍了构建科普项目评估指标体系的原则,指出科普项目评估框架的基本内容为投入、产出、效果、满意度和影响力五大方面。

2. 科普评价指标体系

张凤帆和李东松(2006)以科普评估的理念和功能为基础,提出应运用系统科学的分析方法建立科普评估指标体系，可运用多目标决策法构建多层次、多因素评估指标体系、运用隶属因子赋值法建立定性分析评估指标体系、采用德尔菲法确定各个评估指标的不同权重，并从科普项目投入、项目组织、项目独特性、产出情况、社会效果和满意度六个维度构建了中国科普项目评估指标体系；郑念和廖红（2007）对科技馆常设展览的评估的维度和类型、评估指标体系的构成等进行了理论上的探讨，从教育效果、吸引力和社会效果三个角度设计了评价指标体系；李健民和杨耀武（2007）等在归纳上海科普事业所取得的主要成绩基础上，依据相关科技评估和科普评估理论，构建了上海科普场馆评估指标体系、科普活动评估指标体系、科普示范社区评估指标体系和科普网站评估指标体系；戚敏，王宇良和徐惠琴（2007）在分析中国科普评估的现状和企业科普评估必要性的基础上，以评估设计、因子个数、检验修正为视角探究了企业科普资源评估的若干因子设计要点；张志敏（2010）以科普展览巡展的功能和社会效益理论为基础，从资源需求、资源共享和共享效果三个维度探析了科普展览巡展社会效益评估的指标体系；李婷（2011）以科普经费、人员配置和基础设施作为科普投入，以科普创作和科普活动作为科普产出，以组织管理和政策环境作为科普支撑条件，建立地区科普能力指标体系。

3. 科普评估的方法

《中国科普效果研究》课题组（2003）从科普投入、科普环境、科普活动效果和科普综合产出效果等方面入手，构建了科普效果综合评价指标体系，并运用综合指数法对中国东部地区、中部地区和西部地区的科普效果进行了评估；佟贺丰、刘润生和张泽玉（2008）以国家科普统计指标体系为基础，以科普人员、基础设施、经费投入、科普传媒和活动组织为一级指标构建了地区科普力度评价指标体系，并采用层次分析法构建综合评价模型以评价各地区的科普力度；张良强和潘晓君（2010）则以科普资源共建共享为视角，构建了科普资源共建共享水平的绩效指标体系、增强科普能力的绩效指标体系和提高科普效果的绩效指标体系，并以三个指标体系为基础运用层次分析法对各省域的科普资源共建共享绩效进行了实证评价与分析；李朝晖和任福君（2011）从规模、结构和效果三个维度设计了中国科普基础设施发展评估指标体系，并以中国科普基础设施发展评估指标体系为基础开展了专项问卷调查，采用德尔菲方法、综合评判和层次分析确定各级指标的权重，通过计算得到了中国科普基础设施发展评估结果；吴华刚（2014）采用全局主成分分析方法，以 31 个省域为样本空间，对其科普资源建设水平进行了分析评价；杨勇等（2015）选取区位商方法测度了中国科普产业中科普人员、科普场所、科普经费及科普媒介五个组成部分的集聚度，并利用投入产出法进行了测度与评价。

1.2.6 文献评述

纵观和科普资源开发与经济发展方式转变这一主题有关的已有研究成果，不难发现其呈现以下特点：

（1）国外文献资料缺乏对经济发展方式这一概念的内涵界定和系统研究，而国内研究却取得了颇为丰富的学术成果。早期研究集中于经济增长方式的内涵界定、经济增长方式转变的必要性和着力点等方面。随着经济发展方式转变这一概念为学术界广泛认可，研究重点转换为经济增长与经济发展的概念辨析、经济发展方式转变的内涵界定和关键环节探讨等方面。在对经济增长方式、经济发展方式进行内涵界定时，不同学者从各自角度出发做出了不同的含义阐释，迄今为止尚未形成较具权威性、认可度高的理论含义。

（2）已有文献主要运用单一指标法和综合指标法对经济发展方式的转变绩效进行评价。单一指标法的实质，是TFP及其贡献率的测算；综合指标法因其评价指标体系涵盖多个指标，显然同前者相比评价结果所涵盖的信息更为丰富，但已有文献在构建评价指标体系时多未纳入TFP指标，未实现单一指标法与综合指标法的有机结合，造成评价结果的客观全面性尚有待提升。

（3）科普资源相关理论研究近年来渐趋完善，从单一的科普内涵和科普资源含义延伸至对科普评估的内容框架和科普评价指标体系进行研究，且着重于科普项目评估、科普场馆评估、科普活动评估等方面，评价方法渐趋多元化，主要有德尔菲方法、层次分析方法等。但迄今为止，围绕科普资源开发绩效这一主题所展开的研究尚属显见。虽然已有文献采用层次分析法等综合评价方法对科普资源的开发效果进行实证研究，但运用评价领域较为成熟的定量方法，如以全局统一性、可比性和客观赋权为特征的全局熵值法展开研究的文献成果迄今尚未发现。

（4）已有研究大多未关注区域科普资源开发对于经济发展方式转变的影响，无论在理论分析还是在实证研究层面，均缺乏相关思考与探讨。从省域视角出发，将空间差异因素纳入区域科普资源开发绩效和经济发展方式转变绩效实证分析的文献亦属鲜见，缺乏关于区域科普资源开发对经济发展方式转变影响作用的实证分析和差别化、精细化解读。

1.3 研究内容与方法

1.3.1 研究内容

除第1章绪论外，本书拟将主要研究内容划分为四大模块。一是绩效综合评价模块。从省域层面出发，运用以客观赋权、动态可比为特征的全局熵值法，分别对省域科普资源开发绩效和经济发展方式转变绩效进行动态综合评价。二是影响作用测度模块。基于省域科普资源开发绩效和经济发展方式转变绩效的评价结果，首先，运用空间杜宾面板数据模型就"省域科普资源开发对经济发展方式转变影响作用是否普遍显著存在"这一命题进行检视；其次，若这一影响作用经实证分析普遍显著存在，拟运用空间变系数模型中的贝叶斯地理加权回归（bayesian geographically weighted regression，BGWR）模型对其空间差异性进行精细化解读。三是探索性空间数据分析模块。综合运用（ESDA）分析方法和基尼系数分析法，分别对各省域科普资源开发绩效、经济发展方式转变绩效的空间差异进行实证分析。四是政策建议模块。基于前述分析，有针对性地提出本书的政策建议。

1.3.2 研究方法

本书注重理论分析与实证研究相结合，采用定量分析与定性分析并重、宏观和微观相结合、理论研究和政策研究相结合的研究方法，定量分析与实证研究是本书的重点。在运用文献研究法，充分利用国内外数字化网络信息工具，如国内的中国知识网络服务平台（CNKI）、万方数据知识服务平台，国外的Elsevier（SDOL）、SpringerLINK等，广泛搜集有关文献，对已有研究成果进行归纳总结，并在搜集、整理相关统计数据的基础上，本书注重运用多种空间统计分析技术和多指标综合评价方法展开实证研究。所使用的具体研究方法主要有：

第一，全局熵值法，主要用于省域科普资源开发绩效和经济发展方式转变绩效的综合评价。

第二，空间杜宾面板数据模型和BGWR方法，主要用于省域科普资源开发对经济发展方式转变影响作用的实证分析与测度。

第三，ESDA方法，主要用于对省域空间差异的全局与局域可视化分析。

第四，基尼系数分解法和极化指数分析法，主要用于对省域空间差异的定量分析与精细化解读。

第 2 章

省域科普资源开发绩效评价

2.1 科普资源的内涵界定

对于科普资源这一概念,目前理论界并无统一的界定。然而,不言而喻,科普资源亦是一种资源。由此可见,若要对其进行科学界定,首先,须回溯其资源属性,从资源科学的角度对其进行探寻和审视;其次,科普资源与科普这一概念有着密不可分的联系,其不仅具有资源的一般特征,同时亦具备科普这一术语所赋予其的显著特点,涉及科普的各个环节及其实际运作。故而明晰科普、资源这两个术语的内涵,对本书有着极为重要的先导作用。

2.1.1 科普的含义

通常认为,"科普"是科学技术普及的简称。中国政府在 2002 年颁布的《中华人民共和国科学技术普及法》中曾对其作如下界定:科普是国家和社会采取公众易于理解、接受、参与的方式,普及科学技术知识,倡导科学方法,传播科学思想,弘扬科学精神的活动。在国外,"科普"这一概念往往被描述为"科技传播(the communication of science and technology)"或"公众理解科学(public understanding of science)"。目前,理论界对于科普较具代表性的定义有以下两种:

1. 传播学视角的定义

该观点侧重于从传播学角度对科普加以界定,认为科普活动是一种促进科技传播的行为,它的传播内容有三个层次,包括科学知识和适用技术、科学方法和过程、科学思想和观念。科普活动要通过大众传播，从而达到提高公众科技素养的效果（郭治，1996）。该观点把科普认定为以提高公众科学文化素质为目的的科技传播活动。

2. 科学学视角的定义

该观点侧重于从科学学角度对科普加以界定，认为"科普就是把人类研究开发的科学知识、科学方法以及融化于其中的科学思想、科学精神，通过多种方法、多种途径传播到社会的方方面面，使之为公众所理解，用以开发智力、提高素质、培养人才、发展生产力，并使公众有能力参与科技政策的决策活动，促进社会的物质文明和精神文明"（向进青，2002）。此种观点把科普认定为科学在发展过程中，在社会化过程中必然发生的社会现象，产生于科学活动向社会延伸的阶段之内，产生于科学的理论和成果向社会生产力和文化潜力转化的过程之中，是整个科学活动的重要组成部分，其基本职能之一就是把科学转化为生产力。

从上述具有代表性的定义来看，不难发现其在科普的受众与内容等方面含义大致相同，都把公众作为主要对象，将科学知识、科学方法、科学思想和科学精神视为科普所承载的主要内容，只是对科普理解的侧重点和角度有所不同。按照系统论的观点，将科普作为一个以公众为中心，以科学知识、科学方法、科学思想和科学精神的传播为目的的系统过程来认识，较为符合当前中国科普工作的实际状况和国际科普发展的特征和趋势。从内容、主体和渠道三个层面入手，可以更为全面地理解科普这一概念的具体含义。

科普内容包括五个主要方面：一是科学术语、科学理论、科学假说等基础知识类信息；二是科学方法、科学研究过程中的工具等实践类信息；三是包括、科学态度、科学精神在内的科学文化类信息；四是包括科学技术社会功能、科学技术应用后果在内的科技作用类信息；五是包括科学技术的发展、应用、政策、成效等在内的动态类信息。

科普主体可分为传播者群体，即科学家群体、其他知识群体和非知识群体如科技教育机构和企业、媒体组织中的科技传播者，以及科技场馆和技术示范推广机构的从业人员。此外，科普主体还应包括受众群体，如中国《全民科学素质行动计划纲要（2006~2010~2020年）》把未成年人、农民、城镇劳动人口、领导干部和公务员作为公民科学素质建设的四类重点人群，以重点人群科学素质行动带动全民科学素质的整体提高。

科普渠道涵盖各种传播渠道，如人际传播、群体传播、组织传播和大众传播等。大众媒介，如报纸、图书、期刊、广播、电视、网络则是科普特别应该关注的渠道。科普设施则是另一个重要的传播渠道，科技馆、博物馆、天文馆、展览馆、图书馆等在科普方面都发挥了重要作用。随着科技的发展，目前基于网络技术的数字科技馆的科普重要地位也在日益凸显。

2.1.2 资源的含义

对于资源这一概念，相关界定亦众说纷纭，至今还没有严格明确、公认权威的定义。如，《辞海》对"资源"的解释是"资财之源，一般指天然的财源"。美国学者肯特（Kent）认为："'资源'（resource）这个术语用于指人们在需要时所求助的一切事物、人或行为"。联合国环境规划署（UNEP）曾对资源下过这样一个定义："所谓资源，特别是自然资源，是指在一定时期、地点条件下能够产生经济价值，以提高人类当前和将来福利的自然因素和条件。"

目前，较具代表性的观点认为，资源就是指自然界和人类社会中可以用以创造物质财富和精神财富的具有一定量的积累的客观存在形态，其来源及组成，不仅是自然资源，还包括社会、经济、技术等因素，是一切可被人类开发和利用的物质、能量和信息的总称。

2.1.3 科普资源的含义

如前所述，对于科普资源这一概念，目前理论界并无统一的界定。目前，理论界较具代表性的观点主要可概括为如下几种类型：

1. 从广义和狭义的二维视角出发，试图较全面地对科普资源加以界定

此种界定主要基于如下认知，广义定义有利于科普事业的整体发展；狭义定义有利于科普实践活动的组织和开展。如，尹霖等（2007）认为，从广义上来说，科普资源是科普社会实践和科普事业发展中所需要的一切有用物质，包括人力、财力、物力、知识、信息和组织制度等；狭义的科普资源指科普活动、科普实践过程中所需要的要素及组合资源，如人力资源、资金资源、载体、产品、活动、信息等，其内涵包括科普项目或活动中所涉及的媒介和科普内容。莫扬等（2008）则认为，广义的科普资源是科普事业发展中所涉及的所有资源；狭义的科普资源是指科普实践中所涉及的科普内容及相应的载体。

2. 从实践层面出发，仅将科普资源视为科学技术知识传播的媒介和载体

此种界定在中国科普工作的实际操作层面应用得较为广泛，具有较强的习惯性和约束性。如，秦学等（2004）指出，所谓科普资源，简单地说，就是具有教育、培训、文化和旅游功能的对国民经济、社会发展和人民生活起推动作用的科学知识和技术的物质载体和条件。它是科普活动得以完成的最重要部分，并以此为依据对广州市的科普资源的类型及其分布情形进行了研究。亦有观点认为，科普资源是指科学技术知识传播的媒介和载体，包括科普人力资源、科普财力、科普场馆设施以及科普传媒网络等；持此种观点者在研究时多从科普工作的投入状况、科普创作人员状况、科普作品现状、科技馆现状等角度对科普资源这一概念进行分析。

3. 从科普资源构成的多样性出发，仅将科普资源作较为宽泛的界定

此种界定多认为科普资源的构成极为复杂、多种多样，因此仅对其进行了较为宽泛的界定。如，谢延新（2005）认为，科普资源的含义应该是"对国家和社会普及科学技术知识，倡导科学方法，传播科学思想，弘扬科学精神及有价值的物质和精神的存在"。朱效民（1999）则指出，科普资源是指在一定的社会经济、文化条件下对科普事业发展、繁荣有着直接影响或间接影响的因素。

4. 从系统论的角度出发，视科普资源为由各种资源要素组成的一个系统

此种界定为上海市科学技术协会所采用，认为科普资源也是一个系统，一切可用于科学普及活动的资源要素组成了科普资源系统，包括科普物质资源、科普人才资源、科普财力资源和科普政策资源等；任何一个要素的缺失，都会直接影响科普资源系统的功能。

如前文所述，科普资源这一概念，同科普与资源两大术语有着极为密切的联系。上述四类界定中，第二类虽可操作性较强，但涵盖范围仍嫌不够全面；第三类则太过宽泛，缺乏实际层面的可行性和应用性；唯有第一类和第四类界定在逻辑架构和体系安排上显得较为合理。但无论以上述四种观点中的哪一种来理解科普资源，按照表2-1所示，从资源科学角度对于资源的系统分类，单一的自然资源或社会资源界定显然不能涵盖科普资源的全部含义，科普资源中既包括自然资源，同时在更为宽泛的意义上具备社会资源的属性和特征；此外，从科普的内涵出发，循着将科普作为一个以公众为中心、以科学知识、科学方法、科学思想和科学精神的传播为目的的系统过程来认识这一思路，显然可将科普资源理解为一种包含一定体系架构的资源系统。

表 2-1　　　　　　　　　　　　资源分类系统表

1级	2级	3级
自然资源	土地资源	耕地资源
		林地资源
		草地资源
		城市用地资源
		工矿用地资源
		特种用地资源
		待开发土地资源
	生物资源	植物资源
		动物资源
		微生物资源
		基因资源
	水资源	地表水资源
		地下水资源
	气候资源	光资源
		热量资源
		降水资源
		空气资源
		风力资源
	矿产资源	能源矿产资源
		金属矿产资源
		非金属矿产资源
	能源资源	
	旅游资源	
社会资源	人力资源	智力资源
		体力资源
	人工设施资源	
	货币金融资源	
	教育资源	
	文化资源	
	知识信息资源	科学知识
		技术知识
		信息网络设施

资料来源：石玉林. 资源科学. 高等教育出版社, 2006.

据此，可将本书所界定的科普资源从系统论层面出发加以界定，视科普资源为一个由各种资源要素组成的不可人为分割的系统，即科普实践过程所必需的要素及其组合所形成的资源系统,主要包括科普投入(输入)系统和科普产出(输出系统)。前者主要包括达成科普目的所需投入的科普物力资源、科普人力资源、科普的财力资源和科普政策资源等科普能力类资源;后者则由在上述科普投入(输入)系统基础上经科普创作与管理过程所产出的科普活动、科普产品所构成。前者是科普事业发展的基础性条件,后者则是科普的内涵和具体内容,两者构成了科普资源的有机整体。在科普实践中,科普资源是一个复合动态的系统,不能人为分割,资源的表现形态多样,有时需要相互结合,才能发挥较好的效果。循着上述思路,在借鉴以往研究的基础上可将科普资源加以说明,见图2-1。

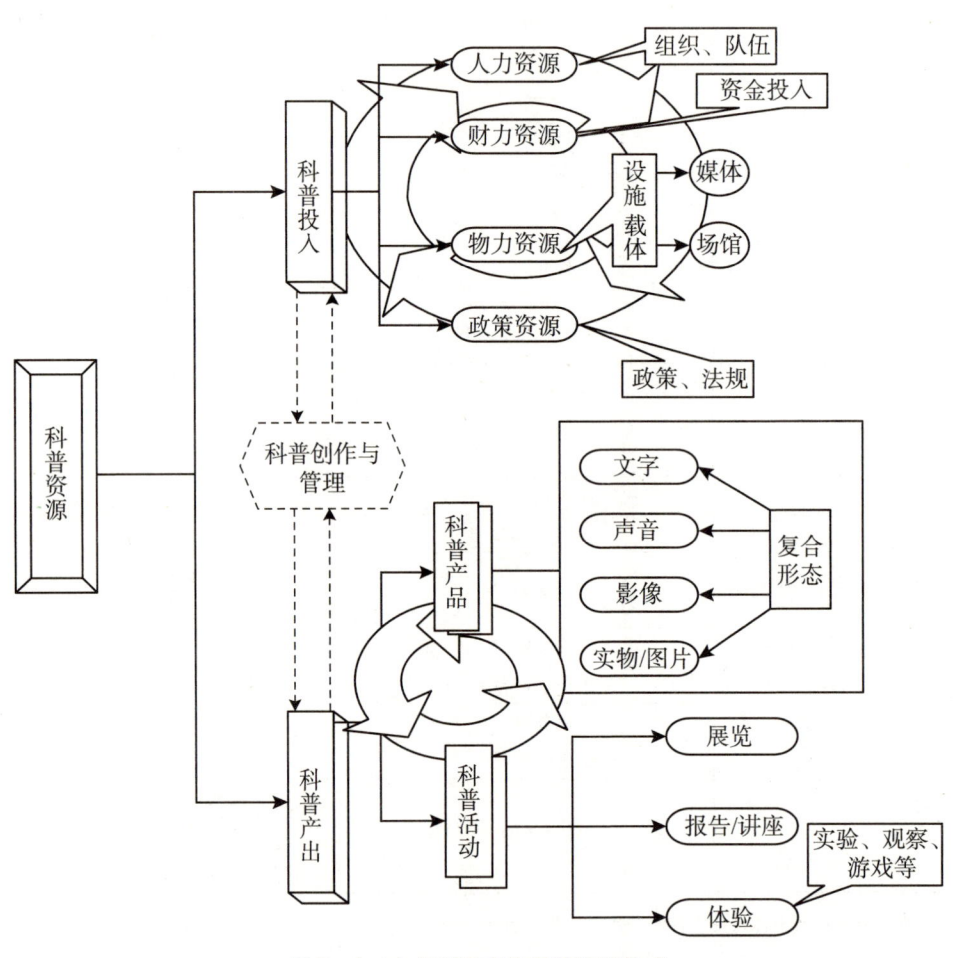

图2-1 本书所界定的科普资源构成

2.2 基于全局熵值法的省域科普资源开发绩效综合评价

2.2.1 评价指标体系的构建

在充分认识科普资源的含义及其特征的基础上，依据评价指标体系的整体科学性、动态可比性、简明可操作性等设计原则，尤其是考虑到数据资料的可得性和权威性（所有指标的数值均可通过国家统计部门发布的数据资料获得或计算得出），借鉴已有研究成果，本书拟从科普人力资源、科普财力资源、科普场地资源、科普传媒资源和科普活动资源五个操作性较强的层面入手构建科普资源开发绩效评价指标体系。具体框架见表2-2。

表2-2　　　　　　　　　科普资源开发评价指标体系框架

目标层	准则层	基础指标
科普资源开发绩效	科普人力资源	每万人科普人员数（人/万人）
		科普人员中专职人员所占比重（%）
		具有中级职称以上或本科以上学历人员数占科普人员数比例（%）
		注册科普志愿者占科普兼职人员数的比例（%）
		科普创作人员数占科普专职人员数比例（%）
	科普财力资源	人均科普经费筹集额（元/人）
		地区科普经费筹集额占GDP比例（%）
		人均科普经费使用额（元/人）
	科普场地资源	每百万人科普场馆数（个/百万人）
		每万人科普场馆展厅面积数（平方米/万人）
		每万人公共场所科普宣传设施数（个/万人）
	科普传媒资源	每万人科普图书发行量（册/万人）
		每万人科普期刊发行量（册/万人）
		每万人科普（技）类光盘发行量（张/万人）
		每万人科技类报纸发行量（份/万人）
		电视台播出科普（技）节目时间（小时）
		电台播出科普（技）节目时间（小时）
		科普网站个数（个）

续表

目标层	准则层	基础指标
科普资源开发绩效	科普活动资源	举办的三类主要科普活动总次数（次）
		三类主要科普活动参加人次占地区人口比例（人次/万人）
		科技活动周参加人次占地区人口比例（人次/万人）
		科普国际交流参加人次占地区人口比例（人次/万人）
		大学、科研机构向社会开放参观人次占地区人口比例（人次/万人）

资料来源：笔者在借鉴已有相关研究的基础上总结整理而得。

2.2.2 评价方法简介——全局熵值法

在评价研究领域，层次分析法、德尔菲法等主观赋权法的运用较为广泛，该类方法的固有缺陷是受人为因素影响较大，评价结果的可信度存在局限性。熵值法是一种在评价领域获得广泛应用的客观赋权法，与主观赋权法不同的是，熵值法不存在人为因素影响评价结果等问题，更具客观真实性。但是，由于熵值法缺乏对时间维度的考察，其适用范围仅限于横截面数据。由于本书所使用的数据是包涵空间跨度和时间跨度的面板数据，熵值法在此并不适用，因此，本书拟采用改进后的全局熵值法来实现对评价指标的客观赋权（孙玉涛等，2009）。基于全局熵值法的评价步骤如下：

1. 建立全局评价矩阵并标准化

假设对 m 个省域 T 年的绩效进行评价，其评价指标体系由 n 个指标构成。首先，建立评价系统的初始全局评价矩阵 $X = \{x_{ij}^t\}_{mT \times n}$，其中，$x_{ij}^t$ 表示第 i 个省域第 j 项评价指标 t 年的数值。由于各指标的量纲、数量级及正负取向均有差异，需要对 X 按以下公式作标准化处理：

$$(x_{ij}^t)' = \frac{x_{ij}^t - x_{jmin}}{x_{jmax} - x_{jmin}} \times 99 + 1 (i = 1, 2, \cdots, m; j = 1, 2, \cdots, n; t = 1, 2, \cdots, T)$$
(2-1)

$$(x_{ij}^t)' = \frac{x_{jmax} - x_{ij}^t}{x_{jmax} - x_{jmin}} \times 99 + 1 (i = 1, 2, \cdots, m; j = 1, 2, \cdots, n; t = 1, 2, \cdots, T)$$
(2-2)

在式（2-1）和式（2-2）中，(x_{ij}^t) 为标准化后的指标值，在 1~100 之间。x_{jmin} 是第 j 项指标的最小值，x_{jmax} 是第 j 项指标的最大值。正指标用式（2-1）处理，逆指标用式（2-2）处理。

2. 计算指标信息熵

第 j 项指标的信息熵计算公式为：

$$e_j = -K \sum_{t=1}^{T} \sum_{i=1}^{n} y_{ij}^t \ln y_{ij}^t \qquad (2-3)$$

在式（2-3）中，$y_{ij}^t = \dfrac{(x_{ij}^t)'}{\sum_{t=1}^{T}\sum_{i=1}^{m}(x_{ij}^t)'}$，常数 $K = \dfrac{1}{\ln mT}$，它与系统的样本数 m 有关。当一个系统的信息处于完全无序状态时，其有序度为零，信息熵 $e_j = 1$。

3. 估算评价指标权重

利用全局熵值法计算各指标的权重，实质上就是利用该指标信息的价值系数来计算，其价值系数越高则其对评价结果的贡献就越大。根据指标的价值系数可以得到第 j 项指标的权重 w_j，满足 $0 \leq w_j \leq 1$，$\sum_{j=1}^{n} w_j = 1$，计算公式为：

$$w_j = \dfrac{1 - e_j}{n - \sum_{j=1}^{n} e_j} \qquad (2-4)$$

4. 计算绩效评价得分

在计算出各指标权重的基础上，就可以利用式（2-5）计算得到各省域绩效综合评价得分：

$$s_i = \sum_{j=1}^{n} w_j (x_{ij}^t)' \qquad (2-5)$$

2.2.3 评价过程及结果分析

1. 评价过程

本书关注"十一五"时期以来的中国省域科普资源开发绩效。评价指标数据均来自中华人民共和国科学技术部发布、科技文献出版社出版的权威科普统计资料《中国科普统计》评价区间为 2006~2012 年。将所获得数据集按时间顺序依次排列，建成全局样本数据表。根据前文所述的全局熵值法实施步骤，经计算可得各指标的权重，如表 2-3 所示。

表 2-3　　省域科普资源开发绩效评价指标权重

目标层	准则层	基础指标	指标层权重
科普资源开发绩效	科普人力资源	每万人科普人员数（人/万人）	0.0103
		科普人员中专职人员所占比重（%）	0.0105
		具有中级职称以上或本科以上学历人员数占科普人员数比例（%）	0.0113
		注册科普志愿者占科普兼职人员数的比例（%）	0.0307
		科普创作人员数占科普专职人员数比例（%）	0.0176
	科普财力资源	人均科普经费筹集额（元/人）	0.0590
		地区科普经费筹集额占GDP比例（%）	0.0312
		人均科普经费使用额（元/人）	0.0631
	科普场地资源	每百万人科普场馆数（个/百万人）	0.0412
		每万人科普场馆展厅面积数（平方米/万人）	0.0550
		每万人公共场所科普宣传设施数（个/万人）	0.0104
	科普传媒资源	每万人科普图书发行量（册/万人）	0.0816
		每万人科普期刊发行量（册/万人）	0.0977
		每万人科普（技）类光盘发行量（张/万人）	0.0919
		每万人科技类报纸发行量（份/万人）	0.0745
		电视台播出科普（技）节目时间（小时）	0.0229
		电台播出科普（技）节目时间（小时）	0.0271
		科普网站个数（个）	0.0189
	科普活动资源	举办的三类主要科普活动总次数（次）	0.0172
		三类主要科普活动参加人次占地区人口比例（人次/万人）	0.0362
		科技活动周参加人次占地区人口比例（人次/万人）	0.0266
		科普国际交流参加人次占地区人口比例（人次/万人）	0.0827
		大学、科研机构向社会开放参观人次占地区人口比例（人次/万人）	0.0824

资料来源：根据历年《中国科普统计》相关数据计算整理而得。

根据全局熵值法绩效评价得分计算式（2-5），可计算得出各省域科普资源开发绩效情形，见表2-4。

表 2-4　　　　　　　　　省域科普资源开发绩效综合评价得分

		2006年综合得分	2008年综合得分	2009年综合得分	2010年综合得分	2011年综合得分	2012年综合得分	历年得分均值
东部	北京	57.87	52.27	60.26	52.94	50.45	51.44	54.21
	上海	22.33	27.55	32.42	31.81	32.42	36.34	30.48
	天津	11.88	11.10	15.37	24.68	17.07	14.31	15.74
	浙江	12.34	12.79	13.18	16.88	13.28	12.03	13.42
	江苏	10.21	12.04	13.49	13.51	14.04	12.15	12.57
	广东	10.16	11.43	11.95	12.87	10.91	9.64	11.16
	山东	6.49	8.04	11.01	8.39	8.24	7.83	8.33
	福建	6.89	8.67	8.66	8.93	9.22	8.65	8.50
	辽宁	9.11	9.52	12.68	15.23	13.89	13.06	12.25
	海南	4.98	6.22	19.01	10.68	17.96	8.99	11.31
	河北	6.59	8.13	7.88	8.42	9.64	9.22	8.31
中部	黑龙江	5.09	6.37	7.18	7.40	7.66	5.97	6.61
	吉林	6.21	5.41	6.35	7.16	6.89	6.84	6.48
	湖北	10.35	10.32	13.34	12.11	12.34	10.89	11.56
	河南	5.77	11.21	10.21	10.34	8.93	8.44	9.15
	湖南	6.33	8.79	9.07	10.68	8.90	9.38	8.86
	安徽	7.03	7.35	9.26	8.77	10.21	8.82	8.57
	江西	5.93	6.72	8.14	9.08	8.85	8.39	7.85
	山西	6.64	6.27	5.74	6.93	7.91	7.43	6.82
西部	陕西	4.37	8.21	8.37	9.44	10.27	9.02	8.28
	四川	5.50	8.56	10.30	9.88	9.31	8.55	8.68
	内蒙古	5.36	5.04	7.00	7.52	8.48	9.06	7.08
	广西	6.89	10.46	10.00	8.89	8.08	9.10	8.91
	云南	7.53	11.62	11.23	10.57	9.99	8.90	9.97
	新疆	7.27	7.75	10.84	12.73	11.40	10.12	10.02
	宁夏	7.36	9.58	9.06	8.43	11.02	9.28	9.12
	甘肃	5.47	6.70	7.58	7.51	8.02	7.25	7.09
	贵州	5.77	6.90	6.27	7.19	6.70	7.03	6.64
	重庆	9.20	10.58	12.80	15.44	14.99	7.50	11.75
	西藏	3.91	2.77	8.32	7.07	7.17	4.99	5.71
	青海	6.30	6.59	9.75	12.40	10.70	16.78	10.42

资料来源：根据历年《中国科普统计》相关数据计算整理而得。

省域科普资源开发各准则层绩效评价得分,如表2-5~表2-9所示。

表2-5　　　　　　省域科普人力资源开发绩效综合评价得分

		2006年综合得分	2008年综合得分	2009年综合得分	2010年综合得分	2011年综合得分	2012年综合得分	历年得分均值
东部	北京	3.47	3.24	3.91	4.02	3.73	3.43	3.63
	上海	2.64	3.48	3.85	3.83	3.97	3.05	3.47
	天津	2.25	2.61	4.34	4.62	4.40	2.35	3.43
	浙江	2.11	1.99	2.27	2.34	2.16	1.70	2.10
	江苏	2.00	2.64	3.03	2.64	2.92	1.84	2.51
	广东	1.94	1.91	2.07	4.87	2.63	1.74	2.53
	山东	1.78	1.98	2.35	2.44	2.49	1.68	2.12
	福建	1.84	2.15	2.07	2.04	2.09	1.79	2.00
	辽宁	2.10	2.14	2.48	2.76	2.77	2.34	2.43
	海南	1.99	1.80	2.20	2.20	2.47	2.03	2.12
	河北	2.09	2.13	2.32	2.65	2.52	1.76	2.25
中部	黑龙江	1.95	1.92	2.37	2.55	2.71	1.67	2.20
	吉林	2.14	2.11	2.82	2.52	2.67	2.14	2.40
	湖北	2.02	2.45	2.60	2.90	2.80	2.20	2.50
	河南	1.93	1.98	2.14	2.10	2.15	1.94	2.04
	湖南	2.10	2.41	2.57	2.98	3.24	2.04	2.56
	安徽	1.99	1.98	2.24	2.09	4.04	2.07	2.40
	江西	1.78	1.85	1.76	2.01	1.94	1.91	1.88
	山西	2.14	1.95	2.30	2.31	2.40	1.91	2.17
西部	陕西	1.45	1.76	2.06	2.52	2.60	2.49	2.15
	四川	1.83	1.97	1.93	2.32	2.25	1.89	2.03
	内蒙古	2.24	1.99	2.17	2.44	2.81	2.17	2.30
	广西	1.74	1.77	2.24	2.28	1.96	1.82	1.97
	云南	1.66	1.94	2.09	2.71	2.21	1.95	2.09
	新疆	1.97	1.79	2.02	2.22	2.37	2.05	2.07
	宁夏	1.80	2.37	2.59	2.38	2.50	2.11	2.29
	甘肃	2.03	1.98	2.07	2.61	2.21	1.79	2.12
	贵州	1.77	1.80	2.07	2.04	1.74	1.61	1.84
	重庆	1.91	1.90	2.31	2.34	2.18	1.95	2.10
	西藏	2.44	1.23	2.52	2.81	2.14	2.69	2.31
	青海	2.10	2.33	2.13	2.40	2.46	2.24	2.28

资料来源:根据历年《中国科普统计》相关数据计算整理而得。

表 2-6　　　　　　　　　省域科普财力资源开发绩效综合评价得分

		2006年综合得分	2008年综合得分	2009年综合得分	2010年综合得分	2011年综合得分	2012年综合得分	历年得分均值
东部	北京	10.48	12.35	15.02	14.96	14.45	9.34	12.77
	上海	3.19	3.72	4.21	5.99	5.68	4.31	4.52
	天津	0.61	1.53	2.16	2.29	1.97	1.56	1.69
	浙江	1.84	1.67	2.18	2.47	1.91	1.46	1.92
	江苏	1.09	1.08	1.44	1.54	1.76	1.17	1.35
	广东	0.89	0.94	1.77	1.22	1.04	0.68	1.09
	山东	0.27	0.33	0.39	0.43	0.61	0.63	0.44
	福建	0.80	1.50	1.04	1.23	1.43	1.17	1.20
	辽宁	0.65	0.72	1.53	1.23	1.15	0.81	1.02
	海南	0.65	1.14	2.40	1.96	1.67	1.16	1.50
	河北	0.43	0.26	0.40	0.65	0.52	0.51	0.46
中部	黑龙江	0.29	0.32	0.42	0.46	0.52	0.35	0.39
	吉林	0.52	0.42	0.44	0.65	0.55	0.52	0.52
	湖北	1.08	1.31	1.63	1.71	1.40	1.00	1.36
	河南	0.34	0.44	0.46	0.56	0.62	0.53	0.49
	湖南	0.67	0.80	1.23	0.86	0.93	0.82	0.89
	安徽	0.85	0.66	0.98	1.16	1.08	0.72	0.91
	江西	0.82	0.64	0.84	0.95	1.03	0.78	0.84
	山西	0.35	0.71	0.73	0.84	0.87	0.64	0.69
西部	陕西	0.32	0.66	0.95	0.97	1.14	0.90	0.82
	四川	0.33	0.70	0.93	0.74	0.90	0.86	0.74
	内蒙古	0.30	0.38	0.55	0.97	1.16	0.74	0.68
	广西	0.91	0.93	1.29	1.08	0.96	1.45	1.10
	云南	1.25	2.07	1.74	1.60	2.16	1.77	1.77
	新疆	1.39	1.27	1.43	1.38	1.63	1.60	1.45
	宁夏	1.07	1.54	2.34	1.58	2.73	1.55	1.80
	甘肃	0.54	0.51	0.52	0.39	0.44	0.61	0.50
	贵州	0.91	1.27	1.39	1.47	2.25	2.22	1.59
	重庆	0.42	1.11	1.38	1.60	1.75	1.20	1.24
	西藏	0.30	0.28	2.16	1.16	0.82	0.65	0.90
	青海	0.59	0.89	0.93	5.44	1.96	2.10	1.99

资料来源：根据历年《中国科普统计》相关数据计算整理而得。

表 2-7　　　　　　　省域科普场地资源开发绩效综合评价得分

		2006年综合得分	2008年综合得分	2009年综合得分	2010年综合得分	2011年综合得分	2012年综合得分	历年得分均值
东部	北京	3.77	6.27	7.16	6.36	6.74	7.65	6.33
	上海	6.41	8.51	9.43	9.15	9.44	9.91	8.81
	天津	1.92	2.67	2.70	4.41	3.91	4.08	3.28
	浙江	1.28	1.38	1.74	1.83	1.85	2.25	1.72
	江苏	1.10	1.23	1.53	1.49	1.45	1.49	1.38
	广东	1.10	1.26	1.31	1.23	1.21	1.21	1.22
	山东	0.65	0.89	1.61	1.76	1.38	1.56	1.31
	福建	1.11	0.98	1.17	1.33	1.54	1.99	1.35
	辽宁	1.17	1.66	2.15	2.53	2.72	2.87	2.18
	海南	0.51	0.64	1.78	1.80	2.13	2.10	1.49
	河北	0.66	0.72	0.74	0.80	1.01	1.04	0.83
中部	黑龙江	0.82	0.96	1.12	1.25	1.57	1.24	1.16
	吉林	0.79	0.97	1.16	1.28	1.16	1.24	1.10
	湖北	0.80	1.51	1.81	2.11	1.92	2.22	1.73
	河南	0.51	0.61	0.72	0.68	0.70	1.04	0.71
	湖南	0.62	0.63	0.59	0.63	0.74	1.01	0.70
	安徽	0.52	0.59	0.87	1.03	1.51	1.52	1.01
	江西	0.69	0.72	0.85	0.91	0.94	1.02	0.86
	山西	0.52	0.57	0.52	0.88	0.98	0.98	0.74
西部	陕西	0.38	1.10	1.18	1.23	1.15	1.15	1.03
	四川	0.32	0.75	0.92	0.81	0.89	1.12	0.80
	内蒙古	0.61	0.62	1.00	1.07	1.26	1.31	0.98
	广西	0.48	0.86	0.92	0.84	0.95	1.04	0.85
	云南	0.61	0.78	1.04	1.07	1.36	1.21	1.01
	新疆	0.61	0.84	1.00	1.20	1.63	1.69	1.16
	宁夏	1.57	1.87	1.48	1.86	2.37	2.63	1.96
	甘肃	0.72	0.66	0.83	1.25	1.33	1.17	0.99
	贵州	0.44	0.45	0.51	0.59	0.61	0.57	0.53
	重庆	0.60	0.86	1.17	1.43	1.46	1.22	1.12
	西藏	0.11	0.37	0.37	0.37	0.58	0.47	0.38
	青海	0.86	0.95	1.92	2.25	2.48	2.38	1.81

资料来源：根据历年《中国科普统计》相关数据计算整理而得。

表 2-8　　省域科普传媒资源开发绩效综合评价得分

		2006年综合得分	2008年综合得分	2009年综合得分	2010年综合得分	2011年综合得分	2012年综合得分	历年得分均值
东部	北京	32.40	21.72	23.96	20.70	18.28	24.01	23.51
	上海	7.76	9.02	10.64	8.61	9.13	13.26	9.74
	天津	6.08	2.56	3.46	3.11	2.73	2.21	3.36
	浙江	5.11	4.41	3.99	6.25	5.21	4.50	4.91
	江苏	3.59	4.83	4.45	4.66	4.42	4.11	4.34
	广东	4.49	4.86	4.48	3.81	4.43	4.25	4.39
	山东	3.18	3.69	4.91	2.94	2.80	2.99	3.42
	福建	1.88	2.66	2.76	3.11	2.77	2.38	2.59
	辽宁	2.32	3.01	4.40	6.41	4.98	4.65	4.30
	海南	1.20	1.84	4.92	3.19	2.69	2.67	2.75
	河北	1.83	3.64	3.01	2.92	4.11	4.61	3.35
中部	黑龙江	1.14	2.05	1.90	1.88	1.75	1.61	1.72
	吉林	1.55	1.13	1.05	2.01	1.67	1.82	1.54
	湖北	2.05	3.21	4.19	3.36	4.26	3.17	3.37
	河南	1.36	6.08	5.27	5.29	3.92	3.24	4.19
	湖南	1.72	3.49	3.52	4.63	2.73	3.94	3.34
	安徽	1.93	2.93	3.29	3.09	1.88	2.73	2.64
	江西	1.59	2.36	3.71	4.14	3.39	3.43	3.10
	山西	3.01	2.25	1.45	1.79	2.70	2.94	2.36
西部	陕西	1.47	2.96	2.69	2.76	2.86	2.51	2.54
	四川	2.05	3.27	4.75	4.48	3.73	2.90	3.53
	内蒙古	1.55	1.26	2.10	2.08	2.13	3.82	2.16
	广西	2.37	4.34	3.73	3.20	2.84	3.50	3.33
	云南	2.03	3.93	4.54	3.07	2.06	2.18	2.97
	新疆	1.93	2.24	4.48	5.20	3.32	2.84	3.34
	宁夏	1.59	2.25	1.14	0.88	1.09	1.13	1.35
	甘肃	0.83	2.08	2.69	2.12	2.65	2.19	2.09
	贵州	2.00	2.44	1.49	2.08	1.29	1.70	1.83
	重庆	4.57	5.36	6.61	8.59	6.75	1.75	5.61
	西藏	0.70	0.60	2.94	2.38	2.95	0.77	1.72
	青海	1.15	1.20	2.78	1.45	1.36	1.56	1.58

资料来源：根据历年《中国科普统计》相关数据计算整理而得。

表 2-9　　省域科普活动资源开发绩效综合评价得分

		2006年综合得分	2008年综合得分	2009年综合得分	2010年综合得分	2011年综合得分	2012年综合得分	历年得分均值
东部	北京	7.75	8.68	10.22	6.90	7.25	7.00	7.97
	上海	2.33	2.81	4.28	4.22	4.21	5.81	3.94
	天津	1.02	1.73	2.71	10.25	4.06	4.12	3.98
	浙江	1.99	3.34	3.00	4.00	2.16	2.13	2.77
	江苏	2.44	2.25	3.03	3.19	3.49	3.53	2.99
	广东	1.74	2.47	2.33	1.74	1.60	1.76	1.94
	山东	0.61	1.14	1.76	0.82	0.95	0.97	1.04
	福建	1.27	1.38	1.62	1.22	1.39	1.34	1.37
	辽宁	2.87	2.00	2.12	2.29	2.27	2.39	2.32
	海南	0.63	0.80	7.71	9.24	9.00	1.03	4.74
	河北	1.58	1.39	1.41	1.40	1.49	1.30	1.43
中部	黑龙江	0.90	1.12	1.38	1.26	1.12	1.09	1.15
	吉林	1.21	0.79	0.87	0.70	0.84	1.12	0.92
	湖北	4.41	1.83	3.11	2.03	1.96	2.31	2.61
	河南	1.63	2.08	1.61	1.72	1.55	1.69	1.71
	湖南	1.21	1.45	1.15	1.58	1.26	1.57	1.37
	安徽	1.75	1.20	1.88	1.39	1.70	1.78	1.62
	江西	1.04	1.15	0.97	1.07	1.55	1.24	1.17
	山西	0.61	0.80	0.74	1.11	0.96	0.96	0.86
西部	陕西	0.75	1.74	1.50	1.95	2.52	1.97	1.74
	四川	0.99	1.87	1.77	1.53	1.54	1.78	1.58
	内蒙古	0.66	0.80	1.18	0.96	1.13	1.03	0.96
	广西	1.40	2.57	1.83	1.49	1.37	1.28	1.66
	云南	1.99	2.90	1.82	2.12	2.20	1.79	2.14
	新疆	1.36	1.61	1.91	2.73	2.45	1.94	2.00
	宁夏	1.34	1.55	1.52	1.72	2.32	1.85	1.72
	甘肃	1.34	1.48	1.47	1.13	1.39	1.49	1.38
	贵州	0.64	0.95	0.81	1.01	0.81	0.92	0.86
	重庆	1.70	1.35	1.33	1.48	2.86	1.38	1.68
	西藏	0.37	0.30	0.33	0.36	0.67	0.41	0.41
	青海	1.59	1.23	1.98	0.85	2.44	8.51	2.77

资料来源：根据历年《中国科普统计》相关数据计算整理而得。

2. 评价结果分析

各省域无论在科普资源开发绩效综合评价得分，见表 2-4，或在各准则层面绩效评价得分方面，见表2-5~表2-9，均存在一定程度的空间差异。以总绩效综合评价得分为例，2006~2012年各省域的科普资源开发绩效得分总体呈现增长趋势，平均绩效得分由2006年的9.28增至11.53，中位数由6.64增至9.02。

2006~2012年，东、中、西部各省域的科普资源开发绩效评价得分和平均得分以较为一致的趋势波动增长。评价区间内，东部地区的历年平均得分均显著高于中、西部地区及全样本平均水平；而中、西部地区的平均得分则始终略低于全样本均值。2006年，东部地区平均综合得分为14.44，而中、西部地区的平均得分分别仅为6.67和6.24，至2012年，东、中、西部三大地区平均得分分别达到16.70、8.27、8.97。中部地区与西部地区得分接近，但与东部地区之间却存在较大幅度的发展差距。由此可见，中国科普资源开发的空间不均衡态势较为显著，东部地区总体情况明显优于中、西部地区。综合得分前五名的地区基本为东部省域，北京、上海两地的综合得分远超过其他各省域。而东部地区以外，除中部地区的湖北省和西部地区的重庆市位居前十位之外，其他地区排名均较为靠后，如西藏、贵州、内蒙古等地区近几年始终居于后列。

第3章

省域经济发展方式转变的绩效评价

本章力图通过单一指标法和综合指标法的有机结合,实现对省域经济发展方式转变绩效的客观评价。首先,运用单一指标法,以经典的柯布—道格拉斯生产函数为基础模型,使用"索洛余值"法测算出各省域历年来的全要素生产率(total factor productivity,TFP)及其贡献率;其次,试图通过构建包括TFP及其贡献率指标在内的综合性、多层次评价指标体系,对各省域的经济发展方式转变现状做出全面评价。

3.1 经济发展方式转变的内涵

如前文所述,在对经济发展方式转变这一概念进行内涵界定时,学者们从各自视角出发进行了不同诠释,迄今为止,尚未形成较统一的权威认识。

在借鉴已有研究成果的基础上,本书认为,经济发展方式是指,实现经济发展的方法、手段和模式,应以科学发展为原则,是一种同时增进国民经济数量与质量的经济发展模式,不仅包含经济增长,还涵盖经济结构、自主创新、资源节约、以人为本等方面。在此基础上,本书对经济发展方式转变的内涵作如下理解:经济发展方式转变是对现有经济发展方式实施的积极转型,将粗放低效型的经济发展方式转变为集约高效型的经济发展方式;将投资拉动型经济发展模式、出口拉动型经济发展模式转变为消费、投资、出口协调拉动的经济发展模式;将资源消耗型经济发展方式转变为科技创新驱动型经济发展方式;将第二产业带动为主的经济发展方式向三大产业协同带动的经济发展方式转变;将环境污染、生态失衡型的经济发展方式向环境友好、生态平衡型的经济发展方式转变;将一味追求经济总量和速度的经济发展方式向高质量、全民福利型的经济发展方式转变。

3.2 基于单一指标评价法的省域TFP测算

3.2.1 模型构建及样本数据说明

1. TFP测算模型的构建

TFP可有效地反映各要素（如资本和劳动等）投入之外的技术进步所导致的产出增加（郭庆旺，2005）。本书对各省域TFP的测算基于"索洛余值"法，该方法以柯布—道格拉斯生产函数为基础模型，通过分离劳动投入和资本投入对经济增长的促进作用，得出由单纯的技术进步因素产生的经济增长率，即全要素生产率。

$$Y_{it} = A_{it} L_{it}^{\alpha} k_{it}^{\beta} \mu_{it} \quad (3-1)$$

式（3-1）表示各省域的柯布—道格拉斯生产函数，其中，Y_{it}、L_{it}、K_{it}表示第i省（区市）第t年的国内生产总值、劳动力要素投入和资本要素投入，A_{it}则表示其技术创新水平，μ_{it}代表着随机干扰项的影响水平，α和β分别为劳动力和资本的产出弹性系数。要从式（3-1）中分离出全要素生产率，就必须先测算出劳动力和资本的产出弹性系数α与β，本书通过对式（3-1）进行对数运算来达到上述目标，其结果如式（3-2）所示。

$$\log(Y_{it}) = C_{it} + \alpha \times \log(L_{it}) + \beta \times \log(K_{it}) + \varepsilon_{it} \quad (3-2)$$

在式（3-2）中，C_{it}代表截距项，ε_{it}代表误差项。通过对面板数据进行线性回归计算，得到产出弹性系数α与β的取值，基于此可对各省域历年的全要素生产率进行测算，其计算公式如下所示：

$$\text{TFP}_{it} = \frac{Y_{it}}{L_{it}^{\alpha} K_{it}^{\beta}} \quad (3-3)$$

2. 样本数据的说明

依据柯布—道格拉斯生产函数，本章选用1979~2012年各省域（由于数据获取的原因，未包括海南、西藏和重庆的相关数据）的国内生产总值、劳动力投入和资本投入数据构建面板数据样本。该数据样本以1979年为时间起点，将改革开放以后的各个经济发展阶段囊括其中，能较为全面客观地反映各省域的经济发展及技术水平变化情况。

（1）各省域历年的国内生产总值数据。本章以各省域的国内生产总值来反映经济产出水平，为了消除物价变化对产出水平的影响，本书将各年度的名义GDP统一折算为以1952年不变价格表示的实际GDP。数据来源为《新中国55年统计资料汇编》、中国经济信息网和《中国统计年鉴》。

（2）省域历年的劳动力投入数据。本章以各省域历年的年末从业人员数来反映其劳动力投入水平，数据来源为《新中国55年统计资料汇编》、中国经济信息网和《中国统计年鉴》，部分年份数据因统计口径变化而缺失，本书采用线性内插法予以处理。

（3）省域历年的资本投入数据。本章以各省域历年的固定资本存量来反映其资本投入水平，固定资本存量由固定资本初始存量和新增固定资本投资量两大部分构成。本章以邹至庄（Chow，1993）[①] 核算得到的1978年固定资本存量总额及1978年各省域的国内生产总值比重为计算工具，推算出各省域1978年的固定资本初始存量，具体计算结果见表3-1。

表3-1　　　　　1978年各省域固定资本存量的估计值　　　　　单位：亿元

省域	北京	天津	河北	山西	内蒙古	辽宁	吉林	黑龙江	上海	江苏
GDP比重	108.84 (3.14%)	82.65 (2.38%)	183.10 (5.27%)	88.00 (2.53%)	58.00 (1.67%)	229.20 (6.60%)	82.00 (2.36%)	174.80 (5.03%)	272.81 (7.86%)	249.2 (7.18%)
固定资本存量	339.91	258.12	571.82	274.82	181.13	715.79	256.09	545.90	851.98	778.25
省域	浙江	安徽	福建	江西	山东	河南	湖北	湖南	广东	广西
GDP比重	123.70 (3.56%)	114.00 (3.28%)	66.40 (1.91%)	87.00 (2.51%)	225.45 (6.49%)	162.92 (4.69%)	151.00 (4.35%)	147.00 (4.23%)	185.80 (5.35%)	75.9 (2.19%)
固定资本存量	386.31	356.02	207.37	271.70	704.08	508.80	471.57	459.08	580.25	237.03
省域	四川	贵州	云南	陕西	甘肃	青海	宁夏	新疆		
GDP比重	184.61 (5.32%)	46.62 (1.34%)	69.05 (1.99%)	81.10 (2.34%)	64.70 (1.86%)	15.50 (0.45%)	13.00 (0.37%)	39.07 (1.13%)		
固定资本存量	786.71	145.59	215.64	253.27	202.06	48.41	40.60	122.02		

资料来源：根据中国经济信息网统计数据库、《新中国55年统计资料汇编》及历年《中国统计年鉴》中相关数据整理计算而得。

---

① Chow, Gregory C. Capital Formation and Economic Growth in China. In: Quarterly Journal of Economics, Vol. 108 Issue 3: 809-842.

新增固定资本投资量在计算时亦需消除价格因素的影响，通过价格指数将其统一折算为1978年的可比值。本书中1979~1999年的价格指数参考了刘明兴①核算的固定资本投资平减指数（因1992年之前的价格指数缺乏权威的数据来源），2000~2012年的价格指数来自中经网数据库②和《中国统计年鉴》。

以科埃和赫尔普曼（Coe，Helpman，1995）所提出的永续盘存法为理论依据，本书所采用的固定资本存量计算公式如下所示：

$$K_G = K_N(1-D) + K_I \qquad (3-4)$$

在式（3-4）中，K_G表示某一年度的固定资本存量总量，K_N表示上年年末未扣除折旧的固定资本存量，D表示固定资本存量的年度折旧率（通常取5%），K_I则为某年新增的固定资本投资量。

3.2.2 面板数据模型的相关检验

本书拟采用面板数据模型（panel data model）来对各省域历年的TFP值进行测算。不同于一维的时间序列数据或截面数据，面板数据是同时在时间和截面空间上取得的二维数据。在运用面板数据进行回归分析之前，必须对样本数据进行必要的检验，以验证其数据平稳性及长期协整关系的存在，避免虚假回归等问题的产生。此外，还需通过相关检验来确定合理的面板数据回归模型，使得数据模型的回归结果更加科学可信。

1. 单位根检验和协整检验

面板数据模型要求样本数据具有平稳性，所以在进行回归分析前需对数据进行单位根检验，以验证其是否具有平稳性特征。单位根检验能有效地防止虚假回归现象的发生，确保回归结果的有效性。本章的单位根检验主要依靠EViews 6.0软件来实现。本章主要通过相同根情形和不同根情形两类单位根检验来实现检验目标，其中，相同根情形采用LLC检验（Levin，Lin & Chut），不同根情形采用Fisher-ADF检验（ADF-Fisher Chi-square）。本书将模型的检验模式设置为T&I，即数据序列既有趋势项又有截距项。滞后期的设置由SIC法自动选择，产出水平序列（LN(Y)）、劳动力投入序列（LN(L)）、固定资本投入序列（LN(K)）的水平和一阶差分单位根检验结果，见表3-2。

---

① 北京大学中国经济研究中心网站经济发展论坛：http://fed.ccer.edu.cn/，Mingxing Liu and Qi Zhang，China's Economic Growth Data：1970-2002.

② 中经网统计数据库：http://db-edu.cei.gov.cn.

表 3–2　　　　LN(Y)、LN(L)、LN(K) 的单位根检验结果

检验方法	LN(Y) 水平统计量	LN(Y) 一阶统计量	LN(L) 水平统计量	LN(L) 一阶统计量	LN(K) 水平统计量	LN(K) 一阶统计量
Levin, Lin & Chut*	4.424 (1.000)	-8.623*** (0.000)	-3.184*** (0.0007)	-17.398*** (0.000)	-0.750 (0.227)	-1.407* (0.079)
ADF–Fisher Chi-square	39.820 (0.950)	285.04*** (0.000)	49.966 (0.701)	384.570*** (0.000)	51.806 (0.634)	71.101* (0.084)

注：***、**、* 分别表示在 1%，5%，10% 的水平上显著。
资料来源：根据中国经济信息网统计数据库、《新中国 55 年统计资料汇编》及历年《中国统计年鉴》中相关数据整理计算而得。

从表 3–2 的检验结果可以看出，LLC 检验和 ADF 检验均不能拒绝产出水平、劳动力投入和固定资本投入序列存在水平单位根的原假设，但进行一阶差分处理后，两种检验方法都拒绝了其存在单位根的原假设，由此可以认定所选序列存在水平上的单位根。

由于产出水平、劳动力投入和固定资本投入序列存在水平单位根，为了避免伪回归现象的发生，还需对面板数据进行协整检验，以验证变量之间是否存在长期且稳定的协整关系。本章拟采用 Johansen Fisher 协整检验法进行检验，检验条件设置为既有趋势项又有截面项（T&I），检验结果见表 3–3。

表 3–3　　　　基于 Johansen Fisher 的协整检验结果

Hypothesized No. of CE(s)	Fisher Stat.* (from trace test)	Prob.	Fisher Stat.* (from max-eigen test)	Prob.
None	191.8	0.0000	155.2	0.0000
At most 1	79.92	0.0196	79.94	0.0196
At most 2	36.78	0.9780	36.78	0.9780

注：* Probabilities are computed using asymptotic Chi-square distribution.
资料来源：根据中国经济信息网统计数据库、《新中国 55 年统计资料汇编》及历年《中国统计年鉴》中相关数据整理计算而得。

从表 3–3 的检验结果可以看出，Johansen Fisher 检验不能拒绝至多存在 2 个协整关系的原假设，说明产出水平、劳动力投入、固定资本投入序列存在长期且稳定的协整关系。因此，运用面板数据回归模型来进行全要素生产率的分解计算是适宜的，不会发生伪回归现象。

2. 面板数据回归模型的选择

混合估计模型（pooled regression model）、固定效应模型（fixed effects regression model）和随机效应模型（random effects regression model）是三种主要的面板数据模型。具体选用何种模型来进行回归分析，需进行 F 检验及 Hausman 检验予以确定。先采用 F 检验来评判混合模型与固定效应模型的优劣性。本章将混合模型与个体固定模型、时点固定模型分别进行 F 检验，检验结果见表 3 - 4、表 3 - 5。

表 3 - 4　　　　　　　　　混合模型与个体固定模型的 F 检验

Test cross-section fixed effects			
Effects Test	Statistic	d. f.	Prob.
Cross-section F	48.583584	(27, 922)	0.0000
Cross-section Chi-square	842.419920	27	0.0000

资料来源：根据中国经济信息网统计数据库、《新中国 55 年统计资料汇编》及历年《中国统计年鉴》中相关数据整理计算而得。

表 3 - 5　　　　　　　　　混合模型与时点固定模型的 F 检验

Test period fixed effects			
Effects Test	Statistic	d. f.	Prob.
Period F	4.685170	(33, 916)	0.0000
Period Chi-square	148.481586	33	0.0000

资料来源：根据中国经济信息网统计数据库、《新中国 55 年统计资料汇编》及历年《中国统计年鉴》中相关数据整理计算而得。

两次 F 检验的结果均显示，p 值小于 0.01（近似为零），即拒绝原假设（混合模型）。由此表明，模型在个体和时点上均存在显著的固定效应，固定模型形式要优于混合模型形式。

为了进一步验证固定模型形式与随机模型形式的优劣性，本章进行了基于随机模型设定的 Hausman 检验。其检验结果见表 3 - 6。

表 3 - 6　　　　　　　　　　　Hausman 检验结果

Correlated Random Effects – Hausman Test			
Test Summary	Chi – Sq. Statistic	Chi – Sq. d. f.	Prob.
Period random	827.581613	2	0.0000
Cross-section random	113.154674	2	0.0000

资料来源：根据中国经济信息网统计数据库、《新中国 55 年统计资料汇编》及历年《中国统计年鉴》中相关数据整理计算而得。

Hausman 检验的结果在 0.01 的显著性水平上拒绝了原假设（随机效应模型），因此，建立固定效应回归模型更为科学合理。固定效应回归模型共有三种备择形式：个体固定效应、时点固定效应和个体时点双固定效应。本章拟通过比较 R^2、修正后 R^2 和 F 值等统计量来筛选出最优的模型回归形式。三种回归形式的拟合效果，见表 3-7。

表 3-7　　　　　　　　三种固定效应模型拟合效果对比

指标	个体固定	时点固定	双固定	指标	个体固定	时点固定	双固定
R-squared	0.9857	0.9704	0.9942	Log likelihood	405.55	58.582	833.19
Adjusted R-squared	0.9853	0.9693	0.9938	F-statistic	2195.1	858.18	2452.0
S.E. of regression	0.1606	0.2390	0.1044	AIC	-0.7890	-0.0474	-1.618
Sum squared resid	23.776	49.285	9.6821	SC	-0.6359	0.1363	-1.297

资料来源：根据中国经济信息网统计数据库、《新中国 55 年统计资料汇编》及历年《中国统计年鉴》中相关数据整理计算而得。

通过比较个体固定效应、时点固定效应及个体时点双固定效应三种回归模型的拟合效果可以发现，个体时点双固定效应的 R^2、修正后 R^2 和 F 值均高于其他两种回归形式，且其 S.E. of regression（回归标准误差）、Sum squared resid（残差平方和）、AIC 值（赤池信息量准则）和 SC 值（施瓦兹准则）均小于另两种回归形式。由此可推知，个体时点双固定效应是三者中最优的回归形式。本章基于最小二乘法估算的双固定回归结果，见表 3-8、表 3-9。

表 3-8　　　　　　　　个体时点双固定效应模型回归结果

Variable	Coefficient	Std. Error	t-Statistic	Prob.
C	2.710834	0.326228	8.309641	0.0000
LN(L)	0.103605	0.040762	2.541665	0.0112
LN(K)	0.390437	0.018389	21.23211	0.0000

资料来源：根据中国经济信息网统计数据库、《新中国 55 年统计资料汇编》及历年《中国统计年鉴》中相关数据整理计算而得。

表 3-9　　　　　　　　个体时点双固定效应模型回归参数

Effects Specification			
Cross-section fixed (dummy variables)			
Period fixed (dummy variables)			
R – squared	0.994186	Mean dependent var	6.269752
Adjusted R – squared	0.993781	S. D. dependent var	1.323323
S. E. of regression	0.104360	Akaike info criterion	-1.618052
Sum squared resid	9.682143	Schwarz criterion	-1.296529
Log likelihood	833.1926	Hannan – Quinn criter	-1.495559
F – statistic	2451.988	Durbin – Watson stat	0.077008
Prob(F – statistic)	0.000000		

资料来源：根据中国经济信息网统计数据库、《新中国55年统计资料汇编》及历年《中国统计年鉴》中相关数据整理计算而得。

个体时点双固定效应模型的回归拟合系数和修正后的拟合系数分别达到 0.9942 和 0.9938，说明回归模型对样本数据集的拟合效果十分理想。回归方程通过了1%水平的显著性检验，表明 LN(L) 和 LN(K) 对序列 LN(Y) 的整体影响十分显著，序列 LN(L) 和 LN(K) 的 T 检验分别通过了5%和1%水平的显著性检验，表明独立的序列 LN(L) 或 LN(K) 对序列 LN(Y) 产生的影响亦十分显著。由表3-8可知，劳动力投入的产出弹性系数 α = 0.1036，资本投入的弹性系数 β = 0.3904。回归结果初步表明：在中国，相同单位的资本投入对经济增长的推动作用要大于劳动力投入。

3.2.3　回归结果的分析与参评比较

1. TFP 得分的分析与比较

将回归所得的系数 α 和 β 代入式（3-3）即可计算得到1979~2012年各省域的 TFP，在此基础之上，通过 EViews 软件还可计算得到 TFP 增长率和 TFP 贡献率等相关结果。历年参评的各省域的 TFP 均值及东、中、西部 TFP 均值如表3-10所示。

表 3-10　　各参评省域 TFP 均值及三大地区 TFP 对比

年份	TFP 各参评省域均值	TFP 东部均值	TFP 中部均值	TFP 西部均值	三大地区与各参评省域 TFP 均值差异（%）东部均值	中部均值	西部均值
1979	5.75	7.36	6.15	3.83	27.97	6.89	-33.48
1980	6.15	8.02	6.48	4.03	30.28	5.29	-34.52
1981	6.42	8.37	6.84	4.13	30.34	6.56	-35.59
1982	6.90	8.93	7.31	4.55	29.34	5.98	-34.12
1983	7.47	9.62	8.01	4.89	28.77	7.26	-34.58
1984	8.37	10.88	8.94	5.41	29.95	6.80	-35.39
1985	9.15	11.99	9.62	5.91	31.16	5.23	-35.35
1986	9.46	12.44	9.90	6.12	31.56	4.71	-35.33
1987	10.10	13.40	10.51	6.48	32.65	4.06	-35.89
1988	10.85	14.52	11.12	6.98	33.80	2.42	-35.73
1989	10.99	14.59	11.31	7.12	32.80	2.97	-35.18
1990	11.24	14.85	11.52	7.40	32.15	2.48	-34.13
1991	11.89	15.96	11.91	7.79	34.32	0.20	-34.48
1992	13.17	17.99	13.13	8.37	36.65	-0.25	-36.45
1993	14.54	20.24	14.34	9.01	39.20	-1.39	-38.08
1994	15.73	22.21	15.32	9.58	41.16	-2.60	-39.08
1995	16.83	23.86	16.39	10.15	41.81	-2.62	-39.71
1996	17.92	25.32	17.63	10.77	41.25	-1.67	-39.91
1997	19.26	26.80	18.71	12.15	39.18	-2.83	-36.92
1998	20.21	28.22	19.51	12.76	39.62	-3.46	-36.85
1999	21.08	29.57	20.26	13.25	40.26	-3.90	-37.14
2000	22.21	31.22	21.32	13.90	40.59	-3.97	-37.42
2001	23.36	32.86	22.48	14.56	40.69	-3.77	-37.67
2002	24.73	34.92	23.74	15.34	41.18	-4.02	-37.97
2003	26.31	37.33	25.13	16.24	41.89	-4.50	-38.29
2004	28.24	40.21	26.92	17.33	42.38	-4.69	-38.63
2005	30.01	42.76	28.55	18.42	42.50	-4.85	-38.61

续表

年份	TFP				三大地区与各参评省域 TFP 均值差异（%）		
	各参评省域均值	东部均值	中部均值	西部均值	东部均值	中部均值	西部均值
2006	31.92	45.58	30.27	19.57	42.83	-5.17	-38.70
2007	34.19	49.12	32.17	20.87	43.67	-5.90	-38.95
2008	35.88	51.53	33.71	21.96	43.62	-6.04	-38.79
2009	40.11	57.70	37.44	24.67	43.85	-6.67	-38.51
2010	45.29	65.54	42.07	27.60	44.73	-7.10	-39.04
2011	50.38	72.97	46.80	30.66	44.84	-7.11	-39.15
2012	55.09	80.07	50.85	33.51	45.34	-7.70	-39.18
均值	20.62	29.03	19.89	12.80	37.72	-0.86	-37.02

资料来源：根据中国经济信息网统计数据库、《新中国 55 年统计资料汇编》及历年《中国统计年鉴》中相关数据整理计算而得。

由表 3-10 可以看出，改革开放以来各参评省域 TFP 均值一直保持逐年递增的态势，其绝对值从 1979 年的 5.75 增至 2012 年的 55.09，期末为期初的 9.58 倍。观察结果显示，东部地区作为经济较为发达的地区，其全要素生产率对经济增长的驱动能力也处于领先地位；东部地区历年的 TFP 值均高于全样本平均水平。1979 年，东部地区的 TFP 值领先平均水平 27.97%，至 2012 年这一优势已经扩大为 45.34%，增长了近一倍。中部地区的历年 TFP 值基本与平均水平持平；1979~1991 年，中部地区的 TFP 值略高于平均水平，从 1992 年开始中部地区的 TFP 值降到平均水平之下且与之差异不断扩大，截至 2012 年已落后于平均水平 7.7%。西部地区其历年来的 TFP 值均低于平均水平，1979 年西部地区与平均水平的差异为 33.48%，2012 年该差异扩大为 39.18%。

上述分析结果表明：其一，从 TFP 的增长趋势来看，全要素生产率对于国民经济增长的推动作用正在逐步加强，中国的经济发展方式转变战略已经初显成效；其二，中国东、中、西部的 TFP 存在较大发展差异，东部地区综合经济实力较强，其 TFP 领先于中、西部地区且增长势头迅猛，在经济发展中发挥着强大的驱动作用。中部地区的 TFP 值与平均水平基本持平，但近年来的 TFP 增速略低于平均水平，表明其提升缓慢，对经济增长的推动作用有所下降。西部地区的经济和技术发展水平较为落后，其 TFP 值远低于东部发达地区，与平均水平亦存在一定程度的差异。

2. TFP 贡献率的分析与比较

在分析完 TFP 得分均值的分布特征后，本书将从综合技术要素对经济增长贡献程度的层面来分析各省域的经济发展转变情况。与 TFP 的定义类似，TFP 贡献率是指，经济增长率中扣除劳动力和资本的贡献率之后，单纯由于技术水平提升而对经济增长所做出的贡献大小。其具体计算如式（3-5）所示。

$$r = 1 - \alpha \times \frac{\Delta L}{L} \times \frac{Y}{\Delta Y} - \beta \times \frac{\Delta K}{K} \times \frac{Y}{\Delta Y} \qquad (3-5)$$

在式（3-5）中，$\frac{\Delta Y}{Y}$ 表示经济增长率；$\alpha \times \frac{\Delta L}{L} \times \frac{Y}{\Delta Y}$ 和 $\beta \times \frac{\Delta K}{K} \times \frac{Y}{\Delta Y}$ 分别表示劳动力要素投入和资本要素投入对经济增长的贡献率；r 表示由于 TFP 增长而对经济增长产生的贡献率。1995 年我国首次提出要实现"经济体制和经济增长方式的两个根本转变"，实现粗放型经济增长方式向集约型经济增长方式的转变，1995 年也是制定"第九个五年计划"的重要时间节点。因此，本章选取 1995~2012 年作为经济发展方式转变的考察期，根据式（3-5）计算得到各参评省域历年的 TFP 贡献率，其具体计算结果见表 3-11。

表 3-11　　各参评省域 TFP 贡献率（1995~2012 年）

省域	TFP 贡献率	省域	TFP 贡献率	省域	TFP 贡献率
宁夏	42.91%	内蒙古	59.02%	湖南	63.64%
江西	48.33%	浙江	59.68%	山东	63.76%
青海	49.53%	广东	60.27%	辽宁	64.49%
广西	51.72%	河北	60.42%	四川	65.75%
甘肃	54.16%	福建	60.73%	江苏	66.29%
云南	56.44%	安徽	60.91%	陕西	67.87%
贵州	57.36%	北京	61.26%	天津	68.44%
山西	57.52%	河南	61.30%	黑龙江	70.33%
新疆	58.41%	湖北	62.21%	上海	74.23%
吉林	58.54%				

资料来源：根据中国经济信息网统计数据库、《新中国 55 年统计资料汇编》及历年《中国统计年鉴》中相关数据整理计算而得。

3.3 涵盖TFP指标的省域经济发展方式转变绩效综合评价

3.3.1 评价指标体系的基本框架

对已有研究成果进行深入的研究和剖析后可以发现，已有经济发展方式转变绩效评价指标体系多从经济发展、产业结构、创新能力、资源环境、民生改善等方面选取指标。本章以经济发展方式转变的内涵为出发点，在借鉴现有研究成果的基础上，尝试性地加入基于单一指标法测算得到的TFP及其贡献率，构建了包括经济增长、经济结构、环境友好、自主创新和生活质量五个维度的综合评价指标体系。其具体的指标构成情况，见表3-12。

表3-12　参评省域经济发展方式转变绩效评价指标体系基本框架

目标层	准则层	基础指标
经济发展方式转变	经济增长	人均国内生产总值（元/人）
		城镇人口比重（%）
		全员劳动生产率（万元/人·年）
		人均财政收入（元/人）
		GDP增长率（%）
	经济结构	外贸依存度（%）
		非农产业产值占GDP比重（%）
		高技术产业产值占工业总产值的比重（%）
		消费率（%）
		投资率（%）
		城乡消费水平对比（农村居民=1）
		非农产业就业人员比重（%）
	环境友好	单位地区生产总值综合能耗（吨标煤/万元）
		单位地区生产总值电耗（千瓦小时/万元）
		人均用水量（吨/人）
		单位地区生产总值建设用地（公顷/亿元）
		工业废水排放达标率（%）
		工业固体废物综合利用率（%）
		森林覆盖率（%）
		人均碳排放量（吨碳/人）

续表

目标层	准则层	基础指标
经济发展方式转变	环境友好	碳排放强度（吨碳/万元）
		能源消费弹性系数
		工业 SO_2 排放达标率（%）
	自主创新	每万人 R&D 人员全时当量（人年/万人）
		R&D 经费投入强度（%）
		TFP
		TFP 贡献率（%）
		技术市场成交额占 GDP 比重（%）
		每万人专利申请受理数（件/万人）
		每万人专利授权数（件/万人）
		每万人平均发表论文数（篇/万人）
	生活质量	失业率（%）
		每千人口医院、卫生院床位数（张/千人）
		教育经费投入强度（%）
		平均受教育年限（年）
		每千人医生数（人/千人）
		城镇居民家庭平均每人全年可支配收入（元/人）
		农村居民家庭平均每人全年纯收入（元/人）
		每百人平均互联网用户（户/百人）
		农村居民家庭恩格尔系数（%）
		城镇居民家庭恩格尔系数（%）

资料来源：笔者在借鉴已有相关研究文献的基础上整理而得。

3.3.2 评价过程与结果

基于《中国统计年鉴》（2007～2013 年），本章构造了 2006～2012 年参评省域的经济发展方式转变绩效评价数据表。根据全局熵值法综合评价的具体实施步骤，本章先对评价所涉及的原始数据进行正向化、标准化处理，然后，用所得的无量纲数据计算信息熵和相对应的评价指标权重，见表 3 – 13。

表 3-13　参评省域经济发展方式转变绩效评价指标的信息熵和权重

目标层	准则层	基础指标	信息熵	指标层权重
经济发展方式转变	经济增长	人均国内生产总值（元/人）	0.957	0.026
		城镇人口比重（%）	0.967	0.020
		全员劳动生产率（万元/人·年）	0.965	0.021
		人均财政收入（元/人）	0.918	0.049
		GDP 增长率（%）	0.991	0.005
	经济结构	外贸依存度（%）	0.987	0.008
		非农产业产值占 GDP 比重（%）	0.977	0.014
		高技术产业产值占工业总产值的比重（%）	0.923	0.046
		消费率（%）	0.973	0.016
		投资率（%）	0.987	0.008
		城乡消费水平对比（农村居民=1）	0.991	0.005
		非农产业就业人员比重（%）	0.978	0.013
	环境友好	单位地区生产总值综合能耗（吨标煤/万元）	0.992	0.005
		单位地区生产总值电耗（千瓦小时/万元）	0.995	0.003
		人均用水量（吨/人）	0.999	0.001
		单位地区生产总值建设用地（公顷/万元）	0.994	0.004
		工业废水排放达标率（%）	0.991	0.006
		工业固体废物综合利用率（%）	0.965	0.021
		森林覆盖率（%）	0.952	0.029
		人均碳排放量（吨碳/人）	0.991	0.005
		碳排放强度（吨碳/万元）	0.993	0.004
		能源消费弹性系数	0.996	0.003
		工业 SO_2 排放达标率（%）	0.990	0.006
	自主创新	每万人 R&D 人员全时当量（人年/万人）	0.906	0.056
		R&D 经费投入强度（%）	0.944	0.033
		TFP	0.930	0.042
		TFP 贡献率（%）	0.991	0.005
		技术市场成交额占 GDP 比重（%）	0.840	0.096
		每万人专利申请受理数（件/万人）	0.874	0.075
		每万人专利授权数（件/万人）	0.875	0.075
		每万人平均发表论文数（篇/万人）	0.851	0.089
	生活质量	失业率（%）	0.986	0.009
		每千人口医院、卫生院床位数（张/千人）	0.968	0.019
		教育经费投入强度（%）	0.963	0.022
		平均受教育年限（年）	0.975	0.015

续表

目标层	准则层	基础指标	信息熵	指标层权重
经济发展方式转变	生活质量	每千人医生数（人/千人）	0.909	0.054
		城镇居民家庭人均全年可支配收入（元/人）	0.954	0.028
		农村居民家庭平均每人全年纯收入（元/人）	0.956	0.026
		每百人平均互联网用户（户/百人）	0.962	0.023
		农村居民家庭恩格尔系数（%）	0.980	0.012
		城镇居民家庭恩格尔系数（%）	0.990	0.006

资料来源：根据历年《中国统计年鉴》相关数据整理计算而得。

根据综合得分计算公式（2-5），可计算出参评省域经济发展方式转变绩效总体层面和各准则层面的综合评价得分和排名结果，具体情况如表3-14~表3-19所示。

表3-14　　　　参评省域经济发展方式转变绩效评价结果

		2006年综合得分	2007年综合得分	2008年综合得分	2009年综合得分	2010年综合得分	2011年综合得分	2012年综合得分	历年得分均值
东部	北京	54.17	57.44	61.85	69.36	68.28	72.27	75.40	65.54
	上海	40.63	44.38	47.37	55.42	53.08	56.31	57.00	50.60
	天津	32.41	32.71	34.03	39.67	38.68	43.70	44.97	38.02
	浙江	25.93	28.75	31.32	37.76	38.53	42.80	47.93	36.15
	江苏	23.01	25.39	27.81	34.80	37.37	44.07	50.15	34.66
	广东	25.80	27.10	29.52	33.71	34.76	38.41	40.72	32.86
	山东	18.27	19.72	21.34	26.16	25.57	28.83	30.94	24.40
	福建	20.16	21.74	23.14	27.69	27.59	30.07	32.15	26.08
	辽宁	19.50	21.31	21.83	27.92	26.84	29.05	31.47	25.42
	河北	14.45	15.37	16.34	20.96	19.40	21.03	22.89	18.63
中部	黑龙江	17.74	18.41	20.00	24.13	23.03	24.83	25.93	22.01
	吉林	17.53	18.76	19.08	25.16	22.57	24.59	25.70	21.91
	湖北	16.37	17.70	19.26	23.83	23.54	26.13	27.92	22.11
	河南	13.65	15.14	15.79	20.56	18.99	21.22	22.77	18.30
	湖南	14.92	16.12	17.81	21.70	21.08	23.01	24.61	19.89
	安徽	13.75	14.93	16.51	20.15	21.02	23.88	26.09	19.48
	江西	14.57	15.93	17.23	20.79	19.94	22.29	23.56	19.19
	山西	14.64	16.12	17.06	22.51	19.99	21.63	22.73	19.24

续表

		2006年综合得分	2007年综合得分	2008年综合得分	2009年综合得分	2010年综合得分	2011年综合得分	2012年综合得分	历年得分均值
西部	陕西	18.27	19.34	20.30	25.92	24.93	28.15	30.35	23.89
	四川	13.89	15.39	17.11	22.48	21.49	23.36	26.58	20.04
	内蒙古	14.11	16.04	16.07	23.70	20.07	22.50	24.11	19.51
	广西	12.34	13.95	14.61	19.30	18.00	19.64	20.84	16.95
	云南	11.70	12.68	13.97	17.56	17.13	18.85	20.06	15.99
	新疆	12.10	13.11	14.17	17.78	16.56	18.63	19.24	15.94
	宁夏	12.16	14.01	14.48	20.04	16.59	18.21	19.23	16.39
	甘肃	11.08	12.08	13.46	17.13	16.73	18.65	20.26	15.63
	贵州	9.76	11.03	12.59	15.72	16.35	18.49	19.13	14.72
	青海	10.84	11.68	13.36	18.18	16.63	19.01	19.79	15.64

资料来源：根据历年《中国统计年鉴》相关数据计算整理而得。

表3-15　　　　　参评省域经济增长准则层绩效评价结果

		2006年综合得分	2007年综合得分	2008年综合得分	2009年综合得分	2010年综合得分	2011年综合得分	2012年综合得分	历年得分均值
东部	北京	6.16	7.25	7.82	8.26	8.88	10.12	10.84	8.48
	上海	7	8.26	8.53	8.79	9.11	10.12	10.71	8.93
	天津	4.72	5.35	6.21	6.67	7.77	9.27	10.24	7.18
	浙江	2.96	3.45	3.63	3.8	4.58	5.26	5.69	4.20
	江苏	2.81	3.35	3.67	4.15	5	5.92	6.55	4.49
	广东	2.98	3.38	3.53	3.71	4.32	4.85	5.21	4.00
	山东	2.18	2.55	2.86	3.15	3.7	4.44	5.05	3.42
	福建	2.03	2.4	2.66	2.94	3.55	4.22	4.77	3.22
	辽宁	2.63	3.09	3.59	3.93	4.75	5.74	6.49	4.32
	河北	1.46	1.8	2.13	2.32	2.85	3.47	3.96	2.57
中部	黑龙江	1.82	2	2.32	2.41	2.88	3.54	3.88	2.69
	吉林	1.95	2.38	2.71	2.88	3.44	4.29	4.95	3.23
	湖北	1.42	1.75	2.03	2.2	2.84	3.7	4.22	2.59
	河南	1.05	1.47	1.68	1.76	2.2	2.65	3.03	1.98
	湖南	1.11	1.51	1.79	2	2.45	3.08	3.56	2.21
	安徽	1	1.35	1.62	1.87	2.43	3.12	3.67	2.15
	江西	1.03	1.35	1.61	1.89	2.38	2.96	3.51	2.10
	山西	1.52	1.88	2.05	1.97	2.78	3.41	3.91	2.50

续表

		2006年综合得分	2007年综合得分	2008年综合得分	2009年综合得分	2010年综合得分	2011年综合得分	2012年综合得分	历年得分均值
西部	陕西	1.24	1.68	2.14	2.33	2.95	3.84	4.37	2.65
	四川	0.94	1.31	1.47	1.86	2.31	2.77	3.29	1.99
	内蒙古	2.27	2.89	3.65	4.25	4.86	6.03	6.87	4.40
	广西	0.99	1.33	1.52	1.74	2.13	2.69	3.15	1.94
	云南	0.92	1.16	1.41	1.59	1.91	2.51	2.94	1.78
	新疆	1.5	1.8	2.13	1.99	2.76	3.56	4.15	2.56
	宁夏	1.33	1.63	2.02	2.18	2.82	3.55	4.07	2.51
	甘肃	0.68	1.02	1.19	1.31	1.77	2.52	3.05	1.65
	贵州	0.48	0.75	0.84	1.01	1.48	2.08	2.53	1.31
	青海	1.27	1.58	1.95	1.94	2.66	3.43	3.98	2.40

资料来源：根据历年《中国统计年鉴》相关数据计算整理而得。

表3-16　　参评省域经济结构准则层绩效评价结果

		2006年综合得分	2007年综合得分	2008年综合得分	2009年综合得分	2010年综合得分	2011年综合得分	2012年综合得分	历年得分均值
东部	北京	8.57	7.67	8.04	7.25	7.24	7.04	6.83	7.52
	上海	7.41	6.86	7.23	7.07	7.33	7.30	7.29	7.21
	天津	8.29	6.83	5.62	6.86	5.34	5.30	5.09	6.19
	浙江	4.18	4.54	4.70	4.77	4.82	4.90	5.14	4.72
	江苏	5.97	5.69	5.75	6.28	5.91	6.03	6.10	5.96
	广东	6.77	5.88	6.72	6.34	6.59	6.83	6.79	6.56
	山东	4.00	3.90	3.98	4.42	3.83	3.93	4.06	4.02
	福建	4.48	4.99	4.84	5.21	4.79	4.67	4.72	4.81
	辽宁	3.99	4.13	3.40	4.51	3.73	3.73	3.81	3.90
	河北	3.29	3.36	3.21	3.69	3.18	3.19	3.31	3.32
中部	黑龙江	3.52	3.22	3.60	3.75	3.60	3.52	3.33	3.51
	吉林	3.72	3.79	3.11	4.60	3.29	3.47	3.56	3.65
	湖北	3.41	3.51	3.91	4.20	3.99	4.04	4.20	3.89
	河南	2.98	3.24	2.95	3.89	3.00	3.22	3.36	3.23
	湖南	2.47	2.60	3.36	3.52	3.40	3.58	3.88	3.26
	安徽	2.81	2.91	3.35	3.35	3.56	3.75	3.85	3.37
	江西	3.47	3.51	4.01	4.25	4.09	4.30	4.50	4.02
	山西	3.91	4.05	3.66	4.35	3.53	3.65	3.70	3.84

续表

		2006年综合得分	2007年综合得分	2008年综合得分	2009年综合得分	2010年综合得分	2011年综合得分	2012年综合得分	历年得分均值
西部	陕西	5.01	4.50	3.78	4.71	3.82	3.85	3.83	4.21
	四川	3.32	3.49	3.92	4.25	4.18	4.39	4.64	4.03
	内蒙古	3.80	3.87	2.70	4.23	2.74	2.85	2.80	3.28
	广西	2.23	2.42	2.78	3.42	2.62	2.63	2.96	2.72
	云南	2.32	2.45	2.81	2.84	2.74	2.77	2.85	2.68
	新疆	2.83	2.61	2.59	2.77	2.34	2.54	2.43	2.59
	宁夏	3.70	3.77	3.03	4.80	2.94	3.16	3.28	3.53
	甘肃	2.62	2.54	2.98	2.88	3.04	3.19	3.18	2.92
	贵州	2.61	2.83	3.82	3.64	4.01	3.99	3.92	3.55
	青海	3.45	3.36	3.44	4.04	3.18	3.23	3.24	3.42

资料来源：根据历年《中国统计年鉴》相关数据计算整理而得。

表3-17　　参评省域环境友好准则层绩效评价结果

		2006年综合得分	2007年综合得分	2008年综合得分	2009年综合得分	2010年综合得分	2011年综合得分	2012年综合得分	历年得分均值
东部	北京	5.75	5.77	5.65	6.11	5.99	6.12	4.74	5.73
	上海	4.93	4.92	4.96	5.40	5.38	5.50	3.54	4.95
	天津	5.25	5.26	5.38	5.39	5.30	5.36	3.38	5.05
	浙江	7.28	7.30	7.39	7.60	7.68	7.69	5.91	7.26
	江苏	5.32	5.34	5.42	5.54	5.54	5.53	3.62	5.19
	广东	6.78	6.76	6.87	7.10	7.24	7.26	5.55	6.79
	山东	5.32	5.47	5.48	5.72	5.67	5.67	3.78	5.30
	福建	7.51	7.46	7.56	7.80	7.78	7.50	6.16	7.40
	辽宁	4.67	4.77	4.92	5.07	5.20	5.08	4.38	4.87
	河北	4.59	4.66	4.87	5.28	5.00	4.75	3.98	4.73
中部	黑龙江	5.90	5.87	5.98	6.22	6.39	6.28	4.92	5.94
	吉林	5.32	5.37	5.54	5.77	6.04	5.92	4.84	5.54
	湖北	5.45	5.64	5.71	5.97	6.12	6.15	4.60	5.66
	河南	4.89	4.90	5.16	5.43	5.54	5.55	4.11	5.08
	湖南	6.13	6.18	6.41	6.60	6.80	6.57	5.29	6.28
	安徽	5.61	5.62	5.74	5.92	6.01	6.00	4.36	5.61
	江西	6.09	6.25	6.42	6.58	6.76	7.00	5.93	6.43
	山西	3.10	3.62	3.97	4.20	4.47	4.41	3.27	3.86

续表

		2006年综合得分	2007年综合得分	2008年综合得分	2009年综合得分	2010年综合得分	2011年综合得分	2012年综合得分	历年得分均值
西部	陕西	4.60	4.89	5.09	5.63	5.74	5.95	4.84	5.25
	四川	4.88	5.06	5.57	5.70	5.75	5.71	4.82	5.36
	内蒙古	3.37	3.88	3.96	4.19	4.45	4.50	3.43	3.97
	广西	5.83	6.25	5.99	6.73	6.90	6.77	5.63	6.30
	云南	5.05	5.25	5.64	6.04	6.13	6.20	5.21	5.65
	新疆	2.71	2.77	2.83	2.87	3.07	3.13	2.06	2.78
	宁夏	2.35	2.80	3.24	3.68	3.52	3.60	2.55	3.11
	甘肃	2.66	2.93	3.01	3.39	3.79	4.04	3.16	3.28
	贵州	3.54	3.79	3.73	4.49	5.00	5.19	4.18	4.27
	青海	1.86	1.89	2.24	2.60	3.03	3.37	2.46	2.49

资料来源：根据历年《中国统计年鉴》相关数据计算整理而得。

表3-18　　　　参评省域自主创新准则层绩效评价结果

		2006年综合得分	2007年综合得分	2008年综合得分	2009年综合得分	2010年综合得分	2011年综合得分	2012年综合得分	历年得分均值
东部	北京	24.98	27.05	28.97	30.76	33.15	35.22	39.64	31.40
	上海	14.19	16.11	17.00	20.26	20.33	21.62	23.82	19.05
	天津	8.38	9.26	9.78	10.31	12.00	14.34	16.71	11.54
	浙江	5.98	7.21	8.58	10.70	12.78	15.63	21.18	11.72
	江苏	4.85	6.12	7.60	10.56	13.99	18.67	25.07	12.41
	广东	5.11	5.98	6.45	7.87	9.52	11.60	14.91	8.78
	山东	3.06	3.66	4.37	5.02	6.34	7.96	10.40	5.83
	福建	2.84	3.12	3.44	4.23	5.38	6.77	8.97	4.96
	辽宁	4.36	4.76	4.76	5.48	6.50	7.21	8.73	5.97
	河北	1.78	1.85	1.90	2.38	2.92	3.62	4.99	2.78
中部	黑龙江	2.85	3.21	3.48	3.97	4.53	5.62	7.30	4.42
	吉林	2.71	2.88	2.87	3.42	3.78	4.27	5.13	3.58
	湖北	3.29	3.60	3.98	4.86	5.66	6.61	8.41	5.20
	河南	1.76	1.89	2.04	2.63	3.23	4.10	5.56	3.03
	湖南	2.39	2.51	2.75	3.27	3.89	4.63	6.04	3.64
	安徽	2.01	2.16	2.52	3.24	4.53	5.86	8.01	4.05
	江西	1.46	1.57	1.61	2.07	2.42	2.82	3.57	2.22
	山西	1.79	1.93	2.15	2.76	2.90	3.41	4.26	2.74

续表

		2006年综合得分	2007年综合得分	2008年综合得分	2009年综合得分	2010年综合得分	2011年综合得分	2012年综合得分	历年得分均值
西部	陕西	3.81	4.21	4.57	5.47	6.61	7.75	9.71	6.02
	四川	2.61	2.96	3.24	4.18	4.96	5.61	8.00	4.51
	内蒙古	1.33	1.41	1.49	1.87	2.25	2.68	3.86	2.13
	广西	1.02	1.08	1.21	1.61	1.95	2.43	3.15	1.78
	云南	1.25	1.33	1.29	1.69	1.93	2.27	3.17	1.85
	新疆	1.21	1.29	1.35	1.57	1.91	2.18	2.75	1.75
	宁夏	1.40	1.54	1.59	1.81	1.85	1.78	2.34	1.76
	甘肃	2.42	2.46	2.57	2.98	3.22	3.51	4.51	3.10
	贵州	1.08	1.04	1.09	1.38	1.71	2.58	2.72	1.66
	青海	1.23	1.49	1.52	1.99	2.15	2.36	2.44	1.88

资料来源：根据历年《中国统计年鉴》相关数据计算整理而得。

表3-19　　　　　参评省域生活质量准则层绩效评价结果

		2006年综合得分	2007年综合得分	2008年综合得分	2009年综合得分	2010年综合得分	2011年综合得分	2012年综合得分	历年得分均值
东部	北京	8.71	9.7	11.37	16.98	13.02	13.77	13.35	12.41
	上海	7.1	8.23	9.65	13.9	10.93	11.77	11.64	10.46
	天津	5.77	6.01	7.04	10.44	8.27	9.43	9.55	8.07
	浙江	5.53	6.25	7.02	10.89	8.67	9.32	10.01	8.24
	江苏	4.06	4.89	5.37	8.27	6.93	7.92	8.81	6.61
	广东	4.16	5.1	5.95	8.69	7.09	7.87	8.26	6.73
	山东	3.71	4.14	4.65	7.85	6.03	6.83	7.65	5.84
	福建	3.3	3.77	4.64	7.51	6.09	6.91	7.53	5.68
	辽宁	3.85	4.56	5.16	8.93	6.66	7.29	8.06	6.36
	河北	3.33	3.7	4.23	7.29	5.45	6	6.65	5.24
中部	黑龙江	3.65	4.11	4.62	7.78	5.63	5.87	6.5	5.45
	吉林	3.83	4.34	4.85	8.49	6.02	6.64	7.22	5.91
	湖北	2.8	3.2	3.63	6.6	4.93	5.63	6.49	4.75
	河南	2.97	3.64	3.96	6.85	5.02	5.7	6.71	4.98
	湖南	2.82	3.32	3.5	6.31	4.54	5.15	5.84	4.50
	安徽	2.32	2.89	3.28	5.77	4.49	5.15	6.2	4.30
	江西	2.52	3.25	3.58	6	4.29	5.21	6.05	4.41
	山西	4.32	4.64	5.23	9.23	6.31	6.75	7.59	6.30

续表

		2006年综合得分	2007年综合得分	2008年综合得分	2009年综合得分	2010年综合得分	2011年综合得分	2012年综合得分	历年得分均值
西部	陕西	3.61	4.06	4.72	7.78	5.81	6.76	7.6	5.76
	四川	2.14	2.57	2.91	6.49	4.29	4.88	5.83	4.16
	内蒙古	3.34	3.99	4.27	9.16	5.77	6.44	7.15	5.73
	广西	2.27	2.87	3.11	5.8	4.4	5.12	5.95	4.22
	云南	2.16	2.49	2.82	5.4	4.42	5.1	5.89	4.04
	新疆	3.85	4.64	5.27	8.58	6.48	7.22	7.85	6.27
	宁夏	3.38	4.27	4.6	7.57	5.46	6.12	6.99	5.48
	甘肃	2.7	3.13	3.71	6.57	4.91	5.39	6.36	4.68
	贵州	2.05	2.62	3.11	5.2	4.15	4.65	5.78	3.94
	青海	3.03	3.36	4.21	7.61	5.61	6.62	7.67	5.44

资料来源：根据历年《中国统计年鉴》相关数据计算整理而得。

根据2006~2012年各参评省域经济发展方式转变绩效水平的评价得分，本章计算得到了各参评省域均值及三大地区历年的评价得分数据，并据此绘制了各参评省域均值及三大地区经济发展方式转变绩效水平图，具体情况见图3-1。

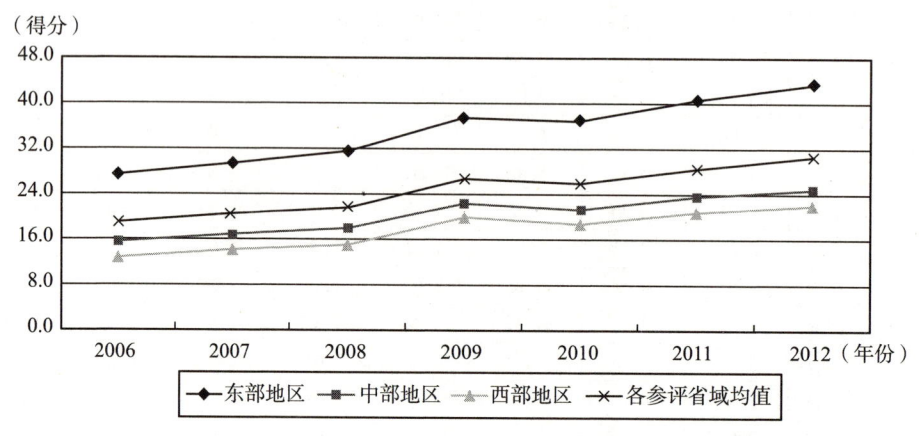

图3-1 各参评省域均值和三大地区平均经济发展方式转变绩效水平

由表3-14~表3-19和图3-1可以看出，各参评省域的经济发展方式转变进程，无论在总绩效综合评价得分或在各准则层面均存在一定的不均衡态势。以总绩效综合评价得分为例，2006~2012年各参评省域的经济发展方式转变绩效得分均呈现出稳步递增的发展趋势，平均绩效得分由2006年的18.71增至2012年的30.45，综合得分增加11.74，总增幅为62.74%，年均增幅亦高达10.46%，说明研究期间中国省域经济发展方式转变总体水平呈现出良好发展的态势。

2006~2012年，东、中、西部各省域的经济发展方式转变绩效评价得分和平均得分以较为一致的趋势波动增长。评价区间内，东部地区的历年平均得分均显著高于中、西部地区及全样本平均水平；而中、西部地区的平均得分则始终略低于全国均值。从平均得分增长的绝对值来看，东部地区2006年的评价得分为27.43，2012年的评价得分达到43.36，以15.93的增长绝对值居于首位，紧随其后的是中部地区，其2006年的评价得分为15.40，2012年的评价得分增长为24.92，增长绝对值为9.52，排名最末的西部地区其增长绝对值为9.33，其中，2006年和2012年的评价得分分别为12.62和21.96；从评价得分的增长幅度来看，其结果则截然相反，西部地区以73.93%的得分增幅位列三大地区之首，中部地区增幅为61.85%，处于三大地区的中间位置，排名最末的东部地区增长幅度最小，仅为58.06%。

由表3-14中各省域经济发展方式转变的绩效得分可知，经济发展方式转变绩效得分排名前十位的省域分别为北京、上海、天津、浙江、江苏、广东、福建、辽宁、山东和陕西，除陕西省外，全部位于东部地区（占比为9/10）。

由此可见，各地区的经济发展方式转变进程存在着显著的不均衡态势，东部地区经济发展方式转变的综合得分远高于中部地区和西部地区；中部地区和西部地区的经济发展方式转变绩效综合得分较为接近，中部地区得分略高于西部地区。然而，从各地区的增长幅度来看，西部地区的增幅领先于中部、东部地区，评价得分最高的东部地区其增幅反而最小。各地区在经济发展方式转变方面的发展差异正在不断缩小，但总体的不均衡态势仍然十分显著。

第4章

科普资源开发对经济发展方式
转变影响的省域实证分析

科普资源开发是普及科学知识,提升公民综合素质的有效手段,从各个方面影响着人们的生活理念和生产方式,进而对区域经济发展方式转变进程产生着重要影响。本章将从省域层面入手,就科普资源开发对经济发展方式转变的影响作用的大小、程度进行分析测度。

4.1 基于空间面板 Durbin 模型的总体宏观影响作用测度

4.1.1 实证分析模型:空间面板 Durbin 模型简介

经典回归模型在分析经济变量关系问题时并未将空间因素考虑进去,然而任何事物在空间上都是关联的,距离越近,关联程度就越强,距离越远,关联程度就越弱(Tobler,1970),因而回归结果往往出现较大偏差。安瑟林(Anselin)就此提出空间数据存在空间异质性和空间自相关现象,并给出了空间误差模型(SEM)和空间滞后模型(SAR)(Anselin,1988)。这两个模型考虑了自变量的空间相关性,但仍未将因变量的空间相关性纳入其中。然而,除了被解释变量存在空间误差和空间滞后效应之外,解释变量亦有可能存在空间自相关问题,还可能存在空间误差依赖问题(Brueckner,2003)。勒萨热(Lesage,2009)认为,在这种情况下,空间 Durbin 面板数据模型可以较好地解决这一问题。其基本形式如式(4-1)所示:

$$Y = \rho WY + X\beta + WX\theta + \varepsilon \qquad (4-1)$$

其中，Y 为因变量向量，W 为区域权重矩阵，X 为自变量向量，ρ 为空间自回归系数，θ、β 为估计参数。ε 为误差项。

在实证分析过程中，对上式进行 LR 检验，以确定采用固定效应模型或随机效应模型。厄尔霍斯特（Elhorst，2010）对式（4-1）误差项 ε 进行分解，将其扩展为如下形式：

$$Y = \rho WY + X\beta + WX\theta + U_i + r_t + \varepsilon \quad (4-2)$$

在式（4-2）中，U_i、r_t 分别为个体和时期固定效应。本章以前文有数据可得的 28 个省区市经济发展方式转变绩效和科普资源开发绩效综合评价得分为数据来源，以 2008~2011 年为考察时间段，基于如式（4-2）所示的空间 Durbin 面板数据模型。构建科普资源开发对经济发展方式转变总体宏观影响作用的实证分析模型，如式（4-3）所示。

$$Y_{it} = \rho \sum_{j=1}^{N} W_{ij} Y_{jt} + X_{it}\beta + \sum_{j=1}^{N} W_{ij} X_{it}\theta + u_i + r_t + \varepsilon_{it} \quad (4-3)$$

在式（4-3）中，Y_{it} 为 i 省域 t 年的经济发展方式转变绩效，为被解释变量；X_{it} 为 i 省域 t 年科普资源开发绩效，为解释变量；W 为区域空间权重矩阵；参数 β 为解释变量对因变量的直接影响系数，反映了省域科普资源开发对经济发展方式转变总体宏观影响作用的大小及方向，ρ 为被解释变量的空间滞后回归系数，反映了省域经济发展方式转变的空间溢出效应；θ 则反映了自变量的空间滞后项对被解释变量的影响作用大小，实际意义为邻接省域科普资源开发对本省域经济发展方式转变绩效的影响；ε_{it} 为随机干扰项。

4.1.2 基于空间面板 Durbin 模型的实证分析

运用 OpenGeoda 软件的计算结果表明，2006~2012 年省域经济发展方式绩效的空间自相关指数均在 0.3 以上，且均通过 5% 以上的显著性水平检验。由此表明，参评省域经济发展方式转变确实存在明显的空间正相关性，将其作为因变量引入空间 Durbin 模型是合理的。

在运用空间 Durbin 模型进行实证分析的过程中，空间权重矩阵的设定非常关键，是空间关系的一种体现。实际研究中，常用简单二分权重矩阵，遵循 Rook 相邻规则进行判定。所得矩阵 W 主对角线上元素为 0，如果 i 地区与 j 地区有共同的边界则视为两地相邻，取 W_{ij} 为 1，否则为 0。在运用过程中，还需将 W 进行标准化处理，使得每行元素之和为 1。这种邻接权重矩阵设置方式简单、计算简便，被广泛使用。然而，相邻地区间的经济联系并非完全相同，且有可能随着经济发展强度的相对改变而发生变化。事实上，由于经济落后地区对发达地区的影响力度较小,而发达地区能够对周围落后地区产生更大的辐射力和吸引力,即有更强烈的空间影响力,在实证分析时设置合理的经济空间权重矩阵能够使研究取得较好的结果(陈晓玲等,2006;王火根等,2007)。因此,本书选择经济空间权重矩阵作为实证分析的工具,以便能更好地反映省域之间现实存在的经济关联性。具体做法是:以考察期间各省域实际 GDP 占所有省域实际 GDP 之和的比重的均值来衡量地区经济水平的高低,并假定经济实力强的地区对周边地区产生的空间影响大,反之则较弱。经济空间权重矩阵(W)是地理空间权重 w 和各地区 GDP 所占比重均值为对角元素的对角矩阵的乘积,具体形式为式(4-4):

$$W = w \times diag(\frac{\bar{y}_1}{\bar{y}}, \frac{\bar{y}_2}{\bar{y}}, \cdots, \frac{\bar{y}_n}{\bar{y}}) \qquad (4-4)$$

$$其中,\bar{y}_i = \frac{1}{t_1 - t_0 + 1}\sum_{t_0}^{t_1} y_{it}, \bar{y} = \frac{1}{n(t_1 - t_0 + 1)}\sum_{i=1}^{n}\sum_{t_0}^{t_1} y_{it} \qquad (4-5)$$

在式 4-5 中,y_{it} 代表 i 省 t 年的实际 GDP,t_0 代表评价期初的年份,t_1 代表评价期末的年份。

实证分析中,有四种备择模型可供选择(随机效应、个体固定效应、时点固定效应、个体时点双固定效应模型),表 4-1 列出了 MATLAB 软件运算所得到的各模型回归系数结果。

表 4-1　　　　　　　　　空间 Durbin 模型分析结果

回归系数	随机效应	个体固定效应	时点固定效应	双固定效应
β	0.1613 *** (4.252)	0.5586 *** (14.1)	0.562 *** (14.03)	0.5590 *** (14.09)
θ	0.0142 (0.284)	-0.1689 ** (-2.33)	-0.1476 ** (-1.97)	-0.1667 ** (-2.29)
ρ	0.853 *** (25.20)	0.708 *** (12.96)	0.690 *** (12.15)	0.7060 *** (12.87)

注:括号内为 t 值;符号 * 、** 、*** 分别表示 10%、5%、1% 水平下显著。
资料来源:根据前文评价所得省域经济发展方式转变绩效和科普资源开发绩效综合评价得分经整理计算而得。

随机效应、个体固定效应、时点固定效应、个体时点双固定效应模型的可决系数(R^2)分别为 0.1885、0.6862、0.6887 和 0.6865,时点固定效应模型的拟合效果最为理想。从表 4-1 中的时点固定效应模型回归结果可以看出:

(1)科普资源开发绩效变量的回归系数(β)为 0.562,且通过 1% 的显著性检验,表明科普资源开发对本省域经济发展方式转变会产生正向促进作用。究其原因,可能在于区域科普资源开发绩效的提升对其人力资本的提升和技术的扩散会起到推动作用,从而使得经济发展方式进程在人力资本提升和技术扩散的两大动力驱动下得以有效推进。

（2）科普资源开发绩效变量的空间滞后项回归系数（θ）为 -0.1476，且通过5%的显著性检验，表明某省域的经济发展方式转变进程会受到相邻地区科普资源开发绩效的显著影响，且作用方向为负。究其原因，可能在于区域科普资源开发不仅会对本地区经济发展方式转变产生正向促进作用，而且，由此所引致的区域社会经济发展软硬件环境改善将在某种程度上导致相邻区域的资源要素流入，进而会导致相邻区域经济发展方式转变能力的弱化和绩效的降低。

（3）经济发展方式转变绩效变量的空间滞后项（ρ）为0.690，表明省域经济发展方式转变存在正向空间溢出效应，即某省域经济发展方式转变绩效的提升会促进相邻地区的经济发展方式转变进程。究其原因，可能是受地理空间邻近关系的影响，某一省域会从相邻地区加大经济发展方式转变投入力度而增加的公共物品和服务供给中获益，从而提高自身的经济发展方式转变绩效。此外，某省域在面对相邻省域旨在提高经济发展方式转变绩效的努力和付出时，为避免本地区要素向相邻地区流失，亦会在经济发展方式转变方面增加要素投入，从而提升自身经济发展方式转变绩效。

4.2 基于 BGWR 模型的个体微观影响作用测度

4.2.1 实证分析模型：BGWR 模型简介

空间 Durbin 模型仅可从总体宏观层面对省域科普资源开发对经济发展方式转变的影响予以解释。然而，不同省域的科普资源开发对其经济发展方式转变的影响作用可能各异，即存在空间异质性。因而，在实证估计时运用空间变异系数回归模型（spatial varying-coefficient regression model），能够得出更为准确的结果。已有研究中在处理类似问题时使用的多为空间变系数回归模型中最为常用的地理加权回归（geographically weighted regression，GWR）模型（Chris Brunsdon, 1998），这一模型通过在线性回归模型中假定回归系数是观测点地理位置的任意函数，将数据的空间特性纳入模型中，从而为分析回归关系的空间特征创造了条件（玄海燕等，2007），在实践中被广泛应用。然而，已有研究在分析时多忽略了地理加权回归（geographically weighted regression，GWR）模型所存在的固有缺陷和局限性（James P. LeSage, 2001）：

GWR 模型的问题之一在于，使用传统的最小二乘法进行估计无法实现对于回归参数的有效推断。因为在对空间上的任意点进行系列估算时，局部线性估计均使用了完全相同的样本数据观测值（具有不同的权重）。考虑到 GWR 模型在带宽估计上的条件属性以及各样本点之间缺乏独立性，基于回归方法对离差进行的测算显然是不准确的。而 BGWR 模型所采用的吉布斯抽样（gibbs sampler）可以有效地解决这一问题，基于后验分布对离差进行测算，避免了各样本点之间独立性缺乏带来的不利影响。

GWR 模型存在的另一个问题在于，考虑到一系列局部线性估计的子序列中所有临近观测值均可能被位于空间某孤立点（如四周临海的岛屿）的离群值所"污染"，由空间"飞地"效应或体制转换所导致的异常观测值的存在会对局部线性估计产生不当影响。而 BGWR 模型所采用的贝叶斯方法，却可通过对异常观测值不敏感的稳健估计解决问题。这些异常观测值均会被自动检测到并进行降权处理，以此来削弱其对估计结果的不利影响。

GWR 模型存在的第三个问题，是建立在观测点距离权重子样本基础上的局部线性估计可能会遭遇"疲软数据（weak data）"问题。即当对空间中的若干点进行估计时，可以使用的有效观测值数量可能会非常少。这一问题可以通过 BGWR 模型的建立，运用贝叶斯方法对主观先验信息加以合并来解决。

由此可见，BGWR 模型在实践中具备 GWR 模型所不具备的诸多优势，可弥补 GWR 模型存在的诸多缺陷。式（4-6）、式（4-7）给出了 BGWR 模型的一个一般描述：

$$W_i y = W_i x \beta_i + \varepsilon_i \quad (4-6)$$

$$\beta_i = (w_{i1} \cdot I_k \cdots w_{in} \cdot I_k) \begin{pmatrix} \beta_1 \\ \vdots \\ \beta_n \end{pmatrix} + \mu_i \quad (4-7)$$

在式（4-6）中，y 代表由空间内 n 个点的被解释变量观测值构成的一个 n×1 矢量，x 代表解释变量构成的 n×k 矩阵，β_i 为解释变量的系数矩阵，而 ε 为同方差且正态分布的扰动项，亦为 n×1 矢量。W_i 代表一个 n×n 的对角矩阵，此矩阵包含反映观测点 i 和其他所有观测点之间距离的权重矢量 d_i。式（4-7）中的 w_{ij} 代表标准化的距离权重，以使行向量 ($w_{i1}, \cdots, w_{in}$) 之和为 1，且 $w_{ii}=0$。即，$w_{ij} = \exp(-d_{ij}/\theta) / \sum_{j=1}^{n} \exp(-d_{ij}\theta)$。

d_{ij} 为观测点 i 和观测点 j 之间的距离，θ 为距离频宽（bandwidth）。U_i 为随机扰动项且 ε_i 和 u_i 满足如下条件：

$$\varepsilon_i \sim N[0, \sigma^2 V_i], \quad V_i = \text{diag}(v_1, v_2, \cdots, v_n)$$

$$\mu_i \sim N[0, \sigma^2 \delta^2 (X'W_i^2 X)^{-1}]$$

$\sigma^2(X'W_i^2 X)^{-1}$ 为先验方差—协方差矩阵，δ^2 为规模因子，以此来避免以主观的先验信息估计模型参数,进而实现对其进行平滑估计的目的。

在实践中,除形如式(4-7)所示的"距离平滑"方法外,可选择若干其他的空间参数平滑方法,以替代式(4-7)运用到 BGWR 模型中。其中,最为常用的平滑方法有两种:

(1)"单中心城市平滑"方法。"单中心城市平滑"法所使用的平滑关系如式(4-8)所示。其假定数据观测值已按其与空间样本中心的距离远近进行排列。由于观测值已按其距中心的距离排列,该平滑关系表明 β_i 应与邻近的同心环系数 β_{i-1} 相似。

$$\beta_i = \beta_{i-1} + \mu_i$$
$$\mu_i \sim N[0, \sigma^2\delta^2 (X'W_i^2X)^{-1}] \quad (4-8)$$

(2)"邻近平滑"方法。基于一阶空间邻接矩阵的"邻近平滑"方法所采用的平滑关系,如式(4-9)所示。c_{ij} 代表行标准化处理之后的一阶空间邻接矩阵中的第 i 行。该方法将对所有与观测点 i 相邻的观测点参数做平均化处理。

$$\beta_i = (c_{i1} \otimes I_k \cdots c_{in} \otimes I_k) \begin{pmatrix} \beta_1 \\ \vdots \\ \beta_n \end{pmatrix} + \mu_i \quad (4-9)$$
$$\mu_i \sim N[0, \sigma^2\delta^2(X'W_i^2X)^{-1}]$$

在实践中,研究者必须考虑哪种类型的空间参数平滑方法对其最为适用。此外,一种平滑方法并不必然优于其他,往往要基于对不同的平滑方法进行统计检验才能挑选出其中最为合适的。可通过计算后验概率以确知何种平滑模型与样本数据最为一致,即选择后验概率最大的平滑方法估计结果。

4.2.2 基于 BGWR 模型的实证分析

本书构建如式(4-6)所示的 BGWR 模型分析各省域科普资源开发对于经济发展方式转变的个体微观影响。选择前述分析所得历年省域科普资源开发绩效综合评价得分平均值作为解释变量,省域经济发展方式转变绩效综合得分均值作为被解释变量,则模型中系数 β_i 便可反映科普资源开发对经济发展方式转变的影响作用。通过"距离平滑"法、"单中心城市平滑"法和"邻近平滑"法三种方案的运用,比较各方法所产生的后验概率,选择概率最大的平滑方法估计结果作为最优方案进行分析。

具体测算过程借助 MATLAB 软件经由编程完成,计算时使用了空间计量工具箱,采用高斯函数(gaussian distance)对于距离权重矩阵进行了计算,经三种方案实际测算所得系数 β_i,如表4-2所示。从表4-2可以看出,无论是何种方案，各省域系数的 t 检验值均通过 1% 的显著性水平检验，说明各省域科普资源开发对于经济发展方式转变的影响作用均较为显著。表 4-2 还列出了经测算得到的三种方案的后验概率，从中不难看出，对于上海、山西、吉林、江西、四川、贵州、新疆而言，采用"邻近平滑"法实际得到的后验概率最大，故将采用该平滑法所得系数 β_i 确定为这些省域最终采信的系数值；对于山东、广东、湖北、湖南、内蒙古、陕西、甘肃、青海、宁夏九个省域而言，采用"距离平滑"法得到的后验概率最大，故而将采用该平滑法所得系数 β_i 确定为这些省域最终采信的系数值；对于其余这些省域而言，采用"单中心城市平滑"法所得实际后验概率最大，故而将采用该平滑法所得系数 β_i 确定为这些省域所最终采信的系数值，具体结果如表 4-2 最终方案一栏所示。

从表 4-2 中最终确定的各 β_i 系数值还可以发现，各省域之间存在显著差异。由表 4-2 中数据可计算出，东、中、西部三大地区 β_i 系数的均值分别为：0.7276、0.8284、0.8103；中部地区虽然科普资源开发绩效综合评价得分较低，但其 β_i 系数均值却在三者中最高，科普资源开发对于经济发展方式转变的影响作用最大。而东部地区虽然科普资源开发和经济发展方式转变绩效综合评价得分均高于中、西部地区，但其 β_i 系数均值却相对最低，科普资源开发对于经济发展方式转变的影响作用最小。由此可见，科普资源开发绩效和经济发展方式转变绩效较高的省域其 β_i 系数并不必然较高，省域科普资源开发对经济发展方式转变影响作用大小同科普资源开发及经济发展方式转变绩效高低之间可能存在负向相关关系。为验证此结论，经由 SPSS 19 软件分别对各省域的经济发展方式转变和科普资源开发绩效综合评价得分同 β_i 系数之间的相关性进行了 Pearson 相关检验。检验结果显示，各省域经济发展方式转变综合评价得分同 β_i 系数之间的 Pearson 相关系数为 -0.475，Sig 值为 0.012，通过 5% 的显著性水平检验；各省域科普资源开发综合评价得分同 β_i 系数之间的 Pearson 相关系数为 -0.192，Sig 值为 0.336，未通过 5% 的显著性水平检验。检验结果表明，经济发展方式转变绩效较高的省域，其科普资源开发对经济发展方式转变影响作用大小反而较低，由此验证了此前负向相关关系结论的有效性。而省域科普资源开发对经济发展方式转变影响作用同科普资源开发绩效之间的相关性并不显著，否定了此前存在相关性的猜测。

最终所采信的系数 β_i 的空间四分位结果显示，位于第一级排列的省域有 7 个，分别为江苏、山西、内蒙古、北京、天津、吉林和黑龙江，是全样本范围内系数 β_i 最低的一类地区，说明上述地区科普资源开发对经济发展方式转变的影响作用相对较小；位于第四级排列的省域亦有 7 个，分别为新疆、青海、广西、四川、陕西、云南和湖南，是全样本范围内系数 β_i 最高的一类地区，说明上述地区科普资源开发对经济发展方式转变的影响作用相对较大，见表 4-2。

表4-2 三种方案对于 β_i 的测算结果比较及最终方案的确定

		"单中心城市平滑" 法				"距离平滑" 法				"邻近平滑" 法				最终方案(依据后验概率大小确定)		
		β_i	t值	显著性水平	后验概率(%)	β_i	t值	显著性水平	后验概率(%)	β_i	t值	显著性水平	后验概率(%)	β_i	t值	显著性水平
东部	北京	0.6018	16.23	0.0000	56.42	0.6030	16.04	0.0000	22.15	0.6045	15.49	0.0000	21.44	0.6018	16.23	0.0000
	天津	0.6625	11.95	0.0000	64.83	0.6617	11.32	0.0000	17.40	0.6579	11.97	0.0000	17.77	0.6625	11.95	0.0000
	河北	0.7659	4.64	0.0001	87.99	0.7627	5.03	0.0000	6.35	0.7672	4.93	0.0000	5.67	0.7659	4.64	0.0001
	辽宁	0.7657	5.95	0.0000	48.72	0.7668	5.96	0.0000	25.59	0.7615	6.14	0.0000	25.68	0.7657	5.95	0.0000
	上海	0.7194	8.21	0.0000	31.91	0.7199	8.46	0.0000	34.01	0.7140	7.95	0.0000	34.09	0.7140	7.95	0.0000
	江苏	0.6690	8.53	0.0000	35.94	0.6718	9.06	0.0000	32.47	0.6739	8.99	0.0000	31.59	0.6690	8.53	0.0000
	浙江	0.7764	8.00	0.0000	43.11	0.7774	7.86	0.0000	28.38	0.7842	8.09	0.0000	28.51	0.7764	8.00	0.0000
	福建	0.7475	4.40	0.0001	46.95	0.7431	4.55	0.0000	26.84	0.7428	4.53	0.0001	26.21	0.7475	4.40	0.0001
	山东	0.7663	7.12	0.0000	27.07	0.7591	7.13	0.0000	36.74	0.7628	7.11	0.0000	36.19	0.7591	7.13	0.0000
	广东	0.8138	6.67	0.0000	32.93	0.8145	6.47	0.0000	33.58	0.7988	6.09	0.0000	33.50	0.8145	6.47	0.0000
	山西	0.6164	12.48	0.0000	32.28	0.6128	12.56	0.0000	33.08	0.6185	14.04	0.0000	34.64	0.6185	14.04	0.0000
	吉林	0.6833	9.15	0.0000	28.40	0.6794	8.65	0.0000	35.67	0.6754	9.13	0.0000	35.93	0.6754	9.13	0.0000
	黑龙江	0.6717	8.84	0.0000	35.49	0.6776	9.12	0.0000	32.12	0.6765	9.46	0.0000	32.39	0.6717	8.84	0.0000
	安徽	0.7783	7.83	0.0000	50.44	0.7782	7.68	0.0000	24.67	0.7775	8.11	0.0000	24.89	0.7783	7.83	0.0000
中部	江西	0.6936	8.01	0.0000	23.57	0.6834	7.35	0.0000	38.19	0.6927	8.06	0.0000	38.24	0.6927	8.06	0.0000
	河南	0.7282	7.08	0.0000	34.30	0.7305	6.47	0.0000	32.92	0.7291	6.69	0.0000	32.77	0.7282	7.08	0.0000
	湖北	0.7528	6.23	0.0000	30.37	0.7520	6.34	0.0000	34.97	0.7664	6.81	0.0000	34.66	0.7520	6.34	0.0000
	湖南	0.8438	4.94	0.0000	28.97	0.8471	4.98	0.0000	35.94	0.8452	4.99	0.0000	35.10	0.8471	4.98	0.0000

续表

		"单中心城市平滑"法				"距离平滑"法				"邻近平滑"法				最终方案（依据后验概率大小确定）		
		β_i	t值	显著性水平	后验概率(%)	β_i	t值	显著性水平	后验概率(%)	β_i	t值	显著性水平	后验概率(%)	β_i	t值	显著性水平
西部	内蒙古	0.6382	10.08	0.0000	32.11	0.6363	10.54	0.0000	34.15	0.6363	10.81	0.0000	33.74	0.6363	10.54	0.0000
	广西	0.8518	5.80	0.0000	36.62	0.8574	6.16	0.0000	31.96	0.8498	5.81	0.0000	31.42	0.8518	5.80	0.0000
	四川	0.8471	5.72	0.0000	32.55	0.8432	5.80	0.0000	33.37	0.8359	5.55	0.0000	34.08	0.8359	5.55	0.0000
	贵州	0.8106	5.65	0.0000	17.28	0.8062	5.79	0.0000	41.31	0.8017	5.75	0.0000	41.41	0.8017	5.75	0.0000
	云南	0.8390	4.10	0.0003	34.93	0.8594	4.41	0.0001	31.76	0.8451	4.06	0.0004	33.31	0.8390	4.10	0.0003
	陕西	0.8502	5.04	0.0000	17.01	0.8524	5.06	0.0000	42.17	0.8548	5.09	0.0000	40.82	0.8524	5.06	0.0000
	甘肃	0.8117	5.22	0.0000	5.62	0.7967	5.16	0.0000	47.55	0.7988	5.58	0.0000	46.83	0.7967	5.16	0.0000
	青海	0.8474	4.97	0.0000	16.58	0.8464	4.68	0.0001	42.39	0.8523	4.73	0.0001	41.03	0.8464	4.68	0.0001
	宁夏	0.8280	3.99	0.0004	6.32	0.8189	4.25	0.0002	47.86	0.8217	4.56	0.0001	45.82	0.8189	4.25	0.0002
	新疆	0.8317	5.58	0.0000	2.09	0.8178	5.18	0.0000	48.44	0.8239	5.17	0.0000	49.47	0.8239	5.17	0.0000

资料来源：根据前文评价所得省域经济发展方式转变绩效和科普资源开发绩效综合评价得分经计算整理而得。

由此可见，加强科普资源开发对于省域经济发展方式转变有着重要意义。为充分发挥科普资源开发对于经济发展方式转变的影响作用，应根据中国不同地区现状特点制定相应的方案。尤其需要指出的是，对于经济发展方式转变绩效较低的西部地区而言，由于其科普资源开发对经济发展方式的影响作用相对最强，故应充分发挥其促进作用，加大科普资源开发投入力度；对于经济发展方式转变绩效相对较高的东部地区而言，则要客观认识科普资源开发对本地区经济发展方式转变影响作用相对较低的现状，继续提升科普资源开发效率，深入挖掘其对本地区经济发展方式转变的影响作用潜力。

第 5 章

省域科普资源开发绩效的探索性空间数据分析

5.1 研究方法介绍

5.1.1 ESDA 方法

ESDA 方法是本章的主体研究方法,是由安瑟林(Anselin,1999)等学者提出的一种可视化数据驱动空间分析方法集合,主要由全局空间关联分析和局部空间关联分析两种类型构成。全局空间关联分析是通过全域空间自相关统计量的估计,表明事物或现象在总体空间上的平均关联程度;而局部空间关联分析则是通过局部空间自相关统计量,揭示事物或现象在局域空间上的关联程度及其分布格局。

全局空间自相关指数 Global Moran's I 通常被应用在检验全域空间自相关现象存在与否的空间相关分析领域中。其计算公式如式(5-1)所示。

$$\text{Moran's I} = \frac{\sum_{i=1}^{n}\sum_{j=i}^{n} W_{ij}(Y_i - \overline{Y})(Y_j - \overline{Y})}{S^2 \sum_{i=1}^{n}\sum_{j=i}^{n} W_{ij}} \quad (5-1)$$

在式(5-1)中,$S^2 = \frac{1}{n}\sum_{i=1}^{n}(Y_i - \overline{Y})$,$\overline{Y} = \frac{1}{n}\sum_{i=1}^{n}Y_i$,$Y_i$ 表示第 i 个地区的观测值,n 为地区总数,W_{ij} 为二进制空间权重矩阵 W 中的任一元素,采用邻接标准或距离标准,其目的是定义空间对象的相互邻接关系。通常采用邻接标准或距离标准来表达空间对象之间的邻接关系。本章所采用的邻接标准的 W_{ij} 为:

$$W_{ij} = \begin{cases} 0 & \text{当区域 i 和区域 j 相邻} \\ 1 & \text{当区域 i 和区域 j 不相邻} \end{cases}$$

Moran's I 指数的取值范围为（-1，+1），若各省域表现出正的空间相关性，其数值则为正，若各省域表现出负的空间相关性则数值为负。当不同省域的观测值在空间区位上相似且具有相似的属性值时，空间模式在全局上就显示出正的空间自相关性，Moran's I 指数越接近 1，其空间正相关性越显著；而当邻接空间上不同省域的观测值具有不相似的属性值时，就呈现为负的空间自相关性，Moran's I 指数越接近 -1，其空间负相关性越显著；零空间自相关性出现在当属性值的分布与区位数据的分布相互独立时。对于 Moran's I 的统计检验可采用 Z 检验，即当 $|Z| > 1.96$ 时认为有显著（5%）的空间相关性。

全局空间自相关分析并不能全方位地揭示各省域观测值的空间差异性及局域显著性水平，因此，有必要借助 LISA（local indicators of spatial association）这一空间关联局域性指标来进行更进一步的测算。LISA 是全局空间自相关统计量 Global Moran's I 的分解，用来衡量每个省域与其周边省域之间的观测值差异。其计算过程如式（5-2）~式（5-4）所示。

由于

$$I = \frac{\sum_{i}^{n} \sum_{j \neq i}^{n} W_{ij} Z_i Z_j}{S^2 \sum_{i}^{n} \sum_{j \neq i}^{n} W_{ij}} = \sum_{i}^{n} (Z_i \sum_{j \neq i}^{n} W_{ij} Z_j) = \frac{1}{n} \sum_{i}^{n} I_i \qquad (5-2)$$

因此，局部 Moran's I_i 定义如式（5-3）所示：

$$I_i = Z_i \sum_{j} W_{ij} Z_j \qquad (5-3)$$

在式（5-3）中，Z_i 和 Z_j 是观测值 i 和邻近省域 j 标准化后的值，表示各省域观测值与其均值的偏差程度，即：

$$Z_i = \frac{Y_i - \overline{Y}}{S}, \quad S^2 = \sum \frac{i(Y_i - \overline{Y})^2}{n-1} \qquad (5-4)$$

Z_j 与 Z_i 类同；W_{ij} 为空间权重矩阵，本书选择最常用的一阶 ROOK 邻接矩阵作为空间权重矩阵建立方法，$\sum_{j} W_{ij} Z_j$ 为相邻省域观测值偏差的加权平均。

5.1.2 基尼系数分解法

基尼系数分解法是由学者达格姆（Dagum，1997）提出的一种差异测算法。该方法借助基尼系数的差异理念，被广泛应用于地区间、组群间的差异测算，其基本分解公式如下所示：

$$G = \frac{\sum_{j=1}^{k}\sum_{h=1}^{k}\sum_{i}^{n_j}\sum_{r}^{n_h}|y_{ji}-y_{hr}|}{2N^2\bar{y}} \quad (5-5)$$

在式 (5-5) 中，$y_{ji}(y_{hr})$ 分别表示 j(h) 地区中第 i(r) 个省域的绩效得分，$\bar{y}$ 表示全样本各省域绩效得分均值，N 表示省域个数，k 是地区划分个数，$n_j(n_h)$ 表示 j(h) 地区内省域的个数。

基尼系数可进一步分解为地区内差异对总体差异的贡献度 G_w 和地区间差异对总体差异的贡献度 G_b，亦即，$G = G_w + G_b$。其中，区域 j 内部的基尼系数为：

$$G_{jj} = \frac{\sum_{i=1}^{n_j}\sum_{r=1}^{n_j}|y_{ji}-y_{jr}|}{2n_j^2\bar{y}_j} \quad (5-6)$$

则区域内部差异对总体基尼系数的贡献度为：

$$G_w = \sum_{j=1}^{k} G_{jj} p_j s_j \quad (5-7)$$

在式 (5-7) 中，$p_j = \frac{n_j}{N}$，$s_j = \frac{n_j \bar{y}_j}{N\bar{y}}$。

区域 j 和区域 h 之间的基尼系数计算公式为：

$$G_{jh} = \frac{\sum_{i=1}^{n_j}\sum_{r=1}^{n_h}|y_{ji}-y_{hr}|}{n_j n_h (\bar{y}_j + \bar{y}_h)} \quad (5-8)$$

则区域 j 和区域 h 之间的差异对总体基尼系数的贡献度为：

$$G_b = \sum_{j=2}^{k}\sum_{h=1}^{j-1} G_{jh}(p_j s_h + p_h s_j) \quad (5-9)$$

基尼系数在 0~1 之间，数值越大说明差异越大。

5.1.3 极化研究法

基尼系数分解法通过测算所有个体与总体均值的平均偏离程度来反映地区间发展的不平衡性，其局限性在于并未考虑个体在局部的集聚程度，因而不能反映样本的不同地区之间的对抗和竞争程度（刘华军等，2013）。极化研究方法能够在此方面进行有益的补充，使得对各省域空间差异研究更为全面和深入。

在判断极化程度时，埃斯特本和雷（Esteban，Ray，1994）从定性的角度提出了研究对象分布必须具有的三个特征：每个子群区内具有高度的同质性；子群之间具有高度的异质性；必须存在少量的具有一定规模的子群。对于前两

个特征,埃斯特本和雷(Esteban,Ray)分别定义了子群区内认同感(identification)和子群之间疏远感(alienation)函数来进行度量。其中,认同感是关于群内对象的某个增函数,而疏远感则是由于不同子群评价对象不同产生的对抗,两个子群之间评价对象得分差异越大,疏远感就强。根据以上观点,埃斯特本和雷给出了第 i 个子群认同函数为 $ID_i = p_i^\partial$,第 i 个子群和第 j 个子群的疏远函数为 $AL_{ij} = |u_i - u_j|$,把两者相乘并对所有 s 个子群加权求和即得极化指数:

$$ER = K \sum_{i=1}^{s} \sum_{j=1}^{s} p_i p_j p_i^\partial |u_i - u_j| \qquad (5-10)$$

在式(5-10)中,K>0 是一个起标准化作用的常数;∂ 为反映极化敏感型的参数,在满足一系列公理的条件下,埃斯特本和雷给出了的 ∂ 取值域为 [1,1.6]。

在子群给定的情况下,根据埃斯特本和雷的三个假定,极化指数的一般形式为 $K \sum_{i=1}^{s} \sum_{j=1}^{s} p_i \cdot p_j \cdot ID_i \cdot AL_{ij}$。由于群内成员之间的认同程度与子群的形成方式,尤其是群内差异有很大关系,群内差异越大,凝聚力就越小;而 ER 指数假定群内成员之间具有完全一致性的认同感,显然多数情况下这个假定并不成立。针对 ER 指数的上述不足,埃斯特本(Esteban,1999)和拉索(Lasso,2006)分别提出了改进方法,其中,后者给出的方法更为合理,计算公式为:

$$LU = K \sum_{i=1}^{s} \sum_{j=1}^{s} p_i p_j p_i^\partial (1 - G_i)^\beta |u_i - u_j| \qquad (5-11)$$

在式(5-11)中,G_i 为第 i 个子群区内的基尼系数,参数 $\beta>0$。LU 指数将群内不均衡的影响体现在认同函数中,即 $ID_i = p_i^\partial (1 - G_i)^\beta$,它符合群内差异越大认同程度越小的假定(洪兴建,2010)。

5.2 科普资源总体开发绩效层面

5.2.1 空间差异分析

参评省域科普资源总体开发绩效综合评价得分(2006~2012 年均值)的空间分布四分位分析结果显示,按绩效评价得分高低可将各参评省域划分为四个排列级别。其中,位于第四级排列的省域有 8 个,分别为北京、天津、辽宁、江苏、上海、浙江、重庆、海南,是全样本范围内科普资源总体开发绩效得分最高的一类地区,除重庆市以外其他省域无一例外均位于东部地区;位于第一级排列的省域为 7 个，分别为黑龙江、吉林、宁夏、山西、甘肃、贵州、内蒙古，是全样本范围内科普资源总体开发绩效得分最低的一类地区；而中部地区和西部地区的大部分省域位于第二级排列、第三级排列。由此可见，各参评省域之间的科普资源开发绩效总体上存在着较为显著的空间差异。

2006～2012 年，期末（2012 年）与期初（2006 年）相比，第一～第四级排列地区的省域数量及具体构成发生了变动：北京、天津、上海、浙江、江苏、湖北仍然位居第四级排列，是全样本范围内科普资源总体开发绩效得分较高的地区。广东和重庆排列位置有所下移，科普资源总体开发绩效得分较期初有所下降，新增第四级排列的省域有辽宁、青海，其科普资源总体开发绩效得分相较期初有很大提高。位于第一级排列的省域虽然总数与期初保持不变，但在具体省域上则变化较大。除黑龙江、西藏和甘肃始终位列第一级外，其余原在第一级的省域均变为第二级排列、第三级排列，见表 5-1。

表 5-1　　2006 年和 2012 年各参评省域科普资源总体开发绩效综合评价得分四分位分析结果

年份	第一级排列地区	第二级排列地区	第三级排列地区	第四级排列地区
2006	黑龙江、内蒙古、西藏、青海、四川、甘肃、海南	吉林、河北、山东、河南、湖南、湖北、江西、新疆	陕西、宁夏、云南、山西、辽宁、安徽、福建、广东	北京、天津、上海、江苏、浙江、重庆、湖北、广东
2012	黑龙江、吉林、西藏、甘肃、山西、贵州、重庆	山东、河南、安徽、福建、海南、四川、江西、云南	内蒙古、陕西、宁夏、河北、湖南、广东、广西、新疆	北京、天津、辽宁、江苏、浙江、上海、青海、湖北

资料来源：根据各参评省域科普资源总体开发绩效综合评价得分计算而得。

为进一步探究地区间空间差异的特征，本书将运用基尼系数分解法测算中国东、中、西部三大地区在科普资源总体开发绩效层面的空间差异。

依据前文所介绍的基尼系数分解公式，本书借助 Matlab 软件计算得到了 2006～2012 年参评省域科普资源总体开发绩效得分的总体基尼系数、三大地区区内及各地区之间的基尼系数，并将总体基尼系数分解为地区内差异的贡献度及地区间差异的贡献度，具体的计算结果见表 5-2。

表 5 – 2　　基尼系数及其贡献度分解结果（科普资源总体开发绩效综合评价得分）

年份	总体	贡献度		贡献率（%）		地区内差异			地区间差异		
		地区内	地区间	地区内	地区间	东部	中部	西部	东中部	东西部	中西部
2006	0.343	0.099	0.244	28.86	71.14	0.408	0.106	0.127	0.358	0.458	0.125
2008	0.304	0.092	0.212	30.26	69.74	0.359	0.138	0.171	0.355	0.388	0.160
2009	0.296	0.083	0.213	20.04	71.96	0.343	0.144	0.111	0.386	0.388	0.134
2010	0.287	0.082	0.205	28.57	71.43	0.337	0.109	0.140	0.366	0.381	0.130
2011	0.267	0.075	0.192	28.09	71.91	0.315	0.094	0.122	0.348	0.357	0.117
2012	0.283	0.084	0.199	29.62	70.38	0.351	0.097	0.141	0.351	0.374	0.126

资料来源：根据各参评省域科普资源总体开发绩效综合评价得分经计算而得。

2006~2012 年，各参评省域科普资源开发绩效评价得分的总体基尼系数取值介于 0.267~0.343 之间，整个评价区间内的最大波动幅度为 28.46%。总体基尼系数的变化情形可划分为两个阶段：2006~2011 年为第一阶段，总体基尼系数逐年递减，由 2006 年的 0.343 降至 2011 年的 0.267；2011~2012 年为第二阶段，总体基尼系数略有上升。2006~2012 年，各参评省域科普资源开发绩效的总体基尼系数整体上呈波动下降趋势。

通过对总体基尼系数的分解，本书分别得到了东、中、西部地区区内差异和地区间差异对总体基尼系数的贡献度及贡献率。对比总体基尼系数及地区内、地区间基尼系数贡献度可以发现，各参评省域科普资源总体开发绩效的空间差异主要由三大地区之间的差异所引致，且总体基尼系数的变化趋势与地区间基尼系数贡献度的变化趋势几乎完全一致，而东、中、西部地区的区内差异对总体基尼系数的贡献作用则非常有限。2006~2012 年，地区间差异对于总体基尼系数的贡献率均达到 69.74% 以上，呈波动下降趋势，2009 年达到了最高水平 71.96%。反观三大地区区内差异的贡献率，虽在个别年份有所下降，但总体上呈上升趋势，其数值由 2006 年的 28.86% 升至 2012 年的 29.62%。

在分析总体基尼系数的相关特征之后，本书将对科普资源总体开发绩效的地区内差异演变趋势及地区间差异演变趋势做进一步分析。图 5 – 1 展示了东、中、西部三大地区区内差异的变化趋势情况。由表 5 – 2 和图 5 – 1 可知，评价区间内东部地区区内基尼系数远高于中部地区和西部地区，表明东部地区区内的科普资源总体开发绩效不均衡程度最高，其区内省域间的科普资源总体开发绩效差异最大。虽然在三大地区中东部地区的区内差异最大，但其区内基尼系数总体上呈下降趋势，从 2006 年的 0.408 下降至 2012 年的 0.351，总降幅达 13.97%，年平均下降速度亦达 2.00%。由此可见，东部地区区内各省域间的科普资源总体开发绩效差异正在逐步缩小。西部地区区内基尼系数与中部地区区内基尼系数呈交替追赶的趋势，大体上分为三个阶段，第一阶段为 2006~2008 年，西部地区区内基尼系数显著高于中部地区，第二阶段为 2009 年，中部地区区内基尼系数赶超西部地区，第三阶段为 2010~2012 年，西部地区区内基尼系数又高于中部地区。但总体上看，西部地区的区内基尼系数是高于中部地区的，西部地区的区内基尼系数略有上升，而中部地区的区内基尼系数呈现下降的趋势。由此可见，西部地区内各省域间的科普资源总体开发绩效差异正在逐步扩大，而中部地区区内各省域间的科普资源总体开发绩效差异正在逐步缩小。

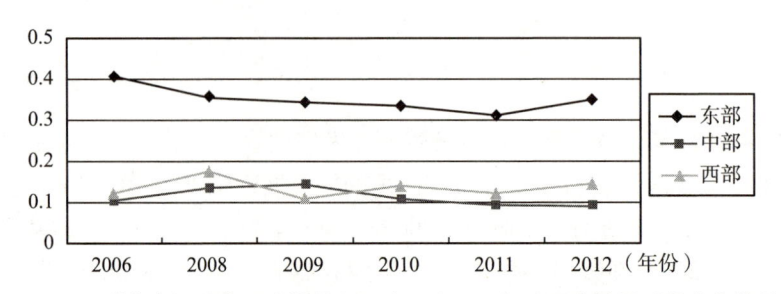

图 5-1　科普资源总体开发绩效层面东、中、西部地区内基尼系数变化趋势

由前述分析结果可知，中国科普资源总体开发绩效的空间差异主要由三大地区之间的差异所引致，因而地区间基尼系数显著高于地区内基尼系数。中国地区间基尼系数的变化情况为，地区间基尼系数最大的为东西部地区，之后为东中部地区，最小的为中西部地区。2006~2012 年，东西部、东中部和中西部地区间基尼系数的演变趋势极为相似，均可划分为两大阶段，2006~2011 年，三大地区间的基尼系数波动递减，并于 2011 年达到评价区间内的最小值；2011~2012 年，三大地区间的基尼系数略有增加并最终趋于稳定，总体而言，期末与期初相比，除中西部地区外，两大地区间的基尼系数均有所下降。由此可见，东部地区与西部地区之间在科普资源总体开发绩效领域的差异最为显著，而中部地区与西部地区间的科普资源总体开发绩效最为接近，差异相对较小，见图 5-2。

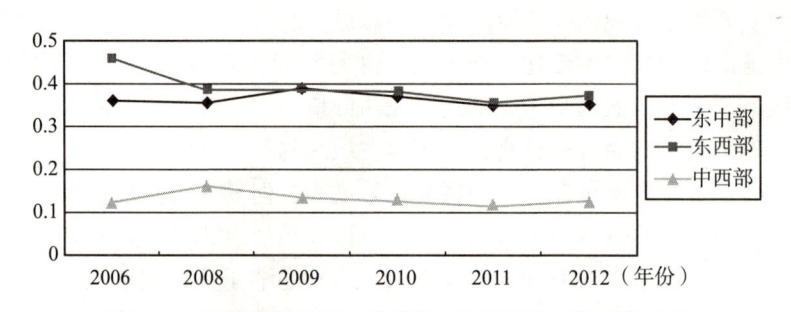

图 5-2　科普资源总体开发绩效地区间基尼系数变化趋势

5.2.2 极化程度分析

基尼系数分解法使得本书对科普资源总体开发绩效进程在地区间的不均衡性有了更为深入地了解，极化研究则能展示不同地区在科普资源总体开发过程中其冲突的演变过程。本书利用科普资源总体开发绩效空间极化的 LU 指数，按照东、中、西部三大地区对 2006~2012 年的空间极化程度进行了测度。将前文计算得到的总体基尼系数与 LU 指数整理后，得到图 5-3。

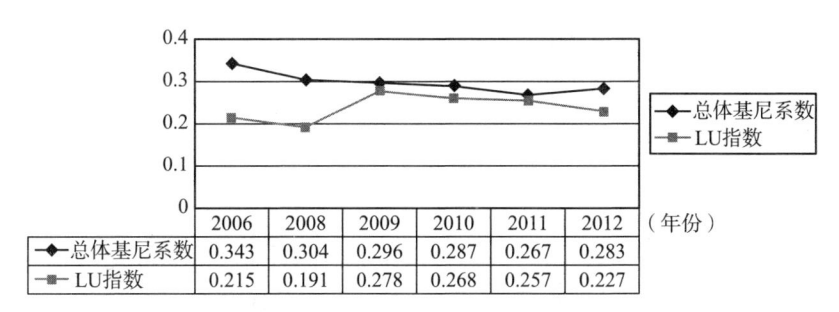

（年份）	2006	2008	2009	2010	2011	2012
总体基尼系数	0.343	0.304	0.296	0.287	0.267	0.283
LU 指数	0.215	0.191	0.278	0.268	0.257	0.227

图 5-3　科普资源总体开发绩效层面总体基尼系数与极化指数对比

如前文所述，总体基尼系数的波动态势为：下降—上升，并逐渐趋于平稳，期末相比期初，该系数略有降低。作为反映地区极化程度的 LU 指数，其变化趋势则明显不同。2006~2009 年，LU 指数波动递增，由 2006 年的 0.215 增长至 2010 年的 0.278，年均增幅为 7.33%，总增幅达到 29.30%；2009~2012 年，LU 指数逐年下降，由 2009 年的 0.278 下降至 2012 年的 0.227，年均降幅为 7.49%，总降幅达到 22.47%。两者截然不同的走势也充分证实了，基尼系数作为测算地区差异的重要工具并不具备衡量地区极化程度的功能。LU 指数的变化趋势表明，评价区间内，中国东、中、西部三大地区在科普资源开发方面的极化程度有所增强。虽然地区内及地区间在科普资源建设领域的不均衡程度均有所下降，但东、中、西部三大地区对于发展资源的竞争却更加激烈，省域间两极分化的态势有所增强。

通过上述分析，本书对中国科普资源总体开发绩效进行了层级划分，对东、中、西部三大地区的科普资源总体开发绩效的不均衡态势演化情形进行了探究。在此基础上，本书将通过全局及局域空间自相关分析，研究总体层面及具体省域的空间关联特征，更深一层地了解造成各地区科普资源开发不均衡态势的原因。

5.2.3 全局空间自相关分析

在得到各参评省域科普资源总体开发绩效得分的基础之上，以 GEODA 软件为研究工具，本书计算得到了评价区间内各参评省域科普资源总体开发绩效综合评价得分的 Moran's I 指数。可以看出，2006~2010 年 Moran's I 值总体上呈上升态势，从 2006 年的 0.0841 上升至 2010 年的 0.2339，虽呈上升态势，但只有 2010 年通过 5% 的显著性检验，表明在 2010 年中国科普资源总体开发绩效空间自相关性显著增强。而 2011~2012 年，Moran's I 值回落，其中，2011 年通过 5% 的显著性检验，表明在 2011 年中国科普资源总体开发绩效空间显著性自相关，但 2012 年在统计上未通过 0.05 的显著性水平检验，表明该年度中国科普资源总体开发绩效呈现空间相互独立的态势，见表 5-3。

表 5-3　　　各参评省域科普资源总体开发绩效各年 Moran's I 统计结果

	2006 年	2008 年	2009 年	2010 年	2011 年	2012 年
Moran's I	0.0841	0.0672	0.0821	0.2339	0.1440	0.0907
P	0.1	0.16	0.14	0.02	0.04	0.11

资料来源：根据各参评省域科普资源总体开发绩效综合评价得分经计算整理而得。

在历年得分均值的 Moran's I 散点图中，北京、天津、上海等东部沿海省域位于第一象限，与邻近省域间呈现出 High - High 型的正向空间自相关关系；河北位于第二象限，与邻近省域间呈现出 Low - High 型的负向空间自相关关系；山西、新疆、广西、河南、黑龙江等中部、西部省域位于第三象限，与邻近域市间呈现出 Low - Low 型的正向空间自相关关系；广东和辽宁位于第四象限，与邻近省域间呈现出 High - Low 型的负向空间自相关关系；福建位于坐标轴的位置，其与邻近省域间不存在显著的空间相关关系，见表 5-4。

表 5-4　　　科普资源总体开发绩效均值 Moran's I 散点图分布情况

	High - High 型	Low - High 型	Low - Low 型	High - Low 型	坐标轴
历年均值	北京、天津、上海、浙江、江苏	河北	山西、新疆、广西、甘肃、贵州、云南、湖北、宁夏、河南、黑龙江、吉林、内蒙古、陕西、青海、湖南、四川、山东、安徽、江西、海南、重庆、西藏	广东、辽宁	福建

资料来源：根据各参评省域科普资源总体开发绩效综合评价得分经计算而得。

采用雷（Rey，2001）所使用的时空跃迁测度法，可以进一步对评价区间内各参评省域经济发展方式转变评价得分 Moran's I 散点图的时空差异演化加以描述。该方法将时空跃迁划分为四种类型：类型Ⅰ、类型Ⅱ、类型Ⅲ、类型0，其中，类型Ⅰ描述的仅仅是相对位移的省域跃迁，包括 $HH_t \rightarrow LH_{t+1}$、$HL_t \rightarrow LH_{t+1}$、$LH_t \rightarrow HH_{t+1}$ 及 $LL_t \rightarrow HL_{t+1}$ 等四种跃迁形式；类型Ⅱ描述的仅仅是相关空间邻近省域的跃迁，包括 $HH_t \rightarrow HL_{t+1}$、$HL_t \rightarrow HH_{t+1}$、$LH_t \rightarrow LL_{t+1}$、$LL_t \rightarrow LH_{t+1}$ 等四种跃迁形式；类型Ⅲ则涵盖了某省域及其邻近省域均跃迁到其他不同的省域，包括 $HH_t \rightarrow LL_{t+1}$、$HL_t \rightarrow LH_{t+1}$、$LH_t \rightarrow HL_{t+1}$、$LL_t \rightarrow HH_{t+1}$ 等四种跃迁形式；类型0指省域及其邻居保持了相同水平的情况，包括 $HH_t \rightarrow HH_{t+1}$、$HL_t \rightarrow HL_{t+1}$、$LH_t \rightarrow LH_{t+1}$、$LL_t \rightarrow LL_{t+1}$ 等四种跃迁形式。2006~2012年间，各省域都仅发生了类型为0的时空跃迁，表现为高度的空间稳定性。该现象表明，各省域均未脱离其原有的集群范畴，科普资源开发绩效总体层面的时空格局演化具有严重的路径依赖性。

5.2.4 局域空间自相关分析

基于 Moran's I 指数的全局空间自相关分析对各省域科普资源开发绩效总体层面的全局空间自相关方向及强度予以阐释，然而，其局域空间关联特征需通过 LISA 分析来予以检验。

基于 GEODA 软件对于省域科普资源建设绩效综合评价得分历年均值的 LISA 分析结果显示，参评省域科普资源总体开发绩效的空间关联模式呈现出四种类型：Low-Low 型、High-Low 型、Low-High 型和 High-High 型。具体而言，呈现 High-High 型特征的仅有天津市，表现为天津市同其周边相邻省域的科普资源总体开发绩效水平均较高，且显著正相关；呈现 High-Low 型和 Low-High 型特征的分别仅有辽宁省和吉林省，其中，吉林省科普资源总体开发绩效水平较低，同其周边相邻省域呈现出显著的负相关的关联特征，辽宁省科普资源总体开发绩效水平较高，同其周边相邻省域呈现出显著的负相关的关联特征；呈现 Low-Low 型特征的省域有3个，分别为黑龙江、内蒙古、山西，这5个省域同其周边相邻省域的科普资源总体开发绩效水平均较低，且显著正相关，彼此间呈现出空间同质性，已成为目前科普资源总体开发绩效的"洼地"。

5.3 科普人力资源开发绩效层面

5.3.1 空间差异分析

参评省域科普人力资源开发绩效综合评价得分（2006～2012年均值）的空间分布四分位分析结果显示，按绩效评价得分高低可将各参评省域划分为四个排列级别。其中，位于第四级排列的省域有7个，分别为北京、天津、辽宁、江苏、湖北、湖南、广东，是全样本范围内科普人力资源开发绩效得分最高的一类地区，全部都位于东中部地区；位于第一级排列的省域为7个，分别为河南、江西、福建、陕西、四川、贵州、广西，是全样本范围内科普人力资源开发绩效得分最低的一类地区；而中部地区和西部地区的大部分省域全部位于第二、第三级排列。由此可见，各参评省域之间的科普人力资源开发绩效，总体上存在着较为显著的空间差异。

2006～2012年，期末（2012年）与期初（2006年）相比，第一～第四级排列地区的省域数量及具体构成发生了变动：北京、天津、上海、陕西仍然位居第四级排列，是科普人力资源开发绩效得分较高的地区。吉林、内蒙古、山西、浙江排列位置有所下移，科普人力资源开发绩效得分相较期初有所下降，新增第四级排列的省域有辽宁、宁夏和湖北等，其科普人力资源开发绩效得分相较期初有很大提高。位于第一级排列的省域虽然总数与期初保持不变，但在具体省域上则变化较大。除贵州和山东始终位列第一级外，其余原在第一级的省域均变为第二、第三级排列见表5-5。

表5-5　　　　2006年和2012年各参评省域科普人力资源开发绩效综合评价得分四分位分析结果

年份	第一级排列地区	第二级排列地区	第三级排列地区	第四级排列地区
2006	甘肃、新疆、山东、江西、贵州、广西、云南	黑龙江、河南、福建、广东、海南、西藏、四川、重庆	辽宁、河北、宁夏、青海、江苏、安徽、湖北、湖南	北京、天津、吉林、内蒙古、山西、陕西、浙江、上海
2012	黑龙江、河北、山东、浙江、广东、贵州、青海	山西、河南、江苏、福建、江西、四川、广西、云南	内蒙古、吉林、安徽、重庆、湖南、海南、甘肃、新疆	北京、天津、辽宁、陕西、宁夏、上海、西藏、湖北

资料来源：根据各参评省域科普人力资源开发绩效综合评价得分经计算而得。

为进一步探究地区间空间差异的特征，本书将运用基尼系数分解法测算中国东、中、西部三大地区在科普人力资源开发绩效层面的空间差异。

依据前文所介绍的基尼系数分解公式，本书借助 Matlab 软件计算得到了2006~2012 年中国科普人力资源绩效得分的总体基尼系数、三大地区区内及各地区之间的基尼系数，并将总体基尼系数分解为地区内差异的贡献度及地区间差异的贡献度，具体的计算结果见表 5-6。

表 5-6　基尼系数及其贡献度分解结果（科普人力资源开发绩效综合评价得分）

年份	总体	贡献度		贡献率（%）		地区内差异			地区间差异		
		地区内	地区间	地区内	地区间	东部	中部	西部	东中部	东西部	中西部
2006	0.083	0.026	0.057	31.33	68.67	0.097	0.031	0.075	0.073	0.109	0.062
2008	0.107	0.031	0.076	28.97	71.03	0.119	0.054	0.076	0.136	0.155	0.074
2009	0.118	0.033	0.085	27.97	72.03	0.149	0.072	0.047	0.390	0.398	0.073
2010	0.129	0.036	0.093	27.91	72.09	0.168	0.080	0.048	0.166	0.170	0.070
2011	0.135	0.038	0.097	28.15	71.85	0.134	0.122	0.067	0.133	0.154	0.122
2012	0.097	0.031	0.066	31.96	68.04	0.133	0.043	0.078	0.107	0.125	0.065

资料来源：根据各参评省域科普人力资源开发绩效综合评价得分经计算而得。

2006~2012 年，各参评省域科普人力资源开发绩效评价得分的总体基尼系数取值介于 0.083~0.135 之间，整个评价区间内的最大波动幅度为 38.52%。总体基尼系数的变化情形可划分为两个阶段：2006~2011 年，为第一阶段，总体基尼系数逐年递增，由 2006 年的 0.083 上升至 2011 年的 0.135；2011~2012 年，为第二阶段，总体基尼系数略有下降。2006~2012 年，各参评省域科普人力资源开发绩效的总体基尼系数整体上呈波动上升趋势。

通过对总体基尼系数的分解，本书分别得到了东、中、西部地区区内差异和地区间差异，对总体基尼系数的贡献度及贡献率。对比总体基尼系数及地区内、地区间基尼系数贡献度可以发现，参评省域科普人力资源开发绩效的空间差异主要由三大地区之间的差异所引致，且总体基尼系数的变化趋势与地区间基尼系数贡献度的变化趋势几乎完全一致，而东、中、西部地区的区内差异对总体基尼系数的贡献作用则非常有限。2006~2012 年，地区间差异对于总体基尼系数的贡献率均达到 68.04% 以上，2011 年达到了最高水平 71.85%。三大地区区内差异的贡献率，则呈先下降、后上升的趋势，其数值由 2006 年的 31.33% 上升至 2012 年的 31.96%。

在分析完总体上基尼系数的相关特征之后，本书将对科普人力资源开发绩效的地区内差异演变趋势及地区间差异演变趋势作进一步分析。图 5-4 展示了东、中、西部三大地区区内差异的变化趋势情况。由表 5-6 和图 5-4 可知，评价区间内东部地区区内基尼系数远高于中部地区和西部地区，表明东部地区区内的科普人力资源总体开发绩效不均衡程度最高，其区内省域间的科普人力资源总体开发绩效差异最大。在三大地区中东部地区的区内差异最大，其区内基尼系数总体呈上升趋势，从 2006 年的 0.097 上升至 2012 年的 0.133，总升幅达 37.11%，年平均下降速度亦达 5.30%。由此可见，东部地区区内各省域间的科普资源总体开发绩效差异正在逐步扩大。西部地区区内基尼系数与中部地区区内基尼系数呈交替追赶的趋势，大体上分为三个阶段，第一阶段为 2006~2008 年，西部地区区内基尼系数显著高于中部地区，第二阶段为 2009~2011 年，中部地区区内基尼系数赶超西部地区，第三阶段为 2012 年，西部地区区内基尼系数又高于中部地区。但总体上看，西部地区的区内基尼系数是高于中部地区的，而且西部地区和中部地区的区内基尼系数都呈现上升的趋势。由此可见，西部地区和中部地区区内各省域间的科普人力资源开发绩效差异正在逐步扩大。

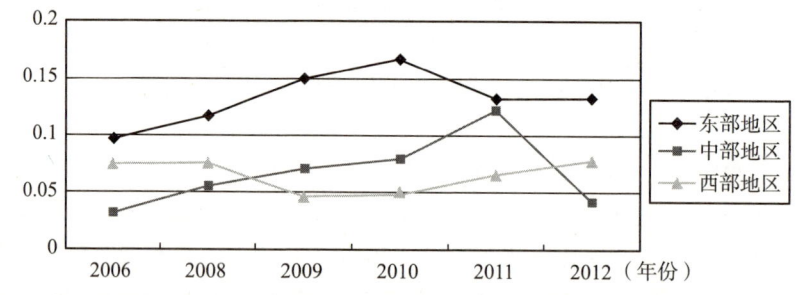

图 5-4　科普资源人力资源开发绩效层面东、中、西部地区内基尼系数变化趋势

由前述分析结果可知，中国科普人力资源开发绩效的空间差异主要由三大地区之间的差异所引致，因而地区间基尼系数显著高于地区内基尼系数。中国地区间基尼系数的变化情况为，地区间基尼系数较大的为东西部地区和东中部地区，最小的为中西部地区。2006~2012 年，东西部、东中部地区间基尼系数的演变趋势极为相似，均可划分为两大阶段：2006~2009 年，两大地区间的基尼系数逐年递增并于 2009 年达到评价区间内的最大值；2010~2012 年，两大地区间的基尼系数递减并最终趋于稳定，而中西部地区的基尼系数变化比较平稳，总体而言，期末与期初相比，三大地区间的基尼系数均有所上升。由此可见，东部地区与中部地区、西部地区之间在科普人力资源开发绩效领域的差异最为显著，而中部地区与西部地区间的科普人力资源开发绩效最为接近，差异相对较小，见图 5-5。

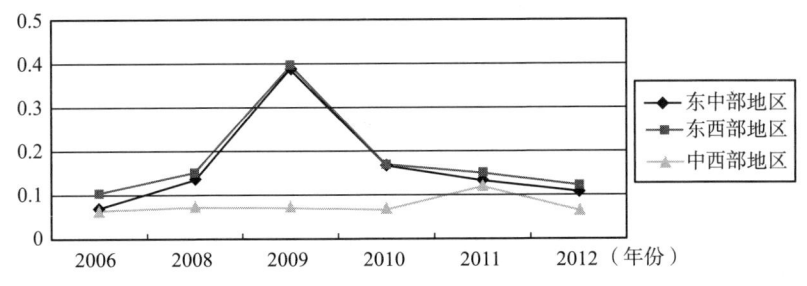

图 5-5 科普资源人力资源开发层面地区间基尼系数变化趋势

5.3.2 极化程度分析

基尼系数分解法使得本书对科普人力资源开发绩效进程在地区间的不均衡性有了更为深入地了解，极化研究则能展示不同地区在科普人力资源开发绩效推进过程中冲突的演变过程。本书利用科普人力资源开发绩效空间极化的 LU 指数，按照东、中、西部三大地区对 2006～2012 年的空间极化程度进行了测度。将前文计算得到的科普人力资源开发绩效基尼系数与 LU 指数整理后得到图 5-6。

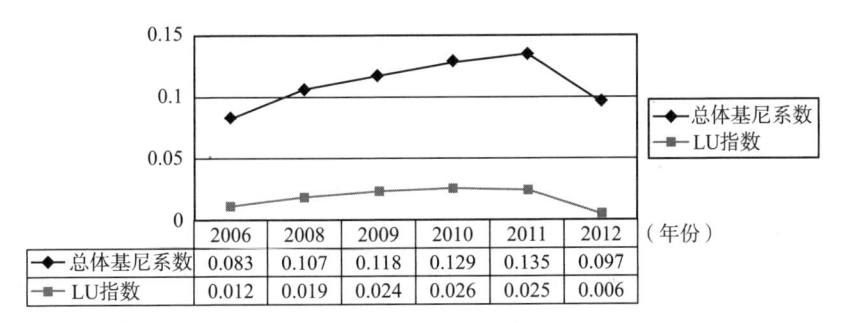

（年份）	2006	2008	2009	2010	2011	2012
总体基尼系数	0.083	0.107	0.118	0.129	0.135	0.097
LU 指数	0.012	0.019	0.024	0.026	0.025	0.006

图 5-6 科普人力资源开发绩效总体基尼系数与极化指数

如前文所述，总体基尼系数的波动态势为：上升—下降，并逐渐趋于平稳，期末相比期初，该系数略有上升。作为反映地区极化程度的 LU 指数，其变化趋势大致相同，2006～2010 年，LU 指数逐年递增，由 2006 年的 0.012 增长至 2010 年的 0.026，年均增幅为 23.33%，总增幅达到 116.67%，2010～2012 年，LU 指数逐年下降，由 2010 年的 0.026 下降至 2012 年的 0.006，年均降幅为 38.46%，总降幅达到 76.92%。LU 指数的变化趋势表明，评价区间内，中国东、中、西部三大地区在科普人力资源建设转变方面的极化程度有所下降，省域间两极分化的态势不断减弱。

5.3.3 全局空间自相关分析

在得到参评省域科普人力资源开发绩效得分的基础之上，以 GEODA 软件为研究工具，本书计算得到了评价区间内各参评省域科普人力资源开发绩效综合绩效得分的 Moran's I 指数。可以看出，2006~2009 年 Moran's I 值总体上呈上升态势，从 2006 年的 0.1785 上升至 2009 年的 0.3762，全部都通过 5% 的显著性检验，表明在这期间中国科普人力资源开发绩效空间自相关性显著增强。而 2010~2012 年，Moran's I 值回落，其中，2011 年通过 5% 的显著性检验，表明在 2011 年中国科普资源总体开发绩效空间显著性自相关，但 2012 年在统计上未通过 0.05 的显著性水平检验，表明该年度中国科普人力资源开发绩效呈现空间相互独立的态势，见表 5-7。

表 5-7　参评省域科普人力资源开发绩效历年 Moran's I 统计结果

检验值	2006 年	2008 年	2009 年	2010 年	2011 年	2012 年
Moran's I	0.1785	0.1904	0.3762	0.1171	0.1808	0.0351
P	0.03	0.03	0.01	0.1	0.05	0.3

资料来源：根据参评省域科普人力资源开发绩效综合评价得分经计算而得。

在历年得分均值的 Moran's I 散点图中，北京、天津、上海位于第一象限，与邻近省域间呈现出 High-High 型的正向空间自相关关系；河北、浙江、黑龙江、江西位于第二象限，与邻近省域间呈现出 Low-High 型的负向空间自相关关系；山西、新疆、广西、甘肃、贵州等中、西部省域位于第三象限，与邻近省域呈现出 Low-Low 型的正向空间自相关关系；吉林、安徽、湖北、湖南、广东位于第四象限，与邻近省域间呈现出 High-Low 型的负向空间自相关关系；海南、辽宁位于坐标轴的位置，其与邻近省域间不存在显著的空间自相关关系，见表 5-8。

表 5-8　参评省域科普人力资源开发绩效均值 Moran's I 散点图分布情况

	High-High 型	Low-High 型	Low-Low 型	High-Low 型	坐标轴
历年均值	北京、天津、上海	河北、浙江、黑龙江、江西	山西、新疆、广西、甘肃、贵州、云南、宁夏、河南、黑龙江、内蒙古、陕西、青海、四川、山东、海南、重庆、西藏	吉林、安徽、湖北、湖南、广东	海南、辽宁

资料来源：根据参评省域科普人力资源开发绩效综合评价得分经计算而得。

采用雷（Rey，2001）所使用的时空跃迁测度法，可进一步对评价区间内中国各省域经济发展方式转变评价得分 Moran's I 散点图的时空差异演化加以描述。该方法将时空跃迁划分为四种类型：类型Ⅰ、类型Ⅱ、类型Ⅲ、类型 0，其中，类型Ⅰ描述的仅仅是相对位移的省域跃迁，包括 $HH_t \rightarrow LH_{t+1}$、$HL_t \rightarrow LL_{t+1}$、$LH_t \rightarrow HH_{t+1}$ 及 $LL_t \rightarrow HL_{t+1}$ 四种跃迁形式；类型Ⅱ描述的仅仅是相关空间邻近省域的跃迁，包括 $HH_t \rightarrow HL_{t+1}$、$HL_t \rightarrow HH_{t+1}$、$LH_t \rightarrow LL_{t+1}$、$LL_t \rightarrow LH_{t+1}$ 四种跃迁形式；类型Ⅲ则涵盖了某省域及其邻居均跃迁到其他不同的省域，包括 $HH_t \rightarrow LL_{t+1}$、$HL_t \rightarrow LH_{t+1}$、$LH_t \rightarrow HL_{t+1}$、$LL_t \rightarrow HH_{t+1}$ 四种跃迁形式；类型 0 指省域及其邻居保持了相同水平的情况，包括 $HH_t \rightarrow HH_{t+1}$、$HL_t \rightarrow HL_{t+1}$、$LH_t \rightarrow LH_{t+1}$、$LL_t \rightarrow LL_{t+1}$ 四种跃迁形式。2006~2012 年间，各省域都发生了类型为 I 的时空跃迁，表现为相对位移的省域跃迁。该现象表明，一些省域脱离其原有的集群范畴，省域科普人力资源开发绩效层面的时空格局发生了变化。

5.3.4 局域空间自相关分析

基于 Moran's I 指数的全局空间自相关分析对各参评省域科普人力资源开发绩效的全局空间自相关方向及强度予以了阐释，然而，其局域空间关联特征需通过 LISA 分析来予以检验。

基于 GEODA 软件对于参评省域科普人力资源开发绩效综合评价得分历年均值的 LISA 分析结果显示，参评省域科普人力资源开发绩效的局域空间关联特征呈现出三种类型：Low – Low 型、Low – High 型、High – High 型。具体而言，呈现 High – High 型特征的仅有天津市，表现为天津市同其周边相邻省域的科普人力资源开发绩效水平均较高，且显著正相关；呈现 Low – Low 型特征的分别仅有四川省和云南省，这两个省科普人力资源开发绩效水平均较低，且显著正相关，彼此间呈现出空间同质性，已成为目前科普人力资源开发绩效的"洼地"；呈现 Low – High 型特征的只有海南省，表明海南省科普人力资源开发绩效水平较低，同其周边相邻省域呈现出显著的负相关的关联特征。上述省域中，四川省和天津市通过了 5% 的空间关联显著性检验，云南省和海南省通过了 1% 的空间关联显著性水平检验。

5.4 科普财力资源开发绩效层面

5.4.1 空间差异分析

参评省域科普财力资源开发绩效综合评价得分（2006~2012 年均值）的空

间分布四分位分析结果显示，按绩效评价得分高低可将各参评省域划分为四个排列级别。其中，位于第四级排列的省域有 7 个，分别为北京、天津、浙江、宁夏、贵州、云南、新疆、上海，是全样本范围内科普财力资源开发绩效得分最高的一类地区，主要位于东中部地区；位于第一级排列的省域为 7 个，分别为黑龙江、吉林、河北、河南、山东、青海、内蒙古，是全样本范围内科普财力资源开发绩效得分最低的一类地区；而中部地区和西部地区的大部分省域全部位于第二、第三级排列。由此可见，各参评省域之间的科普财力资源开发绩效总体上存在着较为显著的空间差异。

2006~2012 年，期末（2012 年）与期初（2006 年）相比，第一~第四级排列地区的省域数量及具体构成发生了变动：北京、上海、宁夏、新疆、云南仍然位居第四级排列，是全样本范围内科普财力资源开发绩效得分较高的地区。江苏、浙江、湖北排列位置有所下移，科普财力资源开发绩效得分相较期初有所下降，新增第四级排列的省域有天津、贵州，其科普财力资源开发绩效得分相较期初有很大提高。位于第一级排列的省域虽然总数与期初保持不变，但在具体省域上则变化较大。除黑龙江、山东和河南始终位列第一级外，其余原在第一级的省域均变为第二、第三级排列，见表 5-9。

表 5-9　　　　2006 年和 2012 年各参评省域科普财力资源开发
绩效综合评价得分四分位分析结果

年份	第一级排列地区	第二级排列地区	第三级排列地区	第四级排列地区
2006	黑龙江、内蒙古、甘肃、四川、山东、河南、陕西	吉林、辽宁、天津、河北、西藏、青海、重庆、山西	安徽、湖南、福建、广东、广西、海南、贵州	北京、上海、江苏、浙江、宁夏、新疆、云南、湖北
2012	黑龙江、吉林、河北、河南、山东、山西、青海	辽宁、内蒙古、陕西、四川、安徽、江西、湖南、广东	江苏、浙江、福建、湖北、重庆、广西、海南、甘肃	北京、天津、宁夏、上海、新疆、云南、贵州

资料来源：根据各参评省域科普财力资源开发绩效综合评价得分经计算而得。

为进一步探究地区间空间差异的特征，本书将运用基尼系数分解法测算中国东、中、西部三大地区在科普财力资源开发绩效层面的空间差异。

依据前文介绍的基尼系数分解公式，本书借助 Matlab 软件计算得到了 2006~2012 年参评省域科普财力资源绩效得分的总体基尼系数、三大地区内及各地区之间的基尼系数，并将总体基尼系数分解为地区内差异的贡献度及地区间差异的贡献度，具体计算结果见表 5-10。

表 5-10　　基尼系数及其贡献度分解结果（科普财力资源开发绩效综合评价得分）

年份	总体	贡献度		贡献率（%）		地区内差异			地区间差异		
		地区内	地区间	地区内	地区间	东部	中部	西部	东中部	东西部	中西部
2006	0.511	0.161	0.350	31.51	68.49	0.582	0.245	0.302	0.581	0.627	0.288
2008	0.475	0.149	0.326	31.37	68.63	0.565	0.229	0.286	0.608	0.585	0.310
2009	0.445	0.136	0.309	30.56	69.44	0.527	0.262	0.235	0.606	0.545	0.308
2010	0.444	0.138	0.306	31.08	68.92	0.539	0.220	0.327	0.593	0.564	0.345
2011	0.418	0.130	0.288	31.10	68.90	0.534	0.180	0.252	0.575	0.525	0.320
2012	0.369	0.114	0.255	30.89	69.11	0.501	0.159	0.234	0.536	0.475	0.344

资料来源：根据各参评省域科普财力资源开发绩效综合评价得分经计算而得。

2006~2012 年，参评省域科普财力资源开发绩效评价得分的总体基尼系数取值介于 0.369~0.511 之间，整个评价区间内的最大波动幅度为 38.48%。总体基尼系数的变化呈现单调递减的趋势，具体表现为，从 2006 年总体基尼系数 0.511 逐年递减到 2012 年的 0.369。

通过对总体基尼系数的分解，本书分别得到了东、中、西部地区区内差异和地区间差异对总体基尼系数的贡献度及贡献率。对比总体基尼系数及地区内、地区间基尼系数贡献度可以发现，参评省域科普财力资源开发绩效的空间差异主要由三大地区之间的差异所引致，且总体基尼系数的变化趋势与地区间基尼系数贡献度的变化趋势几乎完全一致，而东、中、西部地区的区内差异对总体基尼系数的贡献作用则非常有限。2006~2012 年，地区间差异对于总体基尼系数的贡献率均达到 68.49% 以上，2019 年达到了最高水平 69.44%。三大地区区内差异的贡献率呈波动下降趋势，其数值由 2006 年的 31.51% 降至 2012 年的 30.89%。

在分析了总体基尼系数的相关特征之后，本书将对科普财力资源开发绩效的地区内差异演变趋势及地区间差异演变趋势作进一步分析。图 5-7 展示了东、中、西部三大地区区内差异的变化趋势情况。由表 5-10 和图 5-7 可知，评价区间内，东部地区区内基尼系数远高于中部地区和西部地区，表明东部地区区内的科普财力资源总体开发绩效不均衡程度最高，其区内省域间的科普财力资源总体开发绩效差异最大。在三大地区中，东部地区的区内差异最大，其区内基尼系数总体上呈下降趋势，从 2006 年的 0.582 下降至 2012 年的 0.501，总降幅达到 13.92%，年平均下降速度亦达 1.99%。由此可见，东部地区区内各省域间的科普资源总体开发绩效差异正在逐步缩小。西部地区区内基尼系数与中部地区区内基尼系数呈交替追赶的趋势，大体上分为三个阶段。第一阶段为 2006~2008 年，西部地区区内基尼系数显著高于中部地区，第二阶段为 2009 年，中部地区区内基尼系数赶超西部地区，第三阶段为 2010~2012 年，西部地区区内基尼系数又高于中部地区。但总体上看，西部地区的区内基尼系数是高于中部的，而且西部地区和中部地区的区内基尼系数都是呈现下降的趋势。由此可见，西部地区和中部地区区内各省域间的科普财力资源开发绩效差异正在逐步缩小。

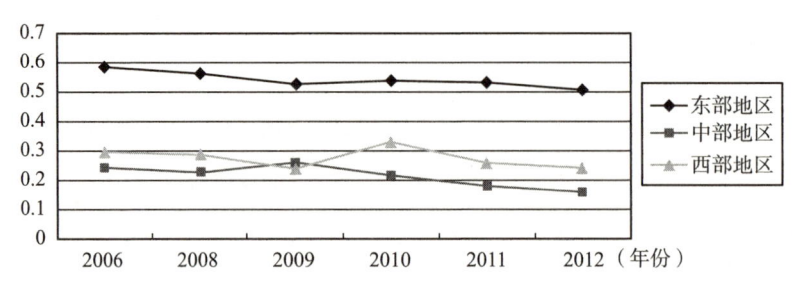

图 5-7 科普财力资源开发绩效层面东、中、西部地区内基尼系数变化趋势

由前述分析结果可知，参评省域科普财力资源开发绩效的空间差异主要由三大地区之间的差异所引致，因而地区间基尼系数显著高于地区内基尼系数。中国地区间基尼系数的变化情况为，地区间基尼系数较大的为东西部地区和东中部地区，最小的为中西部地区。其中，东西部地区、东中部地区间基尼系数的演变总体呈现下降的趋势，其中，东西部地区的基尼系数从 2006 年的 0.627 下降为 2012 年的 0.475；东中部地区的基尼系数从 2006 年的 0.581 降至 2012 年的 0.536，说明东西部地区和东中部地区间各省域间的科普财力资源开发绩效差异正在逐步缩小；而中西部地区虽然基尼系数较小，但却呈现逐年上升的趋势，其基尼系数从 2006 年的 0.288 上升到 2012 年的 0.344，说明中西部地区间各省域间的科普财力资源开发绩效差异正在逐步扩大。由此可见，东部地区与中部地区、西部地区之间在科普人力资源开发绩效领域的差异最为显著，而中部地区与西部地区间的科普财力资源开发绩效最为接近，差异相对较小，见图 5-8。

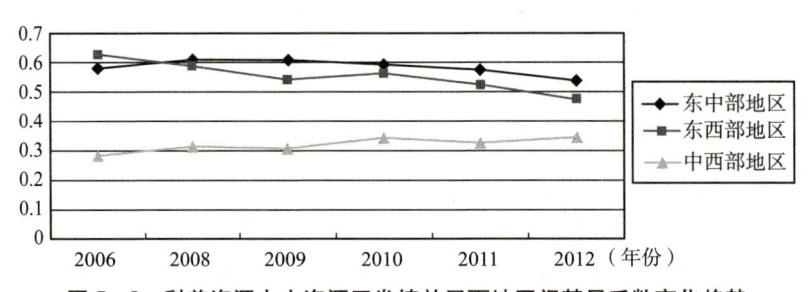

图 5-8 科普资源人力资源开发绩效层面地区间基尼系数变化趋势

5.4.2 极化程度分析

基尼系数分解法使得本书对科普财力资源开发绩效进程在地区间的不均衡性有了更为深入地了解,极化研究则能展示不同地区在科普财力资源开发过程中极化现象的演变过程。本书利用科普财力资源开发绩效空间极化的 LU 指数,按照东、中、西部三大地区对 2006~2012 年的空间极化程度进行了测度。将前文计算得到的总体基尼系数与 LU 指数整理后,得到图 5-9。

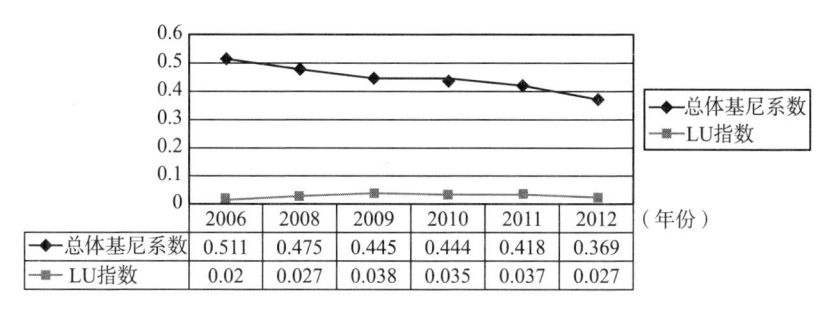

（年份）	2006	2008	2009	2010	2011	2012
总体基尼系数	0.511	0.475	0.445	0.444	0.418	0.369
LU 指数	0.02	0.027	0.038	0.035	0.037	0.027

图 5-9　科普财力资源开发绩效层面总体基尼系数与极化指数对比

如前文所述,总体基尼系数呈逐年下降的趋势。作为反映地区极化程度的 LU 指数,其变化趋势则明显不同,2006~2009 年,LU 指数逐年递增,由 2006 年的 0.020 增长至 2009 年的 0.038,年均增幅为 22.50%,总增幅达到 90.00%。2009~2012 年,LU 指数波动下降,由 2009 年的 0.038 下降至 2012 年的 0.027,年均降幅为 10.19%,总降幅达到 40.74%。LU 指数的变化趋势表明,评价区间内,中国东、中、西部三大地区在科普财力资源开发层面的极化程度不断增强。虽然三大地区内及地区间在科普财力资源建设领域的不均衡程度均有所下降,但东、中、西部三大地区对于科普财力资源的竞争却更加激烈,省域间两极分化的态势不断增强。

通过上述分析,本书对中国科普财力资源开发绩效进行了层级划分,对东、中、西部三大地区的科普财力资源开发绩效的不均衡态势演化情形进行了探究。在此基础上,本书将通过全局及局域空间自相关分析,更为深入地了解造成各地区科普财力资源建设不均衡态势的原因。

5.4.3 全局空间自相关分析

在得到参评省域科普财力资源开发绩效评价得分的基础之上,以 GEODA 软件为研究工具,本书计算得到了评价区间内参评省域科普财力资源开发绩效综合绩效评价得分的 Moran's I 指数。可以看出，2006～2012 年 Moran's I 值总体呈上升态势，但均未通过5%的显著性检验，表明此期间参评省域科普财力资源开发绩效不存在显著的空间相关性，见表5-11。

表5-11　　参评省域科普财力资源开发得分历年 Moran's I 统计结果

检验值	2006年	2008年	2009年	2010年	2011年	2012年
Moran's I	-0.0162	0.0197	0.0212	0.0325	0.0111	0.0276
P	0.73	0.19	0.16	0.16	0.19	0.16

资料来源：根据各参评省域科普财力资源开发绩效综合评价得分经计算而得。

在历年得分均值的 Moran's I 散点图中，东部沿海省域只有浙江位于第一象限，与邻近省域间呈现出 High - High 型的正向空间自相关关系；河北、江苏位于第二象限，与邻近省域间呈现出 Low - High 型的负向空间自相关关系；山西、新疆、广西等中、西部省域位于第三象限，与邻近省域间呈现出 Low - Low 型的正向空间自相关关系；北京、宁夏位于第四象限，与邻近省域间呈现出 High - Low 型的负向空间自相关关系；天津、上海、贵州、海南位于坐标轴的位置，其与邻近省域间不存在显著的空间相关关系，见表5-12。

表5-12　　各参评省域科普财力资源绩效评价得分均值 Moran's I 散点图分布情况

年份	High - High 型	Low - High 型	Low - Low 型	High - Low 型	坐标轴
6年均值	浙江	河北、江苏	山西、新疆、广西、甘肃、云南、宁夏、河南、黑龙江、内蒙古、陕西、青海、四川、山东、重庆、西藏、吉林、辽宁、广东、湖北、湖南、福建、安徽	北京、宁夏	天津、上海、贵州、海南

资料来源：根据各参评省域科普财力资源开发绩效综合评价得分经计算而得。

采用雷（Rey，2001）使用的时空跃迁测度法，可进一步对评价区间内参评省域科普财力资源开发绩效转变评价得分 Moran's I 散点图的时空差异演化加以描述。该方法将时空跃迁划分为四种类型：类型Ⅰ、类型Ⅱ、类型Ⅲ、类型0，其中，类型Ⅰ描述的仅仅是相对位移的省域跃迁，包括 $HH_t \to LH_{t+1}$、$HL_t \to LL_{t+1}$、$LH_t \to HH_{t+1}$ 及 $LL_t \to HL_{t+1}$ 四种跃迁形式；类型Ⅱ描述的仅仅是相关空间邻近省域的跃迁，包括 $HH_t \to HL_{t+1}$、$HL_t \to HH_{t+1}$、$LH_t \to LL_{t+1}$、$LL_t \to LH_{t+1}$ 四种跃迁形式；类型Ⅲ则涵盖了某省域及其邻居均跃迁到其他不同的省域，包括 $HH_t \to LL_{t+1}$、$HL_t \to LH_{t+1}$、$LH_t \to HL_{t+1}$、$LL_t \to HH_{t+1}$ 四种跃迁形式；类型0指，省域及其邻居保持了相同水平的情况，包括 $HH_t \to HH_{t+1}$、$HL_t \to HL_{t+1}$、$LH_t \to$

LH$_{t+1}$、LL$_t$→LL$_{t+1}$等四种跃迁形式。2006~2012年,各省域都仅发生了类型为Ⅰ的时空跃迁,表现为相对位移的省域跃迁。该现象表明,一些省域脱离其原有的集群范畴,省域科普财力资源开发绩效层面的时空格局发生了变化。

5.4.4 局域空间自相关分析

基于Moran's I指数的全局空间自相关分析对各参评省域科普财力资源开发绩效的全局空间自相关方向及强度予以了阐释,然而,其局域空间关联特征需通过LISA分析来予以检验。

基于GEODA软件对于参评省域科普财力资源开发绩效综合评价得分历年均值的LISA分析结果显示,参评省域科普财力资源开发绩效的局域空间关联特征呈现出一种类型,Low – Low型。具体而言,呈现Low – Low型特征的仅有黑龙江、内蒙古、辽宁、山西、河南,这些省域科普财力资源开发绩效水平均较低,且显著正相关,彼此间呈现出空间同质性,已成为目前全样本范围内科普财力资源开发绩效的"洼地"。

5.5 科普场地资源开发绩效层面

5.5.1 空间差异分析

参评省域科普场地资源综合评价得分(2006~2012年均值)的空间分布四分位分析结果显示,见表5-13,按评价得分高低可将各参评省域划分为四个排列级别。其中,位于第四级排列的省域有8个,分别为辽宁、天津、北京、湖北、上海、浙江、青海、宁夏,是全样本范围内科普场地资源开发绩效评价得分最高的一类地区,这8个省域多数位于东部地区;位于第一级排列的省域为7个,分别为河北、山西、河南、湖南、贵州、四川、西藏,是全样本范围内科普场地资源开发绩效综合评价得分最低的一类地区,多为中西部地区;而中部地区省域多位于第二级、第三级排列。由此可见,中国各地区之间的科普场地资源开发绩效总体上存在着较为显著的空间差异。

2006~2012年,期末(2012年)与期初(2006年)相比,第一~第四级排列地区的省域数量无显著变动,结构有小幅度变化:期末与期初相比,辽宁、北京、天津、上海、浙江和宁夏均位于第四级排列中，是全样本范围内保持科普场地资源开发绩效最高的一类地区。新增第四级排列的省域有湖北与青海。位于第一级排列的省域仍为7个，除河南、西藏与贵州始终位列第一级外，其余省域的构成则有所变化。

表5-13　　2006年和2012年各参评省域科普场地资源开发绩效综合评价得分四分位分析结果

年份	第一级排列地区	第二级排列地区	第三级排列地区	第四级排列地区
2006	河南、陕西、广西、贵州、四川、西藏、海南	内蒙古、新疆、山西、安徽、湖南、重庆、云南	黑龙江、吉林、河北、江苏、江西、湖北、甘肃、青海	辽宁、北京、天津、上海、浙江、福建、广东、宁夏
2012	河北、山西、河南、江西、湖南、贵州、西藏	吉林、广东、广西、云南、四川、重庆、陕西、甘肃	黑龙江、内蒙古、山东、江苏、安徽、福建、海南、新疆	辽宁、北京、天津、上海、浙江、湖北、宁夏、青海

资料来源：根据各参评省域科普场地资源开发绩效综合评价得分经计算而得。

为进一步探究地区间空间差异的特征，本书运用基尼系数分解法测算中国东、中、西部三大地区在科普场地资源开发绩效层面的空间差异。

依据前文所介绍的基尼系数分解公式，本书借助Matlab软件计算得到了2006~2012年参评省域科普场地资源开发绩效综合评价得分的总体基尼系数、三大地区区内及各地区之间的基尼系数，并将总体基尼系数分解为地区内差异的贡献度及地区间差异的贡献度，具体的计算结果如表5-14所示。

表5-14　基尼系数及其贡献度分解结果（科普场地资源开发绩效综合评价得分）

年份	总体	贡献度 地区内	贡献度 地区间	贡献率（%）地区内	贡献率（%）地区间	地区内差异 东部	地区内差异 中部	地区内差异 西部	地区间差异 东中部	地区间差异 东西部	地区间差异 中西部
2006	0.4420	0.1234	0.3187	27.91	72.09	0.4267	0.1054	0.2805	0.4819	0.5809	0.2155
2008	0.4456	0.1292	0.3164	28.99	71.01	0.4746	0.1818	0.2147	0.5218	0.5690	0.2091
2009	0.4233	0.1175	0.3058	27.76	72.24	0.4238	0.2136	0.2013	0.5206	0.5420	0.2181
2010	0.4096	0.1157	0.2939	28.25	71.75	0.4097	0.2079	0.2339	0.4940	0.5213	0.2289
2011	0.3830	0.1120	0.2710	29.24	70.76	0.4086	0.1919	0.2336	0.4656	0.4853	0.2256
2012	0.3956	0.1126	0.2829	28.47	71.53	0.4063	0.1473	0.2388	0.4640	0.5136	0.2054

资料来源：根据各参评省域科普场地资源开发绩效综合评价得分经计算而得。

2006~2012年，参评省域科普场地资源综合评价得分的总体基尼系数取值介于0.3830~0.4456之间，整个评价区间内的最大波动幅度为16.34%。总体基尼系数的变化情形可划分为三个阶段：2006~2008年为第一阶段，总体基尼系数递增，但上升幅度较小，仅上升0.0036；2008~2011年为第二阶段，总体基尼系数呈下降趋势，由 2008 年的 0.4456 降至 2011 年的 0.3830；2011~2012 年为第三阶段，总体基尼系数略有上升。2006~2012 年，参评省域科普场地资源的总体基尼系数整体上呈波动下降趋势。

通过对总体基尼系数的分解，本书分别得到了东、中、西部地区区内差异和地区间差异对总体基尼系数的贡献度及贡献率。对比总体基尼系数及地区内、地区间基尼系数贡献度可以发现，参评省域科普场地资源的空间差异主要由三大地区之间的差异所引致，且总体基尼系数的变化趋势与地区间基尼系数贡献度的变化趋势几乎完全一致，而东、中、西部地区的区内差异对总体基尼系数的贡献作用则非常有限。2006~2012 年，地区间差异对于总体基尼系数的贡献率均达到 70.76% 以上。

在分析完总体基尼系数的相关特征之后，本书将对科普场地资源的地区内差异演变趋势及地区间差异演变趋势做进一步分析。图 5-10 展示了东、中、西部三大地区区内差异的变化趋势情况。由表 5-14 和图 5-10 可知，评价区间内东部地区区内基尼系数远高于中部地区和西部地区，表明东部地区区内的科普场地资源不均衡程度最高，其区内省域间的科普场地资源差异最大。虽然在三大地区中，东部地区的区内差异最大，但其区内基尼系数呈波动下降趋势，从 2006 年的 0.4267 下降至 2012 年的 0.4063，总降幅达 4.78%。由此可见，东部地区区内各省域间的科普场地资源差异正在逐步缩小。西部地区区内基尼系数高于中部地区，位列三大地区中的第二位，其区内基尼系数介于 0.2013~0.2805 之间，评价区间内西部地区区内基尼系数总体而言亦呈下降态势。中部地区区内基尼系数低于其他两个地区，表明其区内省域间的科普场地资源差异最小，其区内基尼系数基本呈现先递增后递减的趋势，至 2012 年，其区内基尼系数为 0.1473。

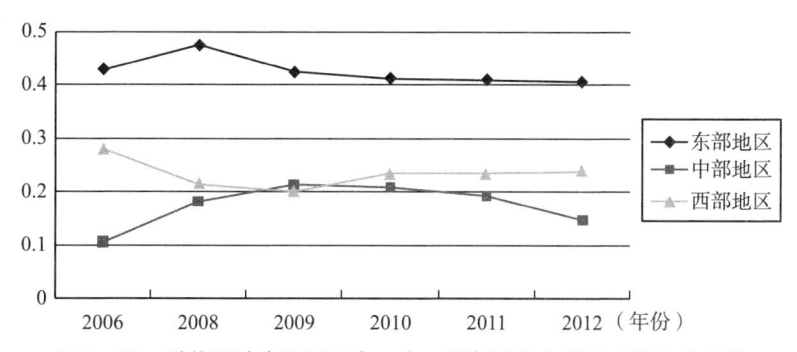

图 5-10 科普场地资源层面东、中、西部地区内基尼系数变化趋势

资料来源：根据各参评省域科普场地资源开发绩效综合评价得分经计算而得。

由前述分析结果可知,参评省域科普场地资源开发绩效的空间差异主要由三大地区之间的差异所引致,因而地区间基尼系数显著高于地区内基尼系数。中国地区间基尼系数的变化情况为,地区间基尼系数最大的为东西部地区,之后为东中部地区,最小的为中西部地区。2006~2012年,东西部、东中部和中西部地区间基尼系数的演变趋势较为相似。由此可见,东部地区与西部地区之间的差异最为显著,而中部地区与西部地区间的差异相对较小,见图5-11。

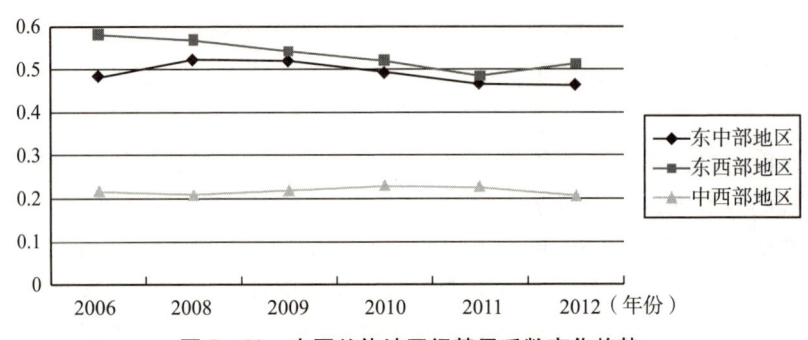

图5-11 中国总体地区间基尼系数变化趋势

资料来源:根据各参评省域科普场地资源开发绩效综合评价得分经计算而得。

5.5.2 极化程度分析

极化研究能展示不同地区在科普场地资源开发过程中冲突的演变过程。本书利用科普场地资源开发绩效空间极化LU指数,按照东、中、西部三大地区对其2006~2012年的空间极化程度进行了测度,分别为0.0253、0.0326、0.0420、0.0408、0.0402和0.0449。将前文计算得到的总体基尼系数与LU指数整理后得到图5-12。

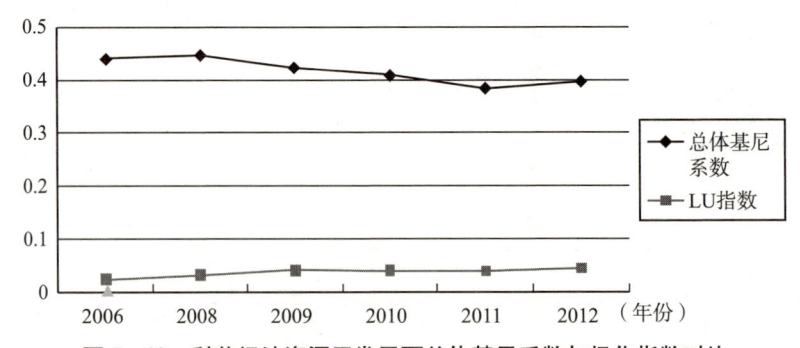

图5-12 科普场地资源开发层面总体基尼系数与极化指数对比

资料来源:根据各参评省域科普场地资源开发绩效综合评价得分经计算而得。

如前文所述，总体基尼系数的波动态势为，波动下降并逐渐趋于平稳，期末相比期初，该系数略有降低。作为反映地区极化程度的 LU 指数，2006～2012 年其变化趋势则明显不同，2006～2012 年，LU 指数波动递增，由 2006 年的 0.0253 增长至 2012 年的 0.0449，增幅为 44.47%。LU 指数的变化趋势表明，评价区间内，中国东、中、西部三大地区在科普场地资源开发层面的极化程度不断增强。虽然地区内及地区间在科普场地资源开发层面的不均衡程度均有所下降，但东、中、西部三大地区对于科普场地资源的开发竞争却更加激烈，省域间两极分化的态势有所增强。

5.5.3 全局空间自相关分析

在得到参评省域科普场地资源开发绩效评价得分的基础之上，以 GEODA 软件为研究工具，本书计算得到了其评价区间内的 Moran's I 指数。2006～2012 年，中国科普场地资源总体层面的 Moran's I 指数分别为 0.1425、0.1045、0.0902、0.1449、0.1130 和 0.1259，且通过了 5% 的显著性检验（其 Z 检验值在此不一一列出），表明中国科普场地资源在总体层面上显示出较强的正向空间自相关性。

在历年得分均值的 Moran's I 散点图中，北京、天津、上海、浙江等东部沿海省市位于第一象限，与邻近省域间呈现出 High – High 型的正向空间自相关关系；江苏、河北与海南等位于第二象限，与邻近省域间呈现出 Low – High 型的负向空间自相关关系；山西、内蒙古、新疆、广西、河南、重庆等中、西部省域位于第三象限，与邻近省域间呈现出 Low – Low 型的正向空间自相关关系；湖北、宁夏与辽宁位于第四象限，与邻近省域间呈现出 High – Low 型的负向空间自相关关系，见表 5 – 15。

表 5 – 15　各参评省域科普场地资源得分均值 Moran's I 散点图分布情况

年份	High – High 型	Low – High 型	Low – Low 型	High – Low 型
历年均值	北京、天津、上海、浙江	江苏、河北、海南	山西、内蒙古、吉林、黑龙江、安徽、福建、江西、山东、河南、湖南、广东、广西、四川、贵州、云南、西藏、陕西、甘肃、青海、新疆、重庆	湖北、宁夏、辽宁

资料来源：根据各参评省域科普场地资源开发绩效综合评价得分经计算而得。

采用雷（Rey，2001）所使用的时空跃迁测度法，可进一步对评价区间内各参评省域科普场地资源开发绩效评价得分 Moran's I 散点图的时空差异演化加以描述。该方法将时空跃迁划分为四种类型：类型 Ⅰ、类型 Ⅱ、类型 Ⅲ、类型 0，其中，类型 I 描述的仅仅是相对位移的省域跃迁，包括 $HH_t \to LH_{t+1}$、$HL_t \to LL_{t+1}$、$LH_t \to HH_{t+1}$ 及 $LL_t \to HL_{t+1}$ 四种跃迁形式；类型 II 描述的仅仅是相关空间邻近省域的跃迁，包括 $HH_t \to HL_{t+1}$、$HL_t \to HH_{t+1}$、$LH_t \to LL_{t+1}$、$LL_t \to LH_{t+1}$ 四种跃迁形式；类型 III 则涵盖了某省域及其邻居均跃迁到其他不同的省域，包括 $HH_t \to LL_{t+1}$、$HL_t \to LH_{t+1}$、$LH_t \to HL_{t+1}$、$LL_t \to HH_{t+1}$ 四种跃迁形式；类型 0 指省域及其邻居保持了相同水平的情况，包括 $HH_t \to HH_{t+1}$、$HL_t \to HL_{t+1}$、$LH_t \to LH_{t+1}$、$LL_t \to LL_{t+1}$ 四种跃迁形式。2006~2012 年间，各参评省域都仅发生了类型为 0 的时空跃迁，表现为高度的空间稳定性。该现象表明，各参评省域均未脱离其原有的集群范畴，各参评省域科普场地资源开发层面的时空格局演化具有严重的路径依赖性。

5.5.4 局域空间自相关分析

基于 Moran's I 指数的全局空间自相关分析对各参评省域科普场地资源开发层面的全局空间自相关方向及强度予以了阐释，然而，其局域空间关联特征需通过 LISA 分析来予以检验。

基于 GEODA 软件对于参评省域科普场地资源开发绩效评价得分历年均值的 LISA 分析结果显示，参评省域科普场地资源开发绩效的局域空间关联特征呈现出四种类型：High – High 型、Low – High 型、Low – Low 型和 High – Low 型。具体而言，虽然基于 Moran's I 指数的全局空间自相关检验表明，山西、内蒙古、新疆、广西、河南、重庆等 21 个省域与邻近省域间呈现出 Low – Low 型的正向空间自相关关系，但通过 LISA 显著性检验且发挥出集群效应的省域仅为 4 个，分别为四川、贵州、广西与云南。上述 4 省域同其邻近省域的科普场地资源开发绩效评价得分均较低，且显著正相关，彼此间呈现出空间同质性，已成为目前全样本范围内科普场地资源的"洼地"。其中，四川、贵州与广西三个省域通过了 5% 的空间关联显著性水平检验，云南省通过了 1% 的空间关联显著性水平检验。在呈现 High – Low 型的负向空间自相关关系中，青海与湖北通过 LISA 显著性检验，表明其科普场地资源开发水平较高，但同周边相邻省域呈现出显著的负相关性的关联特征，并通过了 5% 的空间关联显著性水平检验。在呈现 Low – High 型的负向空间自相关关系中，江苏通过 LISA 显著性检验，表明省域科普场地资源开发水平较低，同周边相邻省域呈现出显著的负相关性的关联特征。除上述省域外，全样本范围内其余省域同其相邻省域的空间关联特征均不显著，未通过 5% 的 LISA 显著性水平检验，因而未能呈现出较明确的空间关联特征。

5.6 科普传媒资源开发绩效层面

5.6.1 空间差异分析

参评省域科普传媒资源开发绩效综合评价得分（2006~2012年均值）的空间分布四分位分析结果显示，按评价得分高低可将各参评省域划分为四个排列级别。其中，位于第四级排列的省域有8个，分别为辽宁、天津、北京、上海、浙江、江苏、广东、重庆，是全样本范围内科普传媒资源开发绩效评价得分最高的一类地区，这8个省域多数位于东部地区；位于第一级排列的省域为7个，分别为黑龙江、吉林、内蒙古、宁夏、青海、西藏、贵州，是全样本范围内科普传媒资源综合得分最低的一类地区，多为西部地区；而中部地区省域多位于第二、第三级排列。由此可见，各参评省域之间的科普传媒资源开发绩效存在着较为显著的空间差异。

2006~2012年，期末（2012年）与期初（2006年）相比，北京、江苏、上海、浙江和广东仍然位于第四级排列中，是全样本范围内科普传媒资源开发绩效评价得分最高的一类地区。山东和天津退居第二、第三级排列中，重庆则降至第一级排列，其科普传媒资源得分相较期初有所下降，新增第四级排列的省域有辽宁、河北与湖南。位于第一级排列的省域仍为7个，但在具体省域上则有较大变化，除黑龙江、西藏和青海始终位列第一级外，其余省域的构成变化显著，见表5-16。

表5-16　2006年和2012年各参评省域科普传媒资源开发绩效综合评价得分四分位分析结果

年份	第一级排列地区	第二级排列地区	第三级排列地区	第四级排列地区
2006	黑龙江、河南、陕西、甘肃、青海、西藏、海南	内蒙古、吉林、河北、安徽、福建、江西、湖南、宁夏	辽宁、山西、湖北、四川、贵州、云南、广西、新疆	北京、天津、山东、江苏、上海、浙江、广东、重庆
2012	黑龙江、吉林、重庆、贵州、宁夏、青海、西藏	新疆、甘肃、陕西、云南、安徽、海南、福建、天津	内蒙古、山西、山东、河南、湖北、江西、广西、四川	辽宁、河北、北京、江苏、浙江、上海、湖南、广东

资料来源：根据各参评省域科普传媒资源开发绩效综合评价得分经计算而得。

为进一步探究地区间空间差异的特征，本书运用基尼系数分解法测算中国东、中、西部三大地区在科普传媒资源开发层面的空间差异。

依据前文介绍的基尼系数分解公式，本书借助 Matlab 软件计算得到了 2006~2012 年中国科普传媒资源开发绩效评价得分的总体基尼系数、三大地区内及各地区之间的基尼系数，并将总体基尼系数分解为地区内差异的贡献度及地区间差异的贡献度，具体的计算结果见表 5-17。

表 5-17 基尼系数及其贡献度分解结果（科普传媒资源开发绩效评价得分）

年份	总体	贡献度 地区内	贡献度 地区间	贡献率（%）地区内	贡献率（%）地区间	地区内差异 东部	地区内差异 中部	地区内差异 西部	地区间差异 东中部	地区间差异 东西部	地区间差异 中西部
2006	0.5035	0.1459	0.3576	28.98	71.02	0.5187	0.1552	0.2517	0.5827	0.6407	0.2128
2008	0.3906	0.1197	0.2709	30.65	69.35	0.3980	0.2411	0.2811	0.4032	0.4688	0.2680
2009	0.3479	0.1057	0.2422	30.38	69.62	0.3658	0.2507	0.2482	0.4029	0.4196	0.2606
2010	0.3626	0.1118	0.2509	30.82	69.18	0.3575	0.2145	0.3136	0.3648	0.4436	0.2773
2011	0.3474	0.1023	0.2451	29.45	70.55	0.3414	0.1883	0.2642	0.3717	0.4397	0.2377
2012	0.4209	0.1196	0.3013	28.42	71.58	0.4233	0.1426	0.2240	0.4190	0.5441	0.2116

资料来源：根据各参评省域科普传媒资源开发绩效综合评价得分经计算而得。

2006~2012 年，参评省域科普传媒资源开发绩效的总体基尼系数介于 0.3474~0.5035 之间。总体基尼系数的变化情形可划分为两个阶段：2006~2009 年为第一阶段，总体基尼系数逐年递减，由 2006 年的 0.5035 降至 2009 年的 0.3479；2009~2012 年为第二阶段，总体基尼系数不再降低而是转呈波动上升趋势。2006~2012 年，参评省域科普传媒资源开发绩效的总体基尼系数整体上呈波动下降趋势。

通过对总体基尼系数的分解，本书分别得到了东、中、西部地区的地区内差异和地区间差异对总体基尼系数的贡献度及贡献率。比较总体基尼系数及地区内、地区间基尼系数贡献度可以发现，参评省域科普传媒资源开发的空间差异主要由三大地区之间的差异所引致，且总体基尼系数的变化趋势与地区间基尼系数贡献度的变化趋势几乎完全一致，而东、中、西部地区的区内差异对总体基尼系数的贡献作用则较为有限。2006~2012 年，地区间差异对于总体基尼系数的贡献率均达 69.18% 以上。反观三大地区区内差异的贡献率，总体呈下降趋势。

在分析总体基尼系数的相关特征之后，本书将对科普传媒资源的地区内差异演变趋势及地区间差异演变趋势做进一步分析。图 5-13 展示了东、中、西部三大地区区内差异的变化趋势情况。由表5-17和图5-13可知，评价区间内东部地区区内基尼系数远高于中部地区和西部地区，表明东部地区区内的科普传媒资源不均衡程度最高，其区内省域间的科普传媒资源开发差异最大。虽然在三大地区中，东部地区的区内差异最大，但其区内基尼系数有所下降，从2006年的0.5187下降至2012年的0.4233，总降幅达18.39%，年平均下降速度亦达2.62%。由此可见，东部地区区内各省域间的科普传媒资源开发差异正在逐步缩小。西部地区区内基尼系数高于中部地区，位列三大地区中的第二位，其区内基尼系数介于0.2240~0.3136之间，评价区间内西部地区区内基尼系数总体而言有下降态势。中部地区区内基尼系数低于其他两个地区，表明其区内省域间的科普传媒资源开发差异最小，其区内基尼系数基本上呈现波动递减趋势。

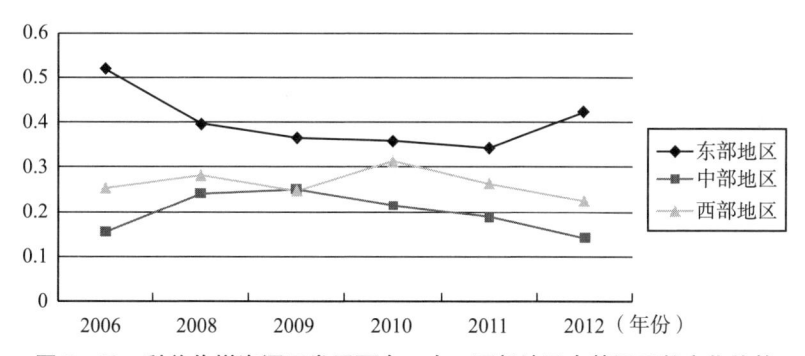

图5-13 科普传媒资源开发层面东、中、西部地区内基尼系数变化趋势

资料来源：根据各参评省域科普传媒资源开发绩效综合评价得分经计算而得。

由前述分析结果可知，参评省域科普传媒资源的空间差异主要由三大地区之间的差异所引致，因而地区间基尼系数显著高于地区内基尼系数。中国地区间基尼系数的变化情况为，地区间基尼系数最大的为东西部地区，其次为东中部地区，最小的为中西部地区。如图5-14所示，2006~2012年，东西部地区和东中部地区间基尼系数的演变趋势较为相似，均呈现先下降、后上升趋势。由此可见，东部地区与西部地区之间在科普传媒资源上的差异最为显著，而中部地区与西部地区间的科普传媒资源开发绩效最为接近，且差距逐渐缩小。

5.6.2 极化程度分析

极化研究能展示不同地区在科普传媒资源开发过程中极化现象的演变过程。本书利用科普传媒资源开发绩效空间极化LU指数，按照东、中、西部三大地区对2006~2012年的空间极化程度进行了测度，分别为0.0872、0.0631、0.0751、

0.0599、0.0666 和 0.0945。将前文计算得到的总体基尼系数与 LU 指数整理后得到图 5-15。

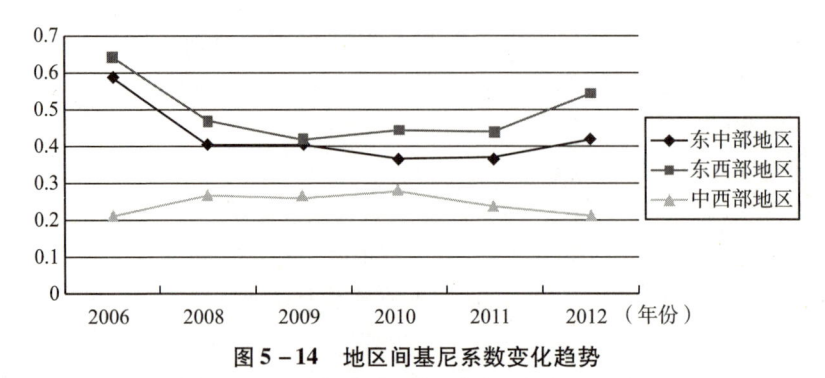

图 5-14 地区间基尼系数变化趋势

资料来源：根据各参评省域科普传媒资源开发绩效综合评价得分经计算而得。

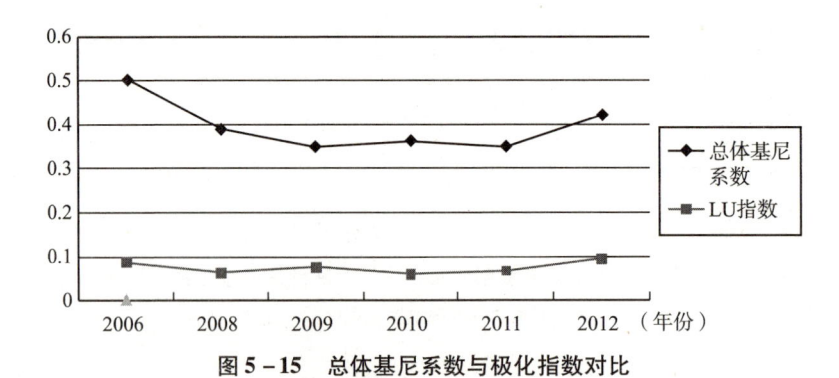

图 5-15 总体基尼系数与极化指数对比

资料来源：根据各参评省域科普传媒资源开发绩效综合评价得分经计算而得。

如前文所述，总体基尼系数的波动态势为，逐渐下降并趋于平稳，期末相比期初，该系数略有降低。作为反映地区极化程度的 LU 指数，2006~2012 年其变化趋势则明显不同，2006~2012 年，LU 指数波动递增，由 2006 年的 0.0872 增长至 2012 年的 0.0945。两者截然不同的走势也充分证实了，基尼系数作为测算地区差异的重要工具并不具备衡量地区极化程度的功能。LU 指数的变化趋势表明，评价区间内，中国东、中、西部三大地区在科普传媒资源开发层面的极化程度不断增强。虽然各地区内及地区间在科普传媒资源开发层面的不均衡程度均有所下降，但东、中、西部三大地区对于科普传媒资源的开发竞争却更加激烈，省域间两极分化的态势不断增强。

5.6.3 全局空间自相关分析

在得到参评省域科普传媒资源开发绩效评价得分的基础之上，以 GEODA 软件为研究工具，本书计算得到了评价区间内参评省域科普传媒资源开发绩效评价得分的 Moran's I 指数。2006~2012 年，其 Moran's I 指数分别为 0.1305、0.0265、0.0133、0.2324、0.0239 和 0.0244，且通过了 5% 的显著性检验（其 Z 检验值在此不一一列出），显示出较强的正向空间自相关性。

在历年得分均值的 Moran's I 散点图中，北京、天津、上海、浙江、江苏等东部沿海省域位于第一象限，与邻近省域间呈现出 High – High 型的正向空间自相关关系；河北、福建与海南等省域位于第二象限，与邻近省域间呈现出 Low – High 型的负向空间自相关关系；山西、内蒙古、新疆、广西、河南、四川等中、西部省区位于第三象限，与邻近省域间呈现出 Low – Low 型的正向空间自相关关系；重庆、辽宁与广东位于第四象限，与邻近省域间呈现出 High – Low 型的负向空间自相关关系，见表 5 – 18。

表 5 – 18　各参评省域科普传媒资源开发绩效得分均值 Moran's I 散点图分布情况

	High – High 型	Low – High 型	Low – Low 型	High – Low 型
历年均值	北京、天津、江苏、上海、浙江	河北、海南、福建	山西、内蒙古、吉林、黑龙江、安徽、江西、山东、河南、湖南、广西、四川、贵州、云南、西藏、陕西、甘肃、青海、新疆、湖北、宁夏	重庆、广东、辽宁

资料来源：根据各参评省域科普传媒资源开发绩效综合评价得分经计算而得。

采用雷（Rey, 2001）使用的时空跃迁测度法，可进一步对评价区间内各参评省域科普传媒资源开发绩效评价得分 Moran's I 散点图的时空差异演化加以描述。该方法将时空跃迁划分为四种类型：类型 I、类型 II、类型 III、类型 0，其中，类型 I 描述的仅仅是相对位移的省域跃迁，包括 $HH_t \rightarrow LH_{t+1}$、$HL_t \rightarrow LL_{t+1}$、$LH_t \rightarrow HH_{t+1}$ 及 $LL_t \rightarrow HL_{t+1}$ 四种跃迁形式；类型 II 描述的仅仅是相关空间邻近省域的跃迁，包括 $HH_t \rightarrow HL_{t+1}$、$HL_t \rightarrow HH_{t+1}$、$LH_t \rightarrow LL_{t+1}$、$LL_t \rightarrow LH_{t+1}$ 四种跃迁形式；类型 III 则涵盖了某省域及其相邻省域均跃迁到其他不同的省域，包括 $HH_t \rightarrow LL_{t+1}$、$HL_t \rightarrow LH_{t+1}$、$LH_t \rightarrow HL_{t+1}$、$LL_t \rightarrow HH_{t+1}$ 四种跃迁形式；类型 0 指，省域及其相邻省域保持了相同水平的情况，包括 $HH_t \rightarrow HH_{t+1}$、$HL_t \rightarrow HL_{t+1}$、$LH_t \rightarrow LH_{t+1}$、$LL_t \rightarrow LL_{t+1}$ 四种跃迁形式。2006~2012 年，各参评省域都仅发生了

类型为0的时空跃迁，表现为高度的空间稳定性。该现象表明，各省域均未脱离其原有的集群范畴，参评省域科普传媒资源开发层面的时空格局演化具有严重的路径依赖性。

5.6.4 局域空间自相关分析

基于Moran's I指数的全局空间自相关分析对各参评省域科普传媒资源开发层面的全局空间自相关方向及强度予以了阐释，然而其局域空间关联特征需通过LISA分析来予以检验。

基于GEODA软件对于参评省域科普传媒资源开发绩效综合评价得分历年均值的LISA分析结果显示，参评省域科普传媒资源的局域空间关联特征呈现出三种类型：High–High型、Low–High型、Low–Low型。具体而言，虽然基于Moran's I指数的全局空间自相关检验表明，山西、内蒙古、新疆、广西、河南、四川等20个省域与邻近省域间呈现出Low–Low型的正向空间自相关关系，但通过LISA显著性检验且发挥出集群效应的省域仅为5个，分别为黑龙江、内蒙古、甘肃、新疆和四川。上述5省域同其邻近省域的科普场地资源开发绩效评价得分均较低，且显著正相关，彼此间呈现出空间同质性，已成为目前全样本范围内的科普传媒资源开发"洼地"。其中，黑龙江、甘肃、新疆和四川4个省域通过了5%的空间关联显著性水平检验，内蒙古通过了1%的空间关联显著性水平检验。呈现出High–High型的5个省域中，仅有天津市通过LISA显著性检验且发挥出集群效应，通过了5%的空间关联显著性水平检验。在呈现Low–High型的负向空间自相关关系中，海南省通过LISA显著性检验，表明海南省科普传媒资源开发水平较低，同周边相邻省域呈现出显著的负相关性的关联特征，其通过了5%的空间关联显著性水平检验。除上述省域外，全样本范围内其余省域同其周边相邻省域的空间关联特征均不显著，未通过5%的LISA显著性水平检验，因而未能呈现出较明确的空间关联特征。

5.7 科普活动资源开发绩效层面

5.7.1 空间差异分析

参评省域科普活动资源开发绩效评价得分（2006~2012年均值）的空间

分布四分位分析结果显示，按评价得分高低可将各参评省域划分为四个排列级别。其中，位于第四级排列的省域有 8 个，分别为北京、天津、江苏、上海、浙江、海南、湖北、青海，是全样本范围内科普活动资源绩效评价得分最高的一类地区，这 8 个省域多数位于东部地区；位于第一级排列的省域为 7 个，分别为黑龙江、吉林、内蒙古、山西、贵州、山东、西藏，是全样本范围内科普活动资源综合得分最低的一类地区，多为中西部地区。由此可见，各参评省域之间的科普活动资源开发绩效总体上存在着较为显著的空间差异。

2006～2012 年，期末（2012 年）与期初（2006 年）相比，第一～第四级排列地区的省域数量无显著变动，结构有小幅度变化，期末与期初相比，辽宁、北京、上海、浙江与湖北仍然位于在第四级排列中，是全样本范围内科普活动资源开发绩效评价得分最高的一类地区。安徽和云南则退居第二、第三级排列中，其科普活动资源开发绩效评价得分相较期初有所下降，新增第四级排列的省域有天津与青海。位于第一级排列的省域仍为 7 个，但在具体省域构成上则有较大变化，除内蒙古、山东、山西、贵州、西藏和海南始终位列第一级外，其余省域的构成变化显著，见表 5-19。

表 5-19　2006 年和 2012 年各参评省域科普活动资源开发绩效评价得分四分位分析结果

年份	第一级排列地区	第二级排列地区	第三级排列地区	第四级排列地区
2006	内蒙古、山东、山西、陕西、贵州、西藏、海南	河北、安徽、福建、江西、湖南、四川、宁夏、天津	河北、河南、广东、广西、重庆、甘肃、青海、新疆	辽宁、北京、江苏、上海、浙江、安徽、湖北、云南
2012	黑龙江、内蒙古、山东、山西、贵州、西藏、海南	吉林、河北、福建、江西、湖南、广西、甘肃、重庆	安徽、河南、广东、陕西、宁夏、四川、云南、新疆	辽宁、北京、天津、江苏、上海、浙江、湖北、青海

资料来源：根据各参评省域科普活动资源开发绩效综合评价得分经计算而得。

为进一步探究地区间空间差异的特征，本书运用基尼系数分解法测算中国东、中、西部三大地区在科普活动资源开发绩效层面的空间差异。

依据前文介绍的基尼系数分解公式，本书借助 Matlab 软件计算得到了 2006～2012 年参评省域科普活动资源开发绩效评价得分的总体基尼系数、三大地区内及各地区之间的基尼系数，并将总体基尼系数分解为地区内差异的贡献度及地区间差异的贡献度，具体的计算结果见表 5-20。

表5-20 基尼系数及其贡献度分解结果（科普活动资源开发绩效评价得分）

年份	总体	贡献度 地区内	贡献度 地区间	贡献率（%）地区内	贡献率（%）地区间	地区内差异 东部	地区内差异 中部	地区内差异 西部	地区间差异 东中部	地区间差异 东西部	地区间差异 中西部
2006	0.3945	0.1182	0.2763	29.96	70.04	0.3861	0.3190	0.2257	0.3900	0.4291	0.3017
2008	0.3160	0.0978	0.2182	30.95	69.05	0.3582	0.1837	0.2474	0.3762	0.3882	0.2368
2009	0.3806	0.1010	0.2796	26.54	73.46	0.3551	0.2538	0.1725	0.4632	0.4838	0.2330
2010	0.4367	0.1164	0.3203	26.65	73.35	0.4111	0.1627	0.2368	0.5361	0.5767	0.2093
2011	0.3424	0.0973	0.2451	28.42	71.58	0.3749	0.1494	0.2208	0.4592	0.4384	0.2405
2012	0.3398	0.1050	0.2348	30.90	69.10	0.3636	0.1589	0.3741	0.3855	0.4539	0.3037

资料来源：根据各参评省域科普活动资源开发绩效综合评价得分经计算而得。

2006~2012年，参评省域科普活动资源开发绩效评价得分的总体基尼系数取值介于0.3160~0.4367之间。总体基尼系数的变化情形可划分为三个阶段：2006~2008年为第一阶段，总体基尼系数下降；2008~2010年为第二阶段，总体基尼系数转呈上升趋势，由2008年的0.3160升至2010年的0.4367；2010~2012年为第三阶段，总体基尼系数下降至0.3398。2006~2012年，参评省域科普活动资源开发绩效的总体基尼系数整体上呈波动下降趋势。

通过对总体基尼系数的分解，本书分别得到了东、中、西部地区区内差异和地区间差异对总体基尼系数的贡献度及贡献率。对比总体基尼系数及地区内、地区间基尼系数贡献度可以发现，参评省域科普活动资源的空间差异主要由三大地区之间的差异所引致，且总体基尼系数的变化趋势与地区间基尼系数贡献度的变化趋势几乎完全一致，而东、中、西部地区的区内差异对总体基尼系数的贡献作用则较为有限。2006~2012年，地区间差异对于总体基尼系数的贡献率均达到69.05%以上。

在分析总体基尼系数的相关特征之后，本书对科普活动资源开发绩效的地区内差异演变趋势及地区间差异演变趋势做进一步分析。图5-16展示了东、中、西部三大地区的地区内差异的变化趋势情况。由表5-20和图5-16可知，评价区间内东部地区的地区内基尼系数高于中部地区和西部地区，表明东部地区的地区内的科普活动资源开发绩效不均衡程度最高，其地区内省域间的科普活动资源开发绩效差异最大。虽然在三大地区中，东部地区的地区内差异最大，但其地区内基尼系数呈波动下降趋势，从2006年的0.3861下降至2012年的0.3636，总降幅达5.83%。由此可见，东部地区的地区内各省域间的科普活动资源开发绩效差异正在逐步缩小。西部地区区内基尼系数总体高于中部地区，位列三大地区中的第二位，评价区间内西部地区的地区内基尼系数，总体而言亦呈上升态势。中部地区的地区内基尼系数低于其他两个地区，表明其地区内省域间的科普活动资源开发绩效差异最小，其地区内基尼系数基本呈波动递减趋势，由 2006 年的 0.3190 降至 2012 年的 0.1589，下降了 50.19%，其总降幅亦远高于东部地区和西部地区。

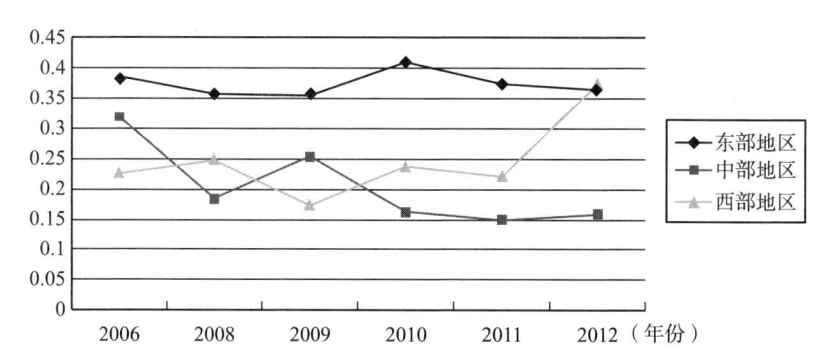

图 5-16　科普活动资源开发绩效层面东、中、西部地区内基尼系数变化趋势

资料来源：根据各参评省域科普活动资源开发绩效综合评价得分经计算而得。

由前述分析结果可知，参评省域科普活动资源开发绩效的空间差异主要由三大地区之间的差异所引致，因而地区间基尼系数显著高于地区内基尼系数。中国地区间基尼系数的变化情况为，地区间基尼系数最大的为东西部地区，之后为东中部地区，最小的为中西部地区。由此可见，东部地区与西部地区之间在科普活动资源开发绩效的差异最为显著，而中部地区与西部地区间的科普活动资源开发绩效最为接近，差异相对较小，见图 5-17。

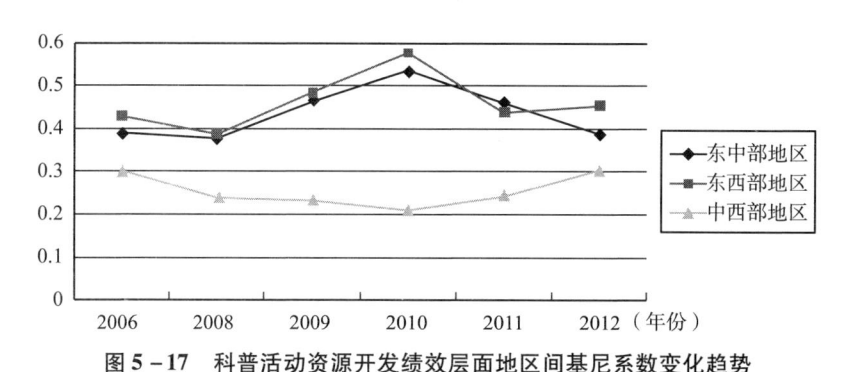

图 5-17　科普活动资源开发绩效层面地区间基尼系数变化趋势

资料来源：根据各参评省域科普活动资源开发绩效综合评价得分经计算而得。

5.7.2　极化程度分析

基尼系数分解法使得本书对科普活动资源开发绩效在地区间的不均衡性有了

更为深入的了解，极化研究则能展示不同地区在科普活动资源开发过程中极化现象的演变过程。本书利用科普活动资源开发绩效空间极化 LU 指数，按照东、中、西部三大地区对 2006~2012 年的空间极化程度进行了测度，分别为 0.0239、0.0281、0.0544、0.0611、0.0479 和 0.0413。将前文计算得到的总体基尼系数与 LU 指数整理后得到图 5-18。

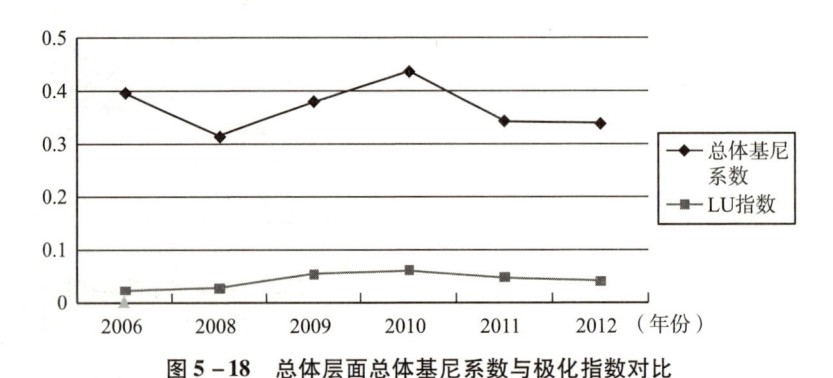

图 5-18 总体层面总体基尼系数与极化指数对比

资料来源：根据各参评省域科普活动资源开发绩效综合评价得分经计算而得。

如前文所述，总体基尼系数的波动态势为，波动下降并逐渐趋于平稳，期末相比期初，该系数略有降低。作为反映地区极化程度的 LU 指数，2006~2012 年其变化趋势则明显不同，2006~2012 年，LU 指数波动递增，由 2006 年的 0.0239 增长至 2012 年的 0.0413，增幅为 72.81%。LU 指数的变化趋势表明，评价区间内，中国东、中、西部三大地区在科普活动资源开发绩效层面的极化程度不断增强。虽然地区内及地区间在科普活动资源开发绩效层面的不均衡程度均有所下降，但东、中、西部三大地区对于发展资源的开发竞争却更加激烈，省域间两极分化的态势不断增强。

5.7.3 全局空间自相关分析

在得到参评省域科普活动资源开发绩效评价得分的基础之上，以 GEODA 软件为研究工具，本书计算得到了评价区间内参评省域科普活动资源开发绩效评价得分的 Moran's I 指数。2006~2012 年，参评省域科普活动资源开发绩效评价总体层面的 Moran's I 指数分别为 0.0516、0.0042、0.0982、0.2883、0.1590 和 0.0863，且通过了 5% 的显著性检验（其 Z 检验值在此不一一列出），表明参评省域科普活动资源开发绩效显示出较强的正向空间自相关性。

在历年得分均值的 Moran's I 散点图中，北京、天津、江苏、上海、浙江等东部沿海省域位于第一象限,与邻近省域间呈现出 High – High 型的正向空间自相关关系;河北省与海南省位于第二象限,与邻近省域间呈现出 Low – High 型的负向空间自相关关系;山西、内蒙古、新疆、广西、河南、重庆等中、西部省域位于第三象限,与邻近省域间呈现出 Low – Low 型的正向空间自相关关系;青海、湖北、云南与辽宁位于第四象限,与邻近省域间呈现出 High – Low 型的负向空间自相关关系;西藏位于坐标轴的位置,其与邻近省域间不存在显著的空间相关关系,见表 5 – 21。

表 5 – 21　　各参评省域科普活动资源开发绩效得分均值 Moran's I 散点图分布情况

	High – High 型	Low – High 型	Low – Low 型	High – Low 型	坐标轴
历年均值	北京、天津、上海、浙江、江苏	河北、海南	山西、新疆、广西、甘肃、贵州、宁夏、河南、黑龙江、吉林、内蒙古、陕西、湖南、四川、福建、安徽、江西、广东、山东、重庆	青海、湖北、辽宁、云南	西藏

资料来源:根据各参评省域科普活动资源开发绩效综合评价得分经计算而得。

采用雷(Rey,2001)使用的时空跃迁测度法,可进一步对评价区间内各参评省域科普活动资源开发绩效评价得分 Moran's I 散点图的时空差异演化加以描述。该方法将时空跃迁划分为四种类型:类型Ⅰ、类型Ⅱ、类型Ⅲ、类型 0,其中,类型Ⅰ描述的仅仅是相对位移的省域跃迁,包括 $HH_t \to LH_{t+1}$、$HL_t \to LL_{t+1}$、$LH_t \to HH_{t+1}$ 及 $LL_t \to HL_{t+1}$ 四种跃迁形式;类型Ⅱ描述的仅仅是相关空间邻近省域的跃迁,包括 $HH_t \to HL_{t+1}$、$HL_t \to HH_{t+1}$、$LH_t \to LL_{t+1}$、$LL_t \to LH_{t+1}$ 四种跃迁形式;类型Ⅲ则涵盖了某省域及其相邻省域均跃迁到其他不同的省域,包括 $HH_t \to LL_{t+1}$、$HL_t \to LH_{t+1}$、$LH_t \to HL_{t+1}$、$LL_t \to HH_{t+1}$ 四种跃迁形式;类型 0 指,省域及其相邻省域保持了相同水平的情况,包括 $HH_t \to HH_{t+1}$、$HL_t \to HL_{t+1}$、$LH_t \to LH_{t+1}$、$LL_t \to LL_{t+1}$ 四种跃迁形式。2006~2012 年,各参评省域都仅发生了类型为 0 的时空跃迁,表现为高度的空间稳定性。该现象表明,各参评省域均未脱离其原有的集群范畴,参评省域科普活动资源开发绩效的时空格局演化具有严重的路径依赖性。

5.7.4　局域空间自相关分析

基于 Moran's I 指数的全局空间自相关分析对各参评省域科普活动资源开发绩效的全局空间自相关方向及强度予以了阐释,然而,其局域空间关联特征需通过

LISA 分析来予以检验。

基于 GEODA 软件对于参评省域科普活动资源开发绩效评价得分历年均值的 LISA 分析结果显示，参评省域科普活动资源开发绩效的局域空间关联特征呈现出四种类型：High – High 型、Low – High 型、Low – Low 型和 High – Low 型。具体而言，虽然基于 Moran's I 指数的全局空间自相关检验表明，山西、内蒙古、新疆、广西、河南、重庆等 19 个省域与邻近省域间呈现出 Low – Low 型的正向空间自相关关系，但通过 LISA 显著性检验且发挥出集群效应的省域仅为 2 个，分别为黑龙江与内蒙古。上述 2 个省域同其邻近省域的科普活动资源开发绩效得分均较低，且显著正相关，彼此间呈现出空间同质性，已成为目前全样本范围内科普活动资源开发绩效的"洼地"，且均通过了 5% 的空间关联显著性水平检验。呈现出 High – High 型的 5 个省域中，仅有天津市通过 LISA 显著性检验且发挥出集群效应，通过了 5% 的空间关联显著性水平检验。在呈现 High – Low 型的负向空间自相关关系中，云南省通过 LISA 显著性检验，表明云南省科普活动资源开发水平较高，但同周边相邻省域呈现出显著的负相关性的关联特征，并通过了 5% 的空间关联显著性水平检验。在呈现 Low – High 型的负向空间自相关关系中，海南通过 LISA 显著性检验，表明其科普活动资源开发水平较低，同周边相邻省域呈现出显著的负相关性的关联特征。除上述省域外，全样本范围内其余省域同其周边相邻省域的空间关联特征均不显著，未通过 5% 的 LISA 显著性水平检验，因而未能呈现出较明确的空间关联特征。

第6章

省域经济发展方式转变绩效的探索性空间数据分析

6.1 经济发展方式转变总体绩效层面

参评省域经济发展方式转变绩效综合评价得分（2006~2012年均值）的空间分布四分位分析结果显示，按绩效评价得分高低可将各参评省域划分为四个排列级别。位于第四级排列的省域有7个，分别为北京、天津、江苏、上海、浙江、福建、广东，是全样本范围内经济发展方式转变绩效评价得分最高的一类地区，这7个省域无一例外均位于东部地区；位于第一级排列的省域亦为7个，分别为新疆、青海、甘肃、宁夏、云南、贵州、广西，是全样本范围内经济发展方式转变绩效评价得分最低的一类地区，该7个省域全部位于中国的西部地区；而中部地区的8个省域全部位于第二、第三级排列。由此可见，中国各地区之间的经济发展方式转变绩效总体上存在较为显著的差异。

2006~2012年，期末（2012年）与期初（2006年）相比，第一~第四级排列地区的省域数量及具体构成无显著性变动：期末与期初年份，第一级排列地区均由新疆、青海等西部省域构成，第四级排列地区均由北京、天津、上海等东部省域构成；第二级排列地区与第三级排列地区的省域构成在评价区间产生了小幅度的变化，吉林和湖南两大省域由第三级排列地区跌落至第二级排列地区，四川省与安徽省则从第二级排列地区上升至第三级排列地区，见表6-1。

表6-1　　2006年和2012年各参评省域经济发展方式转变绩效综合评价得分四分位分布情况

年份	第一级排列地区	第二级排列地区	第三级排列地区	第四级排列地区
2006	新疆、青海、甘肃、宁夏、云南、贵州、广西	四川、内蒙古、河北、河南、山西、安徽、江西	黑龙江、吉林、辽宁、山东、陕西、湖北、湖南	北京、天津、上海、江苏、浙江、福建、广东
2012	新疆、青海、甘肃、宁夏、云南、贵州、广西	内蒙古、吉林、河北、河南、山西、湖南、江西	黑龙江、辽宁、山东、陕西、湖北、安徽、四川	北京、天津、上海、江苏、浙江、福建、广东

资料来源：根据各参评省域经济发展方式转变绩效综合评价得分经计算而得。

6.1.1 空间差异分析

为进一步探究地区间差异的特征，本章运用基尼系数分解法测算中国东、中、西部三大地区在经济发展方式转变总体绩效层面的空间差异。

依据前文介绍的基尼系数分解公式，本章借助Matlab软件计算得到了2006~2012年中国经济发展方式转变绩效综合评价得分的总体基尼系数、三大地区区内及各地区之间的基尼系数，并将总体基尼系数分解为地区内差异的贡献度及地区间差异的贡献度，具体计算结果见表6-2。

表6-2　基尼系数及其贡献度分解结果（经济发展方式转变绩效综合评价得分）

年份	总体	贡献度 地区内	贡献度 地区间	贡献率（%）地区内	贡献率（%）地区间	地区内差异 东部	地区内差异 中部	地区内差异 西部	地区间差异 东中部	地区间差异 东西部	地区间差异 中西部
2006	0.2497	0.054	0.1957	21.63	78.37	0.2181	0.0540	0.0915	0.2864	0.3716	0.1205
2007	0.2405	0.0524	0.1881	21.79	78.21	0.2146	0.0455	0.0909	0.2830	0.3590	0.1085
2008	0.2365	0.0506	0.1859	21.40	78.60	0.2159	0.0436	0.0738	0.2825	0.3559	0.1027
2009	0.2088	0.0470	0.1619	22.51	77.54	0.1957	0.0439	0.0861	0.2564	0.3107	0.0896
2010	0.2226	0.0461	0.1765	20.71	79.29	0.1964	0.0405	0.0725	0.2767	0.3379	0.0944
2011	0.2182	0.0446	0.1736	20.44	79.56	0.1904	0.0387	0.0710	0.2760	0.3321	0.0916
2012	0.2186	0.0446	0.174	20.40	79.60	0.1845	0.0383	0.0820	0.2761	0.3315	0.0958

资料来源：根据各参评省域经济发展方式转变绩效综合评价得分经计算而得。

2006~2012年，参评省域经济发展方式转变绩效综合评价得分的总体基尼系数取值介于0.2088~0.2497之间，整个评价区间内的最大波动幅度为16.38%。总体基尼系数的变化情形可划分为三个阶段：2006~2009年为第一阶段，总体基尼系数逐年递减，由2006年的0.2497降至2009年的0.2088；2009~2010年为第二阶段，总体基尼系数不再降低而是转呈上升趋势，但上升幅度较小；2010~2012年为第三阶段，总体基尼系数略有下降。2006~2012年，参评省域经济发展方式转变绩效的总体基尼系数整体上呈波动下降趋势。

通过对总体基尼系数进行分解,本章分别得到东中西部地区的地区内差异和地区间差异对总体基尼系数的贡献度及贡献率。对比总体基尼系数及地区内、地区间基尼系数贡献度可以发现,参评省域经济发展方式转变绩效的空间差异主要由三大地区之间的差异所引致,且总体基尼系数的变化趋势与地区间基尼系数贡献度的变化趋势几乎完全一致,而东、中、西部地区的地区内差异对总体基尼系数的贡献作用则非常有限。2006~2012年,地区间差异对于总体基尼系数的贡献率均达到77.54%以上,且呈波动上升趋势,2012年达到了最高水平79.6%。反观三大地区的地区内差异的贡献率,虽在个别年份有所增长但总体呈下降趋势,其数值亦由2006年的21.63%跌至2012年的20.40%。

在分析总体基尼系数相关特征之后,本章将对经济发展方式转变的地区内差异演变趋势及地区间差异演变趋势做进一步分析。图6-1展示了东、中、西部三大地区的地区内差异的变化趋势情况。由表6-2和图6-1可知,评价区间内东部地区的地区内基尼系数远高于中部地区和西部地区,表明东部地区的地区内的经济发展方式转变绩效不均衡程度最高,其地区内省域间的经济发展方式转变差异最大。虽然在三大地区中东部地区的地区内差异最大,但其地区内基尼系数呈下降趋势,从2006年的0.2181下降至2012年的0.1845,总降幅达16.41%,年平均下降速度亦达2.57%。由此可见,东部地区的地区内各省域间的经济发展方式转变绩效差异正在逐步缩小。西部地区的地区内基尼系数高于中部地区,在三大地区中位居第二位,其地区内基尼系数介于0.071~0.0915之间,评价区间内西部地区的地区内基尼系数总体而言以下降态势为主。中部地区的地区内基尼系数低于其他两个地区,表明其地区内省域间的经济发展方式转变差异最小,其地区内基尼系数基本呈现逐年递减趋势,由2006年的0.054降至2012年的0.0383,下降了29.07%,其总降幅亦远高于东部地区和西部地区。

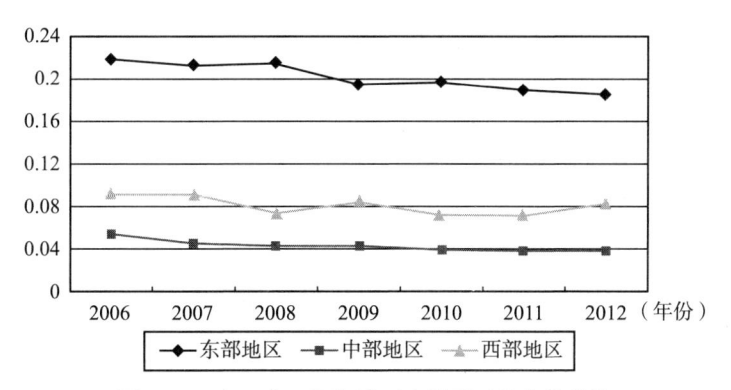

图6-1 东、中、西部地区内基尼系数变化趋势

资料来源:根据各参评省域经济发展方式转变绩效综合评价得分经计算而得。

由前文的分析结果可知,参评省域经济发展方式转变绩效的总体基尼系数主要来源于地区间的差异,因而地区间基尼系数显著高于地区内基尼系数,其地区间基尼系数的变化情况,如图6-2所示。地区间基尼系数最大的为东西部,其次为东中部,最小的为中西部。此外,2006~2012年,东西部、东中部和中西部间基尼系数的演变趋势极为相似,均可划分为两大阶段:在2006~2009年,三大地区间的基尼系数逐年递减并于2009年达到评价区间内的最小值;2009~2012年,三大地区间的基尼系数略有增加并最终趋于稳定。总体而言,期末与期初相比,三大地区间的基尼系数均有所下降。由此可见,东部地区与西部地区之间在经济发展方式转变领域的差异最为显著,而中部地区与西部地区间的经济发展方式转变绩效最为接近,差异相对最小,地区间的经济发展方式转变差异正在逐步缩小。

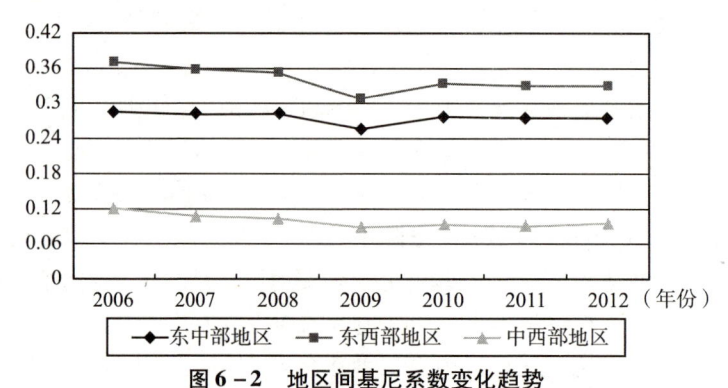

图6-2 地区间基尼系数变化趋势

资料来源:根据各参评省域经济发展方式转变绩效综合评价得分经计算而得。

6.1.2 极化程度分析

基尼系数分解法使得本章对经济发展方式转变进程在地区间的不均衡性有了更为深入了解,极化研究则能展示不同地区在经济发展方式转变过程中区域冲突的演变过程。本章利用经济发展方式转变空间极化的LU指数,按照东、中、西部三大地区对2006~2012年的空间极化程度进行了测度。将前文计算得到的总体基尼系数与LU指数整理后得到图6-3。

如前文所述,总体基尼系数的波动态势为,下降—上升—下降,并逐渐趋于平稳,期末相比期初,该系数略有降低。作为反映地区极化程度的LU指数,其变化趋势则明显不同,2006~2012年,LU指数逐年递增,由2006年的0.2509增长至2012年的0.3672,年均增幅为7.73%,总增幅达到46.35%。LU指数的变化趋势表明,评价区间内,中国东、中、西部三大地区在经济发展方式转变方面的极化程度不断增强。虽然三大地区区内及地区间在经济发展方式转变领域的不均衡程度均有所下降,但东、中、西部三大地区对于发展资源的竞争却更加激烈。

第6章 省域经济发展方式转变绩效的探索性空间数据分析

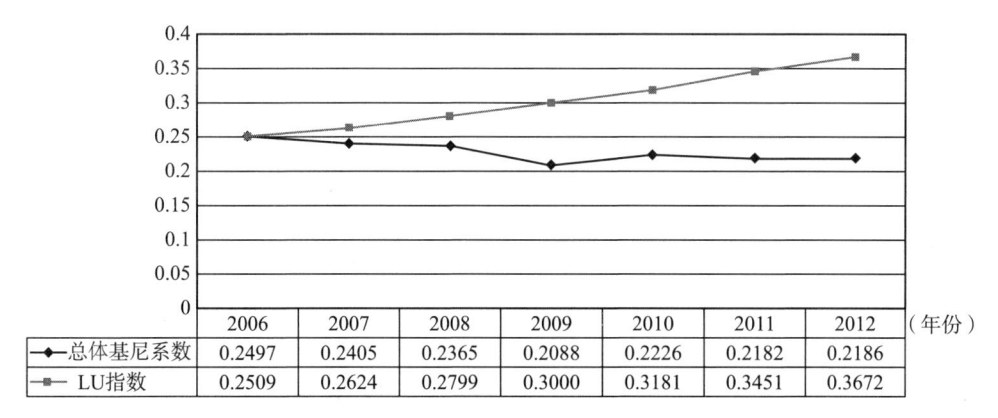

	2006	2007	2008	2009	2010	2011	2012	（年份）
总体基尼系数	0.2497	0.2405	0.2365	0.2088	0.2226	0.2182	0.2186	
LU指数	0.2509	0.2624	0.2799	0.3000	0.3181	0.3451	0.3672	

图6-3 综合评价得分的总体基尼系数与极化指数对比

资料来源：根据各参评省域经济发展方式转变绩效综合评价得分经计算而得。

通过空间分布四分位分析、基尼系数分解法和极化指数研究，本章对三大地区及具体省域的经济发展方式转变绩效进行了层级划分，对东、中、西部三大地区的经济发展方式转变不均衡态势演化情况和极化程度进行了探究。在此基础上，本书将通过全局及局域空间自相关分析，研究总体层面及具体省域的空间关联特征，更深入地了解造成各地区经济发展方式转变不均衡态势的原因。

6.1.3 全局空间自相关分析

在得到参评省域经济发展方式转变绩效评价得分的基础之上，以GEODA软件为研究工具，本章计算得到了评价区间内参评省域经济发展方式转变绩效评价得分的Moran's I指数。2006~2012年，中国经济发展方式转变总体层面的Moran's I指数分别为0.3470、0.3332、0.3242、0.3254、0.3476、0.3749和0.3851。评价区间内Moran's I指数均高于0.32，总体呈现增长态势，且通过了5%的显著性检验（其Z检验值在此不一一列出），表明经济发展方式转变在总体层面上显示出较强的正向空间自相关性。

在历年得分均值的Moran's I散点图中，北京、天津、上海等东部沿海省域位于第一象限，与邻近省域间呈现出High-High型的正向空间自相关关系；河北、安徽与江西等中部省域位于第二象限，与邻近省域间呈现出Low-High型的负向空间自相关关系；山西、新疆、广西、河南、黑龙江等中、西部省域位于第三象限，与邻近省域间呈现出Low-Low型的正向空间自相关关系；广东和辽宁位于第四象限，与邻近省域间呈现出High-Low型的负向空间自相关关系；山东位于坐标轴的位置，其与邻近省域间不存在显著的空间相关关系，见表6-3。

表6-3　参评省域经济发展方式转变得分均值 Moran's I 散点图分布情况

	High–High 型	Low–High 型	Low–Low 型	High–Low 型	坐标轴
历年均值	北京、天津、上海、浙江、江苏、福建	河北、安徽、江西	山西、新疆、广西、甘肃、贵州、云南、湖北、宁夏、河南、黑龙江、吉林、内蒙古、陕西、青海、湖南、四川	广东、辽宁	山东

资料来源：根据各参评省域经济发展方式转变绩效综合评价得分经计算而得。

采用雷（Rey，2001）使用的时空跃迁测度法，可进一步对评价区间内各参评省域经济发展方式转变评价得分 Moran's I 散点图的时空差异演化加以描述。该方法将时空跃迁划分为四种类型：类型Ⅰ、类型Ⅱ、类型Ⅲ、类型0，其中，类型Ⅰ描述的仅仅是相对位移的省域跃迁，包括 $HH_t \rightarrow LH_{t+1}$、$HL_t \rightarrow LL_{t+1}$、$LH_t \rightarrow HH_{t+1}$ 及 $LL_t \rightarrow HL_{t+1}$ 四种跃迁形式；类型Ⅱ描述的仅仅是相关空间邻近省域的跃迁，包括 $HH_t \rightarrow HL_{t+1}$、$HL_t \rightarrow HH_{t+1}$、$LH_t \rightarrow LL_{t+1}$、$LL_t \rightarrow LH_{t+1}$ 四种跃迁形式；类型Ⅲ则涵盖了某省域及其相邻省域均跃迁到其他不同的省域，包括 $HH_t \rightarrow LL_{t+1}$、$HL_t \rightarrow LH_{t+1}$、$LH_t \rightarrow HL_{t+1}$、$LL_t \rightarrow HH_{t+1}$ 四种跃迁形式；类型0指，省域及其相邻省域保持了相同水平的情况，包括 $HH_t \rightarrow HH_{t+1}$、$HL_t \rightarrow HL_{t+1}$、$LH_t \rightarrow LH_{t+1}$、$LL_t \rightarrow LL_{t+1}$ 四种跃迁形式。2006~2012年，各参评省域都仅发生了类型为0的时空跃迁，表现为高度的空间稳定性。该现象表明，各省域均未脱离其原有的集群范畴，省域经济发展方式转变总体层面的时空格局演化具有严重的路径依赖性。因篇幅限制，本节仅列出2006年与2012年的 Moran's I 散点图，如图6-4和图6-5所示。

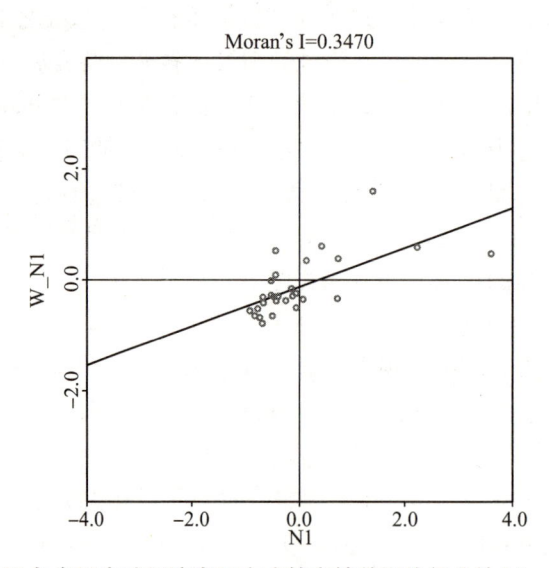

图6-4　2006年参评省域经济发展方式转变绩效评价得分的 Moran's I 散点图

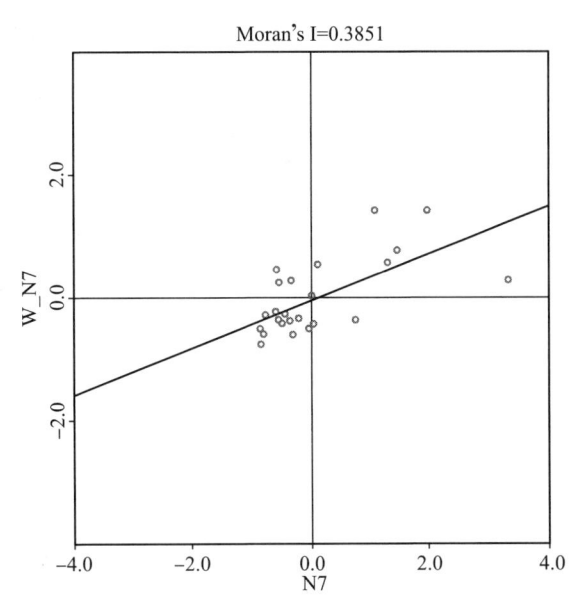

图 6-5　2012 年参评省域经济发展方式转变绩效评价得分的 Moran's I 散点图

6.1.4　局域空间自相关分析

基于 Moran's I 指数的全局空间自相关分析对各参评省域经济发展方式总体层面的全局空间自相关方向及强度予以了阐释，然而，其局域空间关联特征需通过 LISA 分析来予以检验。

基于 GEODA 软件对于参评省域经济发展方式转变绩效综合评价得分历年均值的 LISA 分析结果，从中可以看出，参评省域经济发展方式转变绩效的局域空间关联特征呈现出单一类型：Low-Low 型。具体而言，虽然基于 Moran's I 指数的全局空间自相关检验表明，山西、新疆、广西、甘肃、贵州、云南、湖北等 16 个省域与邻近省域间呈现出 Low-Low 型的正向空间自相关关系，但通过 LISA 显著性检验且发挥出集群效应的省域仅为 7 个，分别为陕西、甘肃、青海、新疆、四川、云南、贵州。上述 7 省域同其邻近省域的经济发展方式转变绩效评价得分均较低，且显著正相关，彼此间呈现出空间同质性，已成为目前全样本范围内经济发展方式转变的绩效"洼地"。其中，陕西、新疆、甘肃、青海、云南和贵州 6 个省域通过了 5% 的空间关联显著性水平检验，四川通过了 1% 的空间关联显著性水平检验。除上述省域外，全样本范围内其余省域同其周边相邻省域的空间关联特征均不显著，未通过 5% 的 LISA 显著性水平检验，因而未能呈现出较明确的空间关联特征。

6.2 经济增长绩效层面

参评省域经济发展方式转变经济增长准则层面绩效综合评价得分（2006～2012年均值）的空间分布四分位分析结果显示，按绩效评价得分高低可将各参评省域划分为四个排列级别。北京、天津、上海、江苏、浙江、内蒙古和辽宁7个省域位于第四级排列，是经济增长绩效评价得分最高的一类地区，除内蒙古外，其余6大省域均位于东部沿海地区。甘肃、四川、云南、贵州、广西、河南和江西位于第一级排列，第一级排列地区的省域均位于西部地区和中部地区，是全样本范围内经济增长评价得分最低的地区。第三级排列地区主要由山东、福建、广东3个东部省域，黑龙江、吉林、湖北、陕西4个中部省域及西部省域陕西组成。第二级排列地区由东部省域河北及部分中、西部省域组成。综合而言，三大地区间在经济增长准则层面存在着较为显著的客观差异，不同地区具体省域间的差异各有其不同特征。

评价区间期末（2012年）与期初（2006年）相比，第一～第四级排列地区的具体省域构成均发生了一定程度的变化：2012年，河南取代安徽进入第一级排列地区；黑龙江、山西、安徽分别从第三级排列和第一级排列地区变动到第二级排列地区；广东、陕西、湖北则从第四级排列和第二级排列地区变动到第三级排列地区；内蒙古替代广东升至第四级排列地区，属于经济增长准则层面绩效评价得分最高的省域之一，见表6-4。

表6-4　2006年和2012年各参评省域经济增长准则层面评价得分四分位图分布情况

年份	第一级排列地区	第二级排列地区	第三级排列地区	第四级排列地区
2006	甘肃、四川、云南、贵州、广西、安徽、江西	河北、河南、陕西、湖北、湖南、青海、宁夏	黑龙江、吉林、内蒙古、山东、山西、新疆、福建	北京、天津、上海、江苏、浙江、广东、辽宁
2012	甘肃、四川、云南、贵州、广西、河南、江西	黑龙江、河北、山西、安徽、湖南、青海、宁夏	吉林、山东、福建、广东、陕西、湖北、新疆	北京、天津、上海、江苏、浙江、内蒙古、辽宁

资料来源：根据各参评省域经济增长准则层面绩效评价得分经计算而得。

6.2.1 空间差异分析

以全局熵值法估算所得的经济增长准则层面绩效评价得分为原始数据，依据前文介绍的基尼系数分解公式，本章计算得到了2006～2012年中国三大地区在经济增长准则层面的总体基尼系数、三大地区区内及各地区之间的基尼系数，并将总体基尼系数分解为地区内差异的贡献度及地区间差异的贡献度，具体计算结果见表6-5。

表6-5　基尼系数及其贡献度分解结果（经济增长准则层面绩效评价得分）

年份	总体	贡献度		贡献率（%）		地区内差异			地区间差异		
		地区内	地区间	地区内	地区间	东部	中部	西部	东中部	东西部	中西部
2006	0.3701	0.0836	0.2866	22.58	77.42	0.2653	0.1413	0.2164	0.4435	0.5058	0.1977
2007	0.3375	0.0775	0.2600	22.96	77.04	0.2622	0.1089	0.1883	0.4135	0.4661	0.1656
2008	0.3148	0.0744	0.2404	23.63	76.37	0.2486	0.0992	0.2053	0.3894	0.4291	0.1687
2009	0.3050	0.0707	0.2343	23.18	76.82	0.2400	0.0847	0.1984	0.3866	0.4221	0.1550
2010	0.2684	0.0620	0.2064	23.10	76.90	0.2132	0.0744	0.1773	0.3435	0.3738	0.1398
2011	0.2425	0.0580	0.1845	23.92	76.08	0.2034	0.0787	0.1616	0.3126	0.3341	0.1316
2012	0.2245	0.0542	0.1703	24.14	76.86	0.1932	0.0742	0.1511	0.2915	0.3089	0.1237

资料来源：根据各参评省域经济增长准则层面绩效评价得分经计算而得。

2006～2012年，中国经济增长准则层面的总体基尼系数介于0.2246～0.3701，评价区间内其最大波动幅度为39.34%。2006年，各参评省域经济增长层面的差异性最大，总体基尼系数达到0.3701的最高值。此后，总体基尼系数以年均6.56%的降速逐年递减，2012年达到最低值0.2245，由此可见，2006～2012年中国各地区在经济增长层面的总体差异呈逐渐缩小的态势。通过对总体基尼系数进行分解，可以分别得到东中西部地区区内差异和地区间差异对总体基尼系数的贡献度及贡献率。观察分解结果可以发现，参评省域经济增长准则层面的空间差异主要由东、中、西部三大地区之间的差异所引致，而三大地区的区内差异对总体基尼系数的贡献作用则非常有限。2006～2012年，地区间差异对于总体基尼系数的贡献率最低为76.86%，最高时达到了77.42%，反观三大地区区内差异的贡献率，其均值仅为23%左右。

在分析总体基尼系数的相关特征之后，本章将对经济增长准则层面的地区内差异演变趋势及地区间差异演变趋势做进一步分析。图6-6展示了东、中、西部三大地区经济增长准则层面区内差异的变化趋势情况。由表6-5和图6-6可知，以各地区内基尼系数的大小来看，东部地区最大，中部地区最小，西部地区居中。表明东部地区区内的经济增长准则层面不均衡程度最高，其区内省域间的经济增长差异最大。虽然东部地区在三大地区中的区内差异最大，但其基尼系数呈逐年递减趋势，从2006年的0.2653下降至2012年的0.1932，降低了27.18%，表明东部地区区内各省域间的经济增长差异正在逐年缩小。西部地区区内基尼系数介于东部与中部之间，其区内基尼系数介于 0.151~0.216 之间，评价区间内西部地区区内基尼系数以下降态势为主，2006~2009 年其基尼系数波动下降，2009 年之后则逐年下降。中部地区区内基尼系数介于 0.0742~0.1413 之间，低于东部地区和西部地区，表明其区内省域间的经济增长差异最小，其基尼系数呈逐年递减态势。综合而言，三大地区区内省域间在经济增长准则层面的非均衡性均有较大改善。

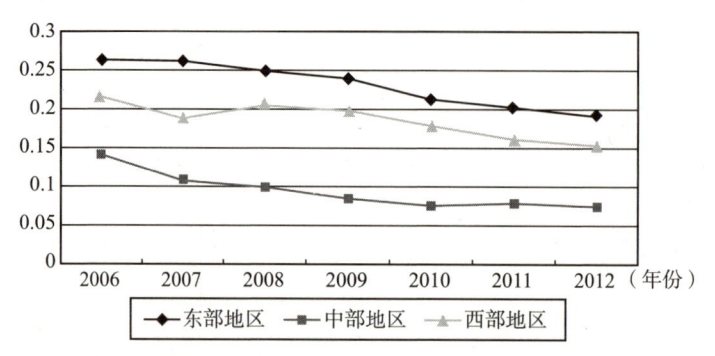

图 6-6　参评省域经济增长层面东、中、西部地区内基尼系数变化趋势

资料来源：根据各参评省域经济增长准则层面评价得分经计算而得。

由前文可知，中国地区经济增长准则层面的总体基尼系数主要来源于地区间的差异，因而地区间基尼系数显著高于地区内基尼系数。中国经济增长准则层面地区间基尼系数的变化情况，如图 6-7 所示。东西部地区间基尼系数最大，中西部地区间基尼系数最小。2006~2012 年，东西部地区与东中部地区间基尼系数的演变趋势基本一致，且两者间的差异逐年缩小并最终趋于一致，中西部地区间的基尼系数亦呈现显著下降趋势，但下降幅度相对较小。总体而言，东部地区与中、西部地区在经济增长层面的差异仍较为显著，但随着时间推移，地区间的经济增长差异正在迅速缩小。

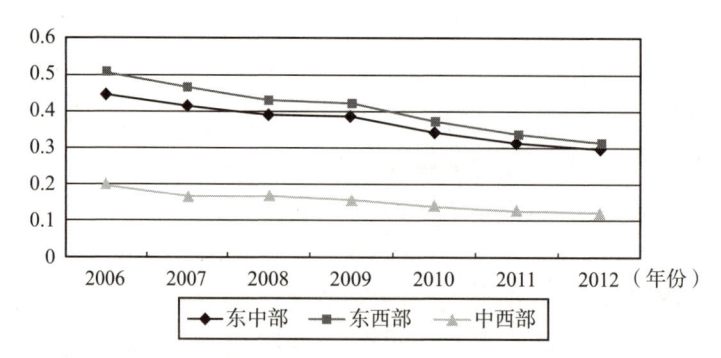

图 6-7　中国经济增长层面地区间基尼系数变化趋势

资料来源：根据各参评省域经济增长准则层面评价得分经计算而得。

6.2.2 极化程度分析

基尼系数分解法使得本书对经济增长在地区间的不均衡性有了更为深入地了解，极化研究则能展示不同地区在经济增长方式调整过程中冲突的演变过程。将前文计算得到的总体基尼系数与 LU 指数整理后得到图 6-8。由图 6-8 可知，评价区间内经济增长准则层面总体基尼系数呈逐年下降的发展态势，总降幅达到 39.34%。反观极化指数，2006~2012 年，呈现逐年攀升的态势，但增长幅度较小，2006 年极化指数为 0.0376，2012 年极化指数为 0.0523，年均增幅为 6.52%。由此可以推知，评价区间内总体的经济增长差异虽然已有较大程度地缩小，但地区间在经济增长领域的对抗性和对经济增长发展要素的竞争性层面均有所加强，地区间的经济增长竞争关系呈现进一步激化的趋势。

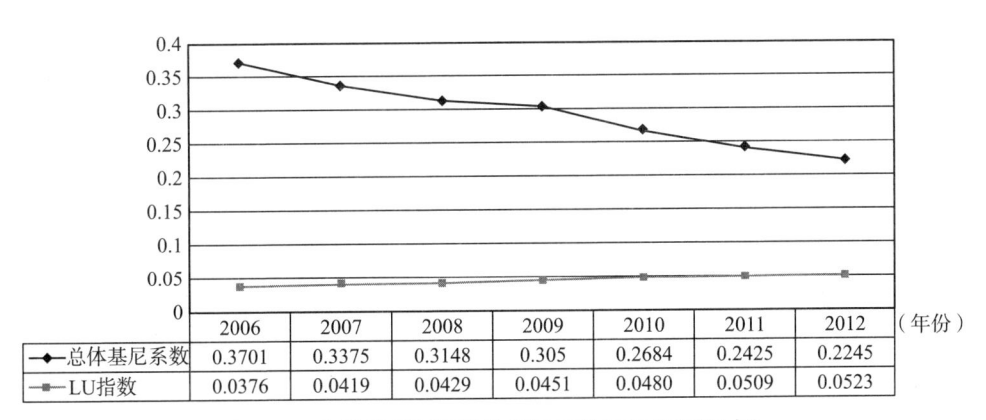

（年份）	2006	2007	2008	2009	2010	2011	2012
总体基尼系数	0.3701	0.3375	0.3148	0.305	0.2684	0.2425	0.2245
LU指数	0.0376	0.0419	0.0429	0.0451	0.0480	0.0509	0.0523

图 6-8　经济增长层面总体基尼系数与极化指数对比

资料来源：根据各参评省域经济增长准则层面评价得分经计算而得。

通过空间分布四分位分析、基尼系数分解法和极化指数研究，本章对三大地区及具体省域的经济增长水平进行了层级划分，对东、中、西部三大地区的经济增长不均衡态势演化情况和极化程度进行了探究。在此基础上，本章将通过全局及局域空间自相关分析，研究总体层面及具体省域的空间关联特征，更深一层地了解造成各地区经济增长不均衡态势的原因。

6.2.3 全局空间自相关分析

在得到参评省域经济增长绩效评价得分的基础上，本章通过 GEODA 软件计算得到了评价区间内参评省域经济增长绩效评价得分的 Moran's I 指数。2006~

2012 年，中国经济增长层面的 Moran's I 指数分别为 0.3606、0.3442、0.3554、0.3623、0.3916、0.3895 和 0.3867。评价区间内 Moran's I 指数显著为正，总体呈波动性增长态势，且通过了 5% 的显著性检验（其 Z 检验值在此不一一列出），表明经济发展方式转变在经济增长层面上显示出较强的正向空间自相关性。

在历年得分均值的 Moran's I 散点图中，北京、天津、浙江、江苏等 6 个东部省域位于第一象限，与邻近省域间呈现出 High - High 型的正向空间自相关关系；河北、黑龙江、吉林与福建位于第二象限，与邻近省域间呈现出 Low - High 型的负向空间自相关关系；新疆、广西、甘肃、云南等中、西部省域位于第三象限，与邻近省域间呈现出 Low - Low 型的正向空间自相关关系；广东、内蒙古和山东位于第四象限，与邻近省域间呈现出 High - Low 型的负向空间自相关关系，见表 6 - 6。

表 6 - 6　　　　参评省域经济增长得分均值 Moran's I 散点图分布情况

	High - High 型	Low - High 型	Low - Low 型	High - Low 型
历年均值	北京、天津、上海、浙江、江苏、辽宁	河北、黑龙江、吉林、福建	新疆、广西、甘肃、贵州、云南、四川、山西、宁夏、江西、安徽、河南、湖南、湖北、陕西、青海	广东、内蒙古、山东

资料来源：根据各参评省域经济增长准则层面评价得分经计算而得。

2008～2009 年，除辽宁从 HL→HH，发生了类型Ⅲ的时空跃迁外，其余省份仅发生类型为 0 的时空跃迁。由此表明，辽宁与周边省域的空间相关关系由负向转为正向，脱离了其原有的集群范畴；其他省域经济增长层面的时空格局演化则表现出高度的空间稳定性，且具有严重的路径依赖性。因篇幅限制，本节仅列出 2006 年和 2012 年的 Moran's I 散点图，如图 6 - 9 和图 6 - 10 所示。

6.2.4　局域空间自相关分析

基于 Moran's I 指数的全局空间自相关分析，对各参评省域经济增长层面的全局空间自相关方向及强度予以了阐释，下面，通过 LISA 局域分析来对其空间关联特征予以检验。

基于 GEODA 软件对于参评省域经济增长准则层面绩效评价得分历年均值的 LISA 分析结果，从中可以看出，参评省域经济增长层面的空间关联特征呈现出 Low - High 和 Low - Low 两种类型。在全局层面表现为 Low - High 型的 4 个省域中仅有河北省通过了 LISA 局域显著性检验，河北的经济增长绩效评价得分较低，但其周边省域的经济增长水平较高，两者呈现负向的空间局域相关关系；通过 Moran's I 全局空间自相关检验的 15 个 Low – Low 型省域中，仅青海、四川、云南、贵州和湖北通过 LISA 显著性检验且发挥出集群效应，该类型省域的经济增长水平较低，其邻近省域的经济增长水平同样较低，彼此间呈现出正向空间相关性，是全样本范围内经济增长的绩效"洼地"，其经济增长水平亟待提升。上述省域均通过了 5% 的 LISA 显著性水平检验，四川、云南、贵州更是通过了 1% 水平的空间关联显著性检验。

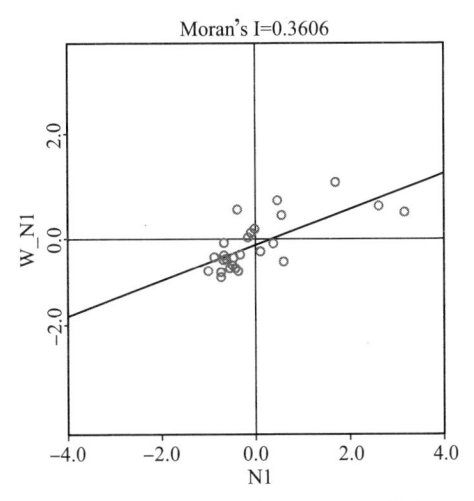

图 6 – 9　参评省域经济增长得分的 Moran's I 散点图（2006 年）

注：N1 表示 2006 年的参评省域绩效评价得分，W_N1 表示邻近省域该项得分的加权平均值。
资料来源：根据各参评省域经济增长准则层面评价得分经计算而得。

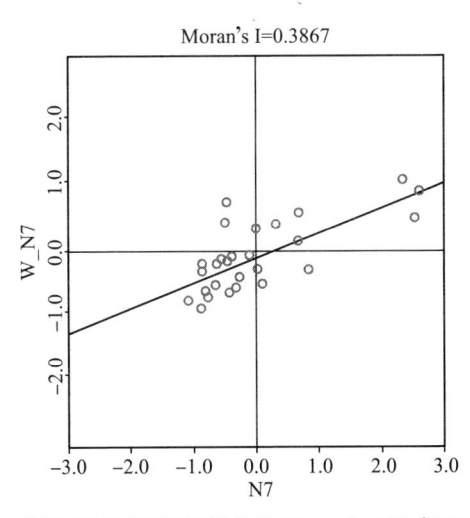

图 6 – 10　参评省域经济增长得分的 Moran's I 散点图（2012 年）

注：N7 表示 2012 年的参评省域绩效评价得分，W_N7 表示邻近省域该项得分的加权平均值。
资料来源：根据各参评省域经济增长准则层面评价得分经计算而得。

6.3 经济结构绩效层面

参评省域经济发展方式转变经济结构层面绩效综合评价得分（2006~2012年均值）的空间分布四分位分析结果显示，按绩效评价得分高低可将各参评省域划分为四个排列级别。北京、天津、上海、江苏、浙江、福建、广东位于第四级排列，是经济结构评价得分最高的一类地区，这7个省域均来自东部地区。第一级排列地区由新疆、甘肃、内蒙古、云南、广西、湖南和河南组成，该排列的省域多来自西部地区，是经济结构评价得分最低的地区。第三级排列地区包含辽宁、山西、陕西、四川、山东、江西、湖北等7个省域。第二级排列地区由黑龙江、吉林、贵州、青海等省域组成。整体而言，东部地区与西部地区在经济结构准则层面的评价得分存在较为显著的差异，但中、西部地区经济结构转型较为成功的部分省域与东部省域的经济结构转型水平并无显著差异。

2012年与2006年相比，第一~第四级排列地区的具体省域构成均发生了较大改变：2012年，青海、宁夏、内蒙古分别从第二级排列和第三级排列被划分至第一级排列地区，吉林、辽宁和山西从第三级排列地区变动到第二级排列地区，陕西从第四级排列地区变动到第二级排列地区；除山东省外，其余6个省域均由第一级排列和第二级排列地区变动而来；第四级排列地区的省域构成变化最小，仅浙江替代陕西进入第四级排列地区，见表6-7。

表6-7　2006年和2012年各参评省域经济结构得分四分位图分布情况

年份	第一级排列地区	第二级排列地区	第三级排列地区	第四级排列地区
2006	新疆、甘肃、贵州、云南、广西、湖南、安徽	黑龙江、河北、河南、湖北、江西、青海、四川	吉林、辽宁、内蒙古、山西、宁夏、山东、浙江	北京、天津、上海、江苏、陕西、福建、广东
2012	新疆、甘肃、宁夏、青海、内蒙古、云南、广西	黑龙江、吉林、辽宁、河北、山西、陕西、河南	山东、安徽、湖北、湖南、江西、四川、贵州	北京、天津、上海、江苏、浙江、福建、广东

资料来源：根据各参评省域经济结构准则层面绩效评价得分经计算而得。

6.3.1 空间差异分析

评价区间内，中国经济结构层面的总体基尼系数介于0.1494~0.2134之间，其最大波动幅度为29.99%。2006年，各参评省域经济结构层面基尼系数为历年最高值 0.2134，2009 年为历年最低值 0.1494，此阶段总体基尼系数年均降幅为 10%。2009~2012 年，总体基尼系数略有回升，但未超过前一阶段的最低值。观察总体基尼系数分解结果可知，中国各地区在经济结构层面的差异仍主要由三大地区间的差异构成，地区间差异对于总体基尼系数的贡献率平均达到 76% 以上，最高时达到 77.27%，而地区区内差异的贡献率平均仅为 23.33%，见表 6-8。

表 6-8　　基尼系数及其贡献度分解结果（经济结构准则层面绩效评价得分）

年份	总体	贡献度		贡献率（%）		地区内差异			地区间差异		
		地区内	地区间	地区内	地区间	东部	中部	西部	东中部	东西部	中西部
2006	0.2134	0.0513	0.1621	24.04	76.96	0.1825	0.0775	0.1374	0.2726	0.2961	0.1156
2007	0.1861	0.0423	0.1438	22.73	77.27	0.1443	0.0731	0.1193	0.2369	0.2642	0.1055
2008	0.1782	0.0409	0.1373	22.95	77.05	0.1643	0.0563	0.0840	0.2218	0.2617	0.0842
2009	0.1494	0.0359	0.1135	24.03	76.97	0.1208	0.0576	0.1092	0.1797	0.2104	0.0923
2010	0.1778	0.0407	0.1371	22.89	77.11	0.1509	0.0517	0.1047	0.2065	0.2597	0.1016
2011	0.1698	0.0395	0.1303	23.26	76.74	0.1495	0.0473	0.1004	0.1932	0.2476	0.0989
2012	0.1659	0.0388	0.1271	23.39	76.61	0.1408	0.0555	0.1016	0.182	0.2412	0.1031

资料来源：根据各参评省域经济结构准则层面绩效评价得分经计算而得。

由表 6-8 和图 6-11 可知，以经济结构准则层面地区内基尼系数的大小来看，中国呈现出东、西、中部的排列形态。东部地区区内省域间的经济结构绩效评价得分差异最大，不均衡程度最高，其基尼系数呈波动下降趋势，从 2006 年的 0.1825 下降至 2012 年的 0.1408，降低了 22.85%，表明其省域间的经济结构差异有较大程度的缩小；中部地区的地区内基尼系数介于 0.0775~0.0473 之间，是三大地区中经济结构层面区内差异最小的地区，其基尼系数 2006~2009 年有所下降，2009~2012 年则是先降后升，期初数值与期末数值基本相当；西部地区区内基尼系数介于东、中部之间，2006~2008 年其基尼系数降幅为 38.86%，2008~2009 年，基尼系数有所回升，2009 年之后则呈稳定下降趋势。综合而言，三大地区区内省域间在经济结构层面的非均衡性均有一定程度改善，但这种均衡化历程经历了波动起伏的过程。

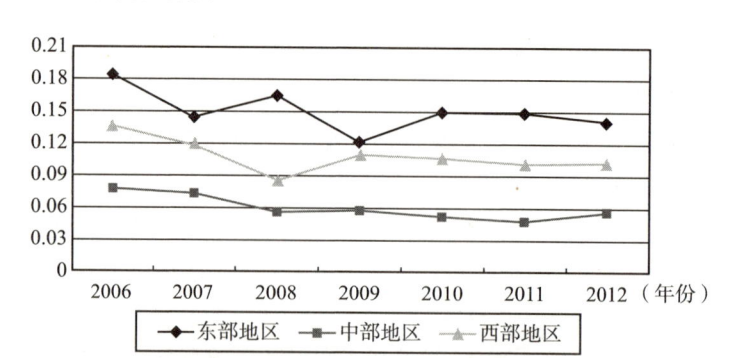

图 6-11　参评省域经济结构层面东、中、西部地区内基尼系数变化趋势

资料来源：根据各参评省域经济结构准则层面绩效评价得分经计算而得。

中国经济结构层面地区间基尼系数的变化情况为，东西部地区和中西部地区间基尼系数的走势基本保持一致，2006~2009 年为持续下降期，2009 年之后略有回升，但总体仍保持下降趋势。就绝对值而言，东西部地区间的基尼系数始终居于三者之首。中西部地区间的基尼系数于 2008 年达到评价区间内的最小值，波动趋势为先降后升，期末与期初的基尼系数基本保持不变。总体而言，东部地区与中、西部地区在经济结构层面的差异有所缩小，但中部地区与西部地区间的差异仍基本稳定，见图 6-12。

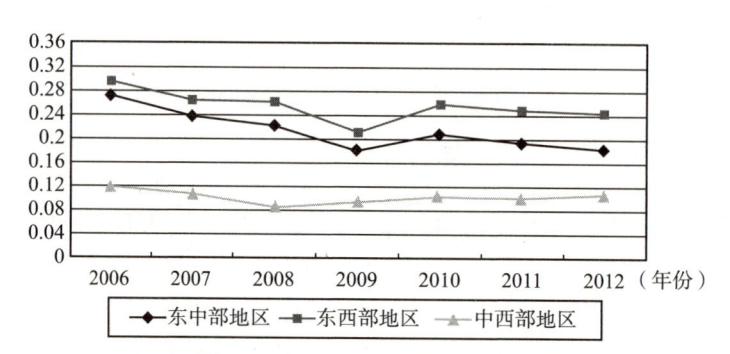

图 6-12　参评省域经济结构层面地区间基尼系数变化趋势

资料来源：根据各参评省域经济结构准则层面绩效评价得分经计算而得。

6.3.2　极化程度分析

图 6-13 清晰展示了评价区间内总体基尼系数呈波动下降趋势，期末比期初下降了 22.26%。极化指数亦呈波动下降趋势，但波动幅度和下降幅度都较小。2006 年，极化指数达到最大值为 0.0424，2009 年达到最小值 0.0327，最大降幅

为 22.87%。期末与期初相比，下降绝对值为 0.0078，年均降幅仅为 3.07%。由总体基尼系数与极化指数的波动情况可知，虽然中国经济结构的总体差异已有一定程度的缩小，但各地区经济结构优化的过程是起伏跌宕的。在调整自身经济结构的过程中，地区间的竞争关系相对较为缓和。

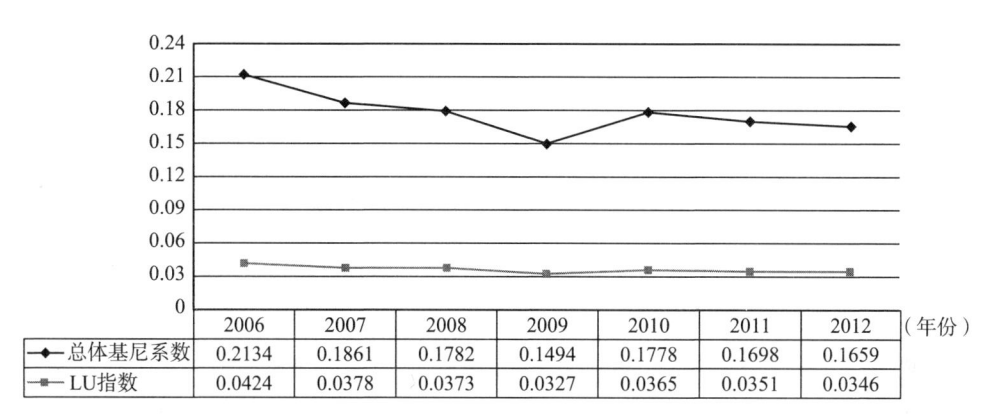

（年份）	2006	2007	2008	2009	2010	2011	2012
总体基尼系数	0.2134	0.1861	0.1782	0.1494	0.1778	0.1698	0.1659
LU 指数	0.0424	0.0378	0.0373	0.0327	0.0365	0.0351	0.0346

图 6-13　经济结构层面总体基尼系数与极化指数对比

资料来源：根据各参评省域经济结构准则层面绩效评价得分经计算而得。

6.3.3　全局空间自相关分析

在得到参评省域经济结构绩效评价得分的基础上，本章通过 GEODA 软件计算得到了评价区间内参评省域经济结构绩效评价得分的 Moran's I 指数。2006~2012 年，中国经济结构层面的 Moran's I 指数分别为 0.3364、0.3728、0.3238、0.3156、0.3309、0.3222 和 0.3643。评价区间内 Moran's I 指数显著为正，期末相对期初有较大幅度增长，且通过了 5% 的显著性检验（其 Z 检验值在此不一一列出），表明经济发展方式转变在经济结构层面上显示出较强的正向空间自相关性。

在经济结构层面绩效评价得分均值的 Moran's I 散点图中，北京、天津、上海等 6 个东部省域位于第一象限，与邻近省域间呈现出 High - High 型的正向空间自相关关系；河北、安徽、江西三个省域位于第二象限，与邻近省域间呈现出 Low - High 型的负向空间自相关关系；山东、新疆、湖北、青海、山西等 16 个省域位于第三象限，与邻近省域间呈现出 Low - Low 型的正向空间自相关关系；广东和陕西位于第四象限，与邻近省域间呈现出 High - Low 型的负向空间自相关关系。湖南位于坐标轴的位置，其与邻近省域间不存在显著的空间相关关系，见表 6-9。

表6-9　　　参评省域经济结构得分均值 Moran's I 散点图分布情况

	High–High 型	Low–High 型	Low–Low 型	High–Low 型	坐标轴
历年均值	北京、天津、上海、浙江、江苏、福建	河北、安徽、江西	山东、新疆、广西、甘肃、贵州、云南、湖北、宁夏、河南、黑龙江、吉林、内蒙古、青海、四川、辽宁、山西	广东、陕西	湖南

资料来源：根据各参评省域经济准则层面绩效评价得分经计算而得。

2006~2007年，辽宁从LL→HL，发生了类型 I 的时空跃迁，安徽和江西从 LL→LH，发生了类型 II 的时空跃迁；2007~2008年，陕西和辽宁从 HL→LL，发生了类型 I 的时空跃迁，广西和湖南从 LL→LH，发生了类型 II 的时空跃迁；2008~2009年陕西、吉林、宁夏从 LL→HL 发生了类型 I 的时空跃迁，广西和湖南从 LL→LH，发生了类型 II 的时空跃迁；2009~2010年，江西从 LH→HH，陕西、吉林、宁夏从 HL→LL，四川从 LL→HL，发生了类型 I 的时空跃迁，广西和湖南从 LL→LH，发生了类型 II 的时空跃迁；2011~2012年，湖北从 LL→HL 发生了类型 I 的时空跃迁；评价区间内其他省域都只发生了类型为 0 的时空跃迁。江西、安徽、湖南、广西、陕西、湖北和四川脱离了原有的集群范畴，辽宁、吉林与宁夏虽发生了跃迁，但最终未脱离原有的集群范畴。大多数省域在经济结构层面的时空格局演化仍表现出高度的空间稳定性。因篇幅限制，本节仅列出2006年和2012年的 Moran's I 散点图，如图6-14和图6-15所示。

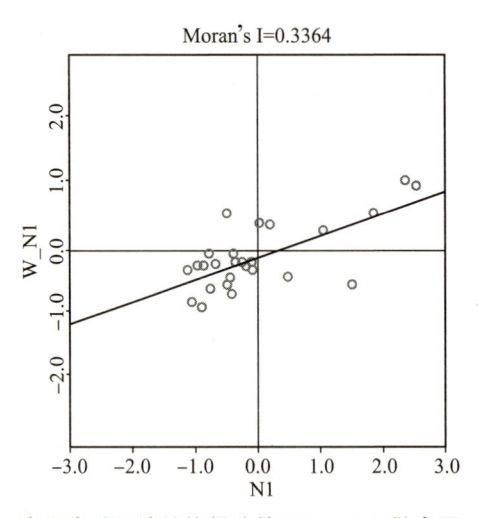

图6-14　参评省域经济结构得分的 Moran's I 散点图（2006年）

资料来源：根据各参评省域经济结构准则层面绩效评价得分经计算而得。

Moran's I=0.3643

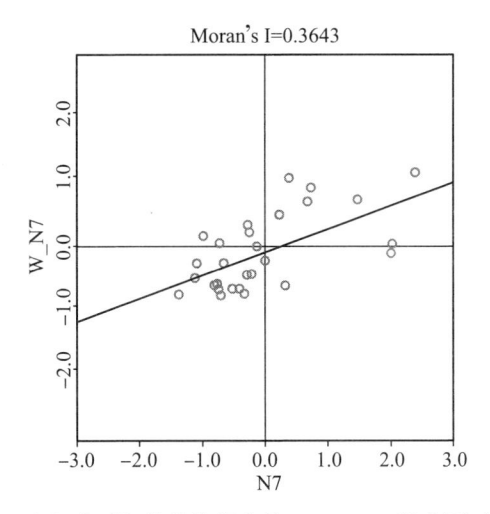

图 6-15　参评省域经济结构得分的 Moran's I 散点图（2012 年）

资料来源：根据各参评省域经济结构准则层面绩效评价得分经计算而得。

6.3.4　局域空间自相关分析

基于参评省域经济结构层面绩效评价得分的 LISA 分析结果，从中可以看出，参评省域经济结构层面的空间关联特征仅呈现出 Low – Low 一种类型。通过 Moran's I 全局空间自相关检验的 16 个 Low – Low 型省域中，仅青海和贵州通过 LISA 显著性检验且发挥出集群效应，该类型省域的经济结构绩效评价得分较低，其邻近省域的经济结构绩效水平同样较低，彼此间呈现出正向空间相关性，是全样本范围内经济结构的绩效"洼地"，其经济结构需加大优化强度。上述两省域均通过了 5% 的 LISA 显著性水平检验。

6.4　环境友好绩效层面

参评省域经济发展方式转变环境友好准则层面绩效评价得分（2006～2012年均值）的空间分布四分位分析结果显示，按绩效评价得分高低可将各参评省域划分为四个排列级别。第一级排列地区由新疆、内蒙古、青海、甘肃、宁夏、陕西和贵州组成，上述省域均位于西部地区，属于环境发展水平最低的地区。黑龙江、浙江、福建、江西、湖南、广东、广西位于第四级排列，是环境友好评价得分最高的一类地区，此类省域在三大地区均有分布。北京、山东、安徽等 7 个省域位于第三级排列地区。第二级排列地区则由辽宁、河北、天津、江苏、上海等组成。

2012 年和 2006 年相比，第一级排列地区和第四级排列地区的具体省域构成变化较小：2012 年天津替代贵州，进入第一级排列地区；云南则取代黑龙江进入第四级排列地区。第二级排列地区和第三级排列地区的构成变化相对较大：山东、安徽、江苏和贵州分别从第三级地区和第一级排列地区变动到第二级排列地区；辽宁、陕西、四川和黑龙江分别从第二级排列地区和第四级排列地区变动至第三级排列地区，见表 6-10。

表 6-10　2006 年和 2012 年各参评省域环境友好得分四分位图分布情况

年份	第一级排列地区	第二级排列地区	第三级排列地区	第四级排列地区
2006	新疆、内蒙古、青海、甘肃、宁夏、山西、贵州	辽宁、河北、河南、陕西、四川、云南、上海	吉林、北京、天津、山东、江苏、安徽、湖北	黑龙江、浙江、福建、江西、湖南、广东、广西
2012	新疆、内蒙古、青海、甘肃、宁夏、山西、天津	河北、河南、山东、安徽、江苏、上海、贵州	黑龙江、吉林、辽宁、北京、陕西、湖北、四川	浙江、福建、江西、湖南、广东、广西、云南

资料来源：根据各参评省域环境友好准则层面绩效评价得分经计算而得。

6.4.1　空间差异分析

评价区间内，各参评省域环境友好层面的总体基尼系数介于 0.1863~0.1277 之间，评价区间内其最大波动幅度为 31.45%。2006 年各参评省域环境友好层面基尼系数最高为 0.1863，2011 年为历年最低值 0.1277，此阶段总体基尼系数年均降幅为 6.29%。2011~2012 年，总体基尼系数有较大幅度回升，年增幅高达 20.36%。观察总体基尼系数分解结果可知，各参评省域在环境友好层面的差异仍主要由地区间的差异构成，其对于总体基尼系数的平均贡献率为 71.48%，最高时达到 73.7%，而地区区内差异的贡献率平均为 28.52%，见表 6-11。

表 6-11　基尼系数及其贡献度分解结果（环境友好准则层面绩效评价得分）

年份	总体	贡献度 地区内	贡献度 地区间	贡献率（%）地区内	贡献率（%）地区间	地区内差异 东部	地区内差异 中部	地区内差异 西部	地区间差异 东中部	地区间差异 东西部	地区间差异 中西部
2006	0.1863	0.049	0.1373	26.30	73.70	0.0963	0.0856	0.1942	0.1019	0.2317	0.2110
2007	0.1684	0.0461	0.1223	27.38	72.62	0.0932	0.0757	0.1870	0.0940	0.2081	0.1893
2008	0.1573	0.0431	0.1142	27.40	72.60	0.0888	0.0689	0.1743	0.0888	0.1943	0.1762
2009	0.1436	0.0408	0.1028	28.41	71.59	0.0847	0.0641	0.1700	0.0842	0.1771	0.1589

续表

年份	总体	贡献度 地区内	贡献度 地区间	贡献率（%）地区内	贡献率（%）地区间	地区内差异 东部	地区内差异 中部	地区内差异 西部	地区间差异 东中部	地区间差异 东西部	地区间差异 中西部
2010	0.1356	0.0392	0.0964	28.91	71.09	0.0889	0.0614	0.1558	0.0870	0.1605	0.1492
2011	0.1277	0.0378	0.0899	29.60	70.40	0.0908	0.0639	0.1445	0.0866	0.1497	0.1370
2012	0.1537	0.0486	0.1051	31.62	68.38	0.1211	0.0886	0.1788	0.1140	0.1680	0.1574

资料来源：根据各参评省域环境友好准则层面绩效评价得分经计算而得。

由表6-11和图6-16可知，从环境友好准则层面地区区内基尼系数的大小来看，中国呈现出西、东、中部的排列形态。西部地区的地区内省域间的环境友好绩效评价得分差异最大，不均衡程度最高，2006~2011年其基尼系数逐年下降，年均降幅为6.12%，2011~2012年其基尼系数出现大幅回升，增长率达到23.74%；中部地区的基尼系数介于0.0886~0.0614之间，是三大地区中环境友好准则层面地区内差异最小的地区，其基尼系数2006~2010年呈稳定下降趋势，2010~2012年则由降转升，2012年的基尼系数值甚至高于2006年；东部地区地区内基尼系数介于中、西部之间，2006~2009年其基尼系数以年均4.02%的速度下降，2009~2012年则呈稳定上升趋势，年均增幅为14.33%。综合而言，西部地区地区内省域间在环境友好准则层面的非均衡性有一定程度的改善，中部地区和东部地区的地区内非均衡性则进一步扩大。

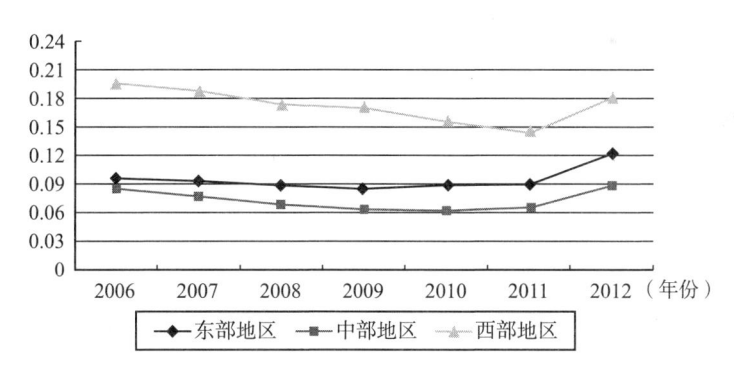

图6-16 参评省域环境友好层面东、中、西部地区内基尼系数变化趋势

资料来源：根据各参评省域环境友好准则层面绩效评价得分经计算而得。

环境友好层面地区间基尼系数的变化情况，如图6-17所示。东西部地区和中西部地区间基尼系数的波动趋势基本相同，2006~2011年为逐年下降期，总降幅分别达到36.39%和36.07%，2012年基尼系数均略有回升。东中部地区间的基尼系数值在2006~2009年逐年下降，2009年之后则呈现波动上升的走势，

2012年其基尼系数达到评价区间内的最大值0.114。总体而言,东西部地区间的差异最大,而东部地区与西部地区间的差异最小;西部地区与东、中部地区间的差异有所改善,而东部地区与中部地区间的差异反而有所扩大。

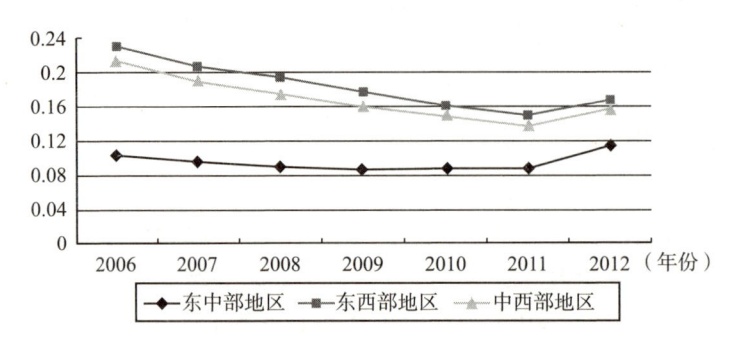

图6-17 参评省域环境友好层面地区间基尼系数变化趋势

资料来源:根据各参评省域环境友好准则层面绩效评价得分经计算而得。

6.4.2 极化程度分析

图6-18清晰地展示了评价区间内总体基尼系数呈波动下降趋势,期末比期初下降了17.5%。极化指数亦呈波动下降趋势,但波动幅度和下降幅度都较小。2006年,极化指数达到最大为0.0349,2012年达到最小值0.0136,下降绝对值为0.0213,总降幅高达61.03%,年均降幅亦达到10.17%。由总体基尼系数与极化指数的波动情况可知,中国环境友好层面的总体差异正在进一步缩小,且各地区在提升自身环境水平方面的竞争关系也在进一步缓和,各地区建设生态文明的氛围更加和谐。

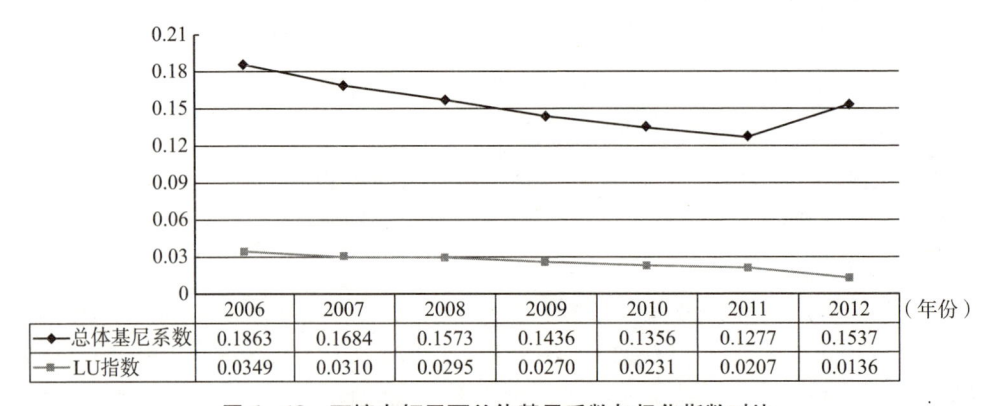

(年份)	2006	2007	2008	2009	2010	2011	2012
总体基尼系数	0.1863	0.1684	0.1573	0.1436	0.1356	0.1277	0.1537
LU指数	0.0349	0.0310	0.0295	0.0270	0.0231	0.0207	0.0136

图6-18 环境友好层面总体基尼系数与极化指数对比

资料来源:根据各参评省域环境友好准则层面绩效评价得分经计算而得。

6.4.3 全局空间自相关分析

在得到参评省域环境友好层面绩效评价得分的基础上，本章通过 GEODA 软件计算得到了评价区间内参评省域环境友好绩效评价得分的 Moran's I 指数。2006~2012 年，中国环境友好层面的 Moran's I 指数分别为 0.5874、0.5865、0.5636、0.5829、0.5932、0.5922 和 0.4905。评价区间内 Moran's I 指数显著为正，最小值亦达到了 0.4905，且通过了 5% 的显著性检验（其 Z 检验值在此不一一列出），表明经济发展方式转变在环境友好层面上显示出显著的正向空间自相关性。

在环境友好层面绩效评价得分均值的 Moran's I 散点图中，浙江、广东、福建、湖南、安徽、广西、云南等 10 个省域位于第一象限，与邻近省域间呈现出 High – High 型的正向空间自相关关系；贵州、上海、天津三个省域位于第二象限，与邻近省域间呈现出 Low – High 型的负向空间自相关关系；辽宁、内蒙古、河北、河南、山西、甘肃、宁夏、新疆等 9 个中、西部省域位于第三象限，与邻近省域间呈现出 Low – Low 型的正向空间自相关关系；黑龙江、吉林、北京等省域位于第四象限，与邻近省域间呈现出 High – Low 型的负向空间自相关关系。山东位于坐标轴的位置，其与邻近省域间不存在显著的空间相关关系，见表 6 – 12。

表 6 – 12　　参评省域环境友好得分均值 Moran's I 散点图分布情况

	High – High 型	Low – High 型	Low – Low 型	High – Low 型	坐标轴
7 年均值	浙江、广东、福建、湖北、湖南、江西、安徽、广西、云南、江苏	贵州、上海、天津	辽宁、内蒙古、河北、河南、山西、甘肃、宁夏、青海、新疆	黑龙江、吉林、陕西、四川、北京	山东

资料来源：根据各参评省域环境友好准则层面绩效评价得分经计算而得。

2006~2007 年，上海从 HH→LH，发生了类型 I 的时空跃迁，北京从 HH→HL，发生了类型 II 的时空跃迁；2008~2009 年，天津从 HH→LH，陕西从 LL→HL，发生了类型 I 的时空跃迁，云南从 HL→HH，发生了类型 II 的时空跃迁；2009~2010 年，江苏从 HH→LH，发生了类型 I 的时空跃迁，云南从 HL→HH，山东从 HH→HL，天津从 LH→LL 发生了类型 II 的时空跃迁；2011~2012 年，山东从 HL→LL，辽宁从 LL→HL，发生了类型 I 的时空跃迁，天津从 LL→LH，发生了类型 II 的时空跃迁。评价区间内其他省域都只发生了类型为 0 的时空跃迁。北京、天津、上海、江苏、山东、云南、辽宁、陕西均脱离了原有的集群范畴，但类型 III 的跃迁并未发生，说明环境友好层面的时空格局演化具有严重的路径依赖性。因篇幅限制，仅列出了 2006 年和 2012 年的 Moran's I 散点图。如图 6-19 和图 6-20 所示。

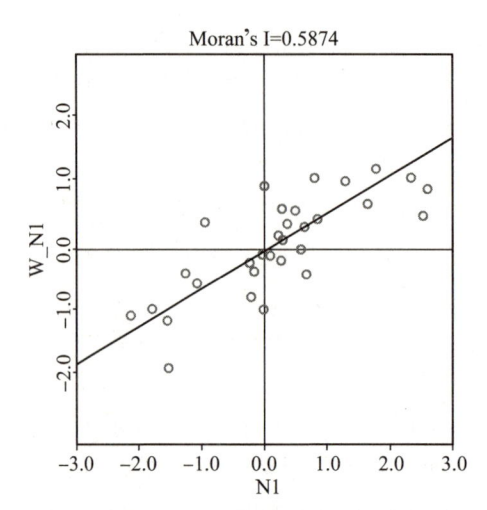

图 6-19　参评省域环境友好得分的 Moran's I 散点图 (2006 年)

资料来源：根据各参评省域环境友好准则层面绩效评价得分经计算而得。

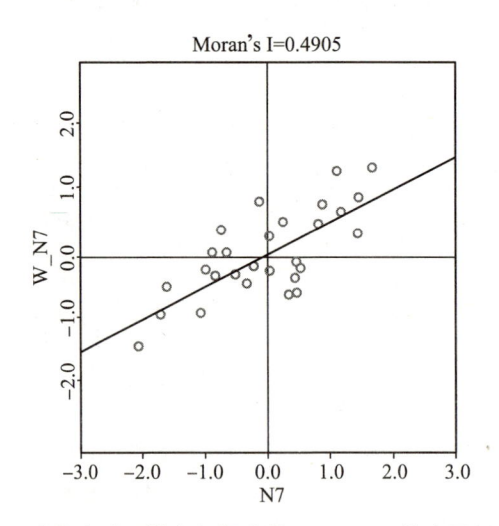

图 6-20　参评省域环境友好得分的 Moran's I 散点图 (2012 年)

资料来源：根据各参评省域环境友好准则层面绩效评价得分经计算而得。

6.4.4　局域空间自相关分析

环境友好准则层面绩效平均得分的 LISA 分析结果，从中可以看出，参评省域环境友好层面的空间关联特征呈现出 High – High、High – Low、Low – Low 三种类型。浙江、福建、广东、江西和湖南呈现出 High – High 型特征,该类型省域与周边省域的环境友好评价得分均较高,彼此间呈现出正向空间相关性,是全样本范围内环境友好层面的绩效"高地";新疆、内蒙古、青海、甘肃、宁夏呈 Low – Low 型特征,其与周边省域的环境友好评价得分均较低,是全样本范围内环境友好的绩效"洼地"。四川与陕西呈现 High – Low 型特征,其环境友好评价得分较高,且同其周边相邻省域呈现出显著负相关的关联特征,相对而言,同周边省域的空间差异在所有省域中最大。上述省域均通过了 5% 以上的 LISA 显著性水平检验。

6.5 自主创新绩效层面

参评省域经济发展方式转变自主创新层面绩效评价得分(2006 ~ 2012 年均值)的空间分布四分位分析结果显示,按绩效评价得分高低可将各参评省域划分为四个排列级别。位于第四级排列的省域有 7 个,分别为北京、天津、上海、江苏、浙江、广东、陕西,是全样本范围内自主创新绩效评价得分最高的一类地区,除陕西外均位于东部地区;第一级排列地区由新疆、青海、内蒙古、宁夏、云南、广西和贵州组成,该 7 个省域则均位于西部地区,属于全样本范围内自主创新水平最低的地区;第二级排列和第三级排列地区主要由中部省域和部分东、西部省域组成。整体而言,自主创新层面的评价得分存在着显著的地域特征,东部省域的自主创新水平最高,中部省域的自主创新水平居中,西部省域的自主创新水平最低。

2012 年和 2006 年相比,第一级排列和第四级排列地区的省域构成变化较小:江西替代内蒙古进入第一级排列地区;山东则取代辽宁进入第四级排列地区。第二级排列和第三级排列地区的省域构成在评价区间内产生了一定程度的改变:第二级排列地区新增了内蒙古、吉林,减少了安徽和江西;辽宁和安徽分别从第四级排列和第二级排列地区变动至第三级排列地区。由此可以推知,山东、安徽、内蒙古等省域在自主创新领域的发展速度相对较快,因而变动至等级更高的排列地区;江西、吉林、辽宁等在自主创新领域发展相对滞后,见表 6 – 13。

表6-13　　2006年和2012年各参评省域自主创新得分四分位图分布情况

年份	第一级排列地区	第二级排列地区	第三级排列地区	第四级排列地区
2006	新疆、青海、内蒙古、宁夏、云南、贵州、广西	河北、河南、山西、安徽、甘肃、湖南、江西	黑龙江、吉林、山东、陕西、湖北、福建、四川	北京、天津、上海、江苏、浙江、广东、辽宁
2012	新疆、青海、宁夏、云南、贵州、广西、江西	内蒙古、吉林、河北、河南、山西、甘肃、湖南	黑龙江、辽宁、陕西、安徽、湖北、福建、四川	北京、天津、山东、上海、江苏、浙江、广东

资料来源：根据各参评省域自主创新准则层面绩效评价得分经计算而得。

6.5.1　空间差异分析

评价区间内，参评省域自主创新准则层面总体基尼系数最大值为0.5108，最小值为0.4598，波动幅度为9.98%。2006~2008年，总体基尼系数逐年攀升，但增长幅度较小。2008年之后，总体基尼系数逐年递减，年均降幅为2.50%。就总体基尼系数的分解结果而言，中国各地区在自主创新层面的差异仍主要由地区间的差异构成，其对于总体基尼系数的贡献率最低为74.34%，最高时达到了77.73%，而地区区内差异的平均贡献率仅为23.97%，见表6-14。

表6-14　　基尼系数及其贡献度分解结果（自主创新准则层面绩效评价得分）

年份	总体	贡献度 地区内	贡献度 地区间	贡献率（%）地区内	贡献率（%）地区间	地区内差异 东部	地区内差异 中部	地区内差异 西部	地区间差异 东中部	地区间差异 东西部	地区间差异 中西部
2006	0.4973	0.1276	0.3697	25.66	74.34	0.4236	0.1465	0.2446	0.5487	0.6375	0.2514
2007	0.5052	0.1272	0.3780	25.18	74.82	0.4150	0.1520	0.2565	0.5636	0.649	0.2560
2008	0.5108	0.1265	0.3843	24.77	75.23	0.4073	0.1529	0.2645	0.5675	0.6574	0.2675
2009	0.4904	0.1186	0.3718	24.18	75.82	0.3846	0.1346	0.2562	0.5474	0.6392	0.2609
2010	0.4803	0.1118	0.3685	23.28	76.72	0.3550	0.1408	0.2578	0.5343	0.6332	0.2717
2011	0.4732	0.1064	0.3668	22.49	77.51	0.3305	0.1464	0.2566	0.5195	0.6315	0.2766
2012	0.4598	0.1024	0.3574	22.27	77.73	0.3065	0.1544	0.2756	0.4971	0.6157	0.286

资料来源：根据各参评省域自主创新准则层面绩效评价得分经计算而得。

由表6-14和图6-21可知，以自主创新准则层面地区内基尼系数的大小来排序，依次为东部、西部、中部。东部地区区内省域间的自主创新评价得分差异最大，不均衡程度最高，评价区间内其基尼系数呈稳定下降趋势，年均降幅为4.61%；西部地区区内基尼系数介于东、中部地区之间，2006~2008年，其基尼系数以年均4.07%的速度小幅上升，2008~2012年则呈波动上升趋势，但增长幅度较小，总增幅仅为4.20%；中部地区的基尼系数介于0.1346~0.1544之间，是三大地区中自主创新准则层面区内差异最小的地区，其基尼系数先降后升，期末水平与期初水平基本持平。综合而言，东部地区在自主创新层面的非均衡性有较大改善，西部地区区内省域间的差异有进一步扩大的趋势，中部地区的区内差异维持在一个稳定的水平。

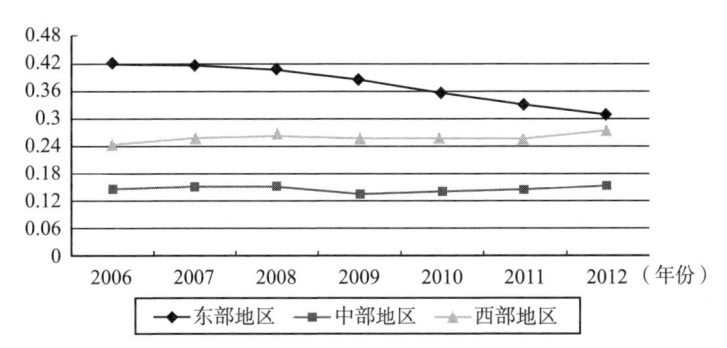

图 6-21　中国自主创新层面东、中、西部地区内基尼系数变化趋势

资料来源：根据各参评省域自主创新准则层面绩效评价得分经计算而得。

自主创新层面地区间基尼系数的变化情况，如图 6-22 所示。东西部地区间和中西部地区间基尼系数的走势基本保持一致，2006~2008 年，基尼系数小幅上升，总增幅分别为 3.12% 和 3.43%，2008~2012 年，两者的基尼系数均呈稳定下降趋势，东中部地区的年均降幅为 3.10%，高于东西部地区 1.59% 的年均降幅。中西部地区间的基尼系数介于 0.2514~0.286 之间，除 2009 年略有下降之外总体呈上升趋势，总增幅为 13.76%。总体而言，东西部地区间的差异最大，而中部地区与西部地区间的差异最小；东部地区与中、西部地区间的非均衡性有所下降，而中西部地区间的差异反而略有扩大。

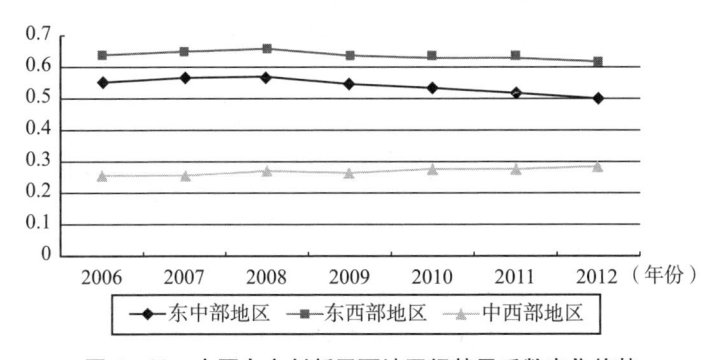

图 6-22　中国自主创新层面地区间基尼系数变化趋势

资料来源：根据各参评省域自主创新准则层面绩效评价得分经计算而得。

6.5.2 极化程度分析

评价区间内总体基尼系数呈现先升后降的趋势，期末与期初相比下降了7.54%。反观极化指数，其变化趋势与总体基尼系数明显不同。2006~2012年，极化指数逐年增加，由2006年的0.0878增长至2012年的0.2065，增长绝对值为0.1187，年均增幅为22.53%，总增幅达到135.19%。由总体基尼系数与极化指数的变化趋势可知，中国自主创新层面的地区总体差异略有缩小，但各地区在提高自身创新能力方面的竞争关系正在不断激化，见图6-23。

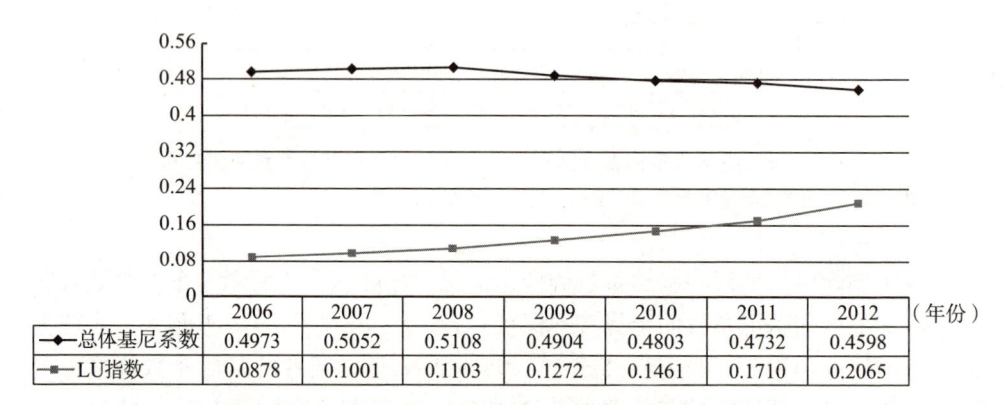

（年份）	2006	2007	2008	2009	2010	2011	2012
总体基尼系数	0.4973	0.5052	0.5108	0.4904	0.4803	0.4732	0.4598
LU指数	0.0878	0.1001	0.1103	0.1272	0.1461	0.1710	0.2065

图6-23 自主创新层面总体基尼系数与极化指数对比

资料来源：根据各参评省域自主创新准则层面绩效评价得分经计算而得。

6.5.3 全局空间自相关分析

在得到参评省域自主创新准则层面绩效评价得分的基础之上，本章通过GEODA软件计算得到了评价区间内参评省域自主创新绩效评价得分的Moran's I指数。2006~2012年，省域自主创新层面的Moran's I指数分别为0.2027、0.2159、0.2284、0.2462、0.2811、0.3300和0.3509。评价区间内Moran's I指数均为正，最小值为0.2027，最大值为0.3509，且通过了5%的显著性检验（其Z检验值在此不一一列出），表明经济发展方式转变在自主创新层面上显示出显著的正向空间自相关性。

由自主创新得分均值的Moran's I散点图分布表可知，北京、天津、上海、浙江、江苏位于第一象限，与邻近省域间呈现出High-High型的正向空间自相关关系；河北、福建、安徽、江西4个省域位于第二象限，与邻近省域间呈现出Low-High型的负向空间自相关关系；山西、山东、新疆、广西、甘肃、贵州等

16个省域位于第三象限,与邻近省域间呈现出 Low – Low 型的正向空间自相关关系;广东位于第四象限,与邻近省域间呈现出 High – Low 型的负向空间自相关关系。陕西与辽宁分布于坐标轴之上,其与邻近省域间不存在显著的空间相关关系,见表 6 – 15。

表 6 – 15　　　　参评省域自主创新得分均值 Moran's I 散点图分布情况

	High – High 型	Low – High 型	Low – Low 型	High – Low 型	坐标轴
历年均值	北京、天津、上海、浙江、江苏	河北、福建、安徽、江西	山西、山东、新疆、广西、甘肃、贵州、云南、湖北、宁夏、河南、黑龙江、吉林、内蒙古、青海、湖南、四川	广东	陕西、辽宁

资料来源:根据各参评省域自主创新准则层面绩效评价得分计算而得。

2006~2012 年,除山东从 LL→HH,发生了类型为Ⅲ的时空跃迁外,评价区间内其他省域都只发生了类型为 0 的时空跃迁。由此表明,山东脱离了其原有的集群范畴,其他省域均未能脱离其原有的集群范畴,在自主创新层面的时空格局演化过程中表现出高度的空间稳定性,路径依赖十分严重。因篇幅限制,仅列出 2006 年和 2012 年的 Moran's I 散点图,如图 6 – 24 和图 6 – 25 所示。

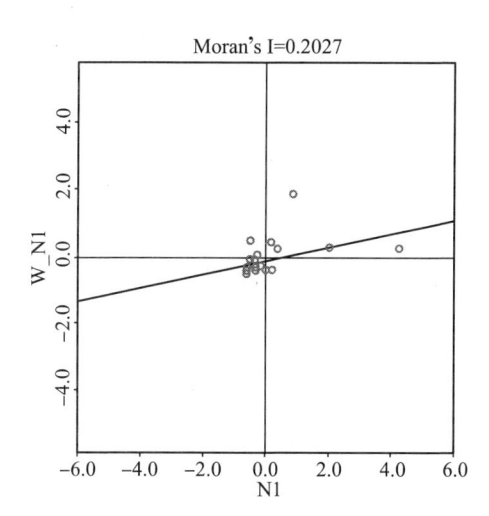

图 6 – 24　参评省域自主创新得分的 Moran's I 散点图(2006 年)

资料来源:根据各参评省域自主创新准则层面绩效评价得分计算而得。

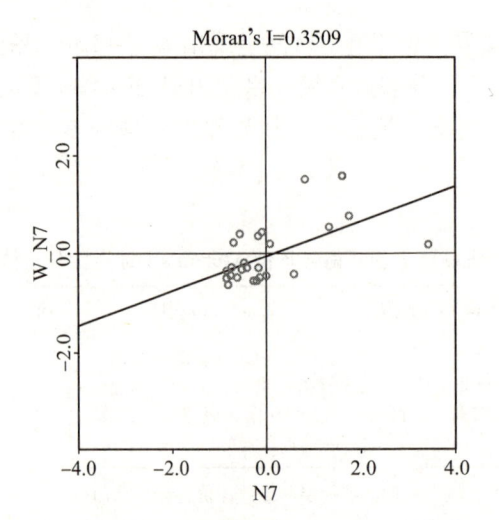

图 6-25　参评省域自主创新得分的 Moran's I 散点图（2012 年）

资料来源：根据各参评省域自主创新准则层面绩效评价得分计算而得。

6.5.4　局域空间自相关分析

基于参评省域自主创新准则层面绩效平均得分的 LISA 分析结果，从中可以看出，参评省域自主创新准则层面的空间关联特征仅呈现出 Low – Low 一种类型。通过 Moran's I 全局空间自相关检验的 16 个 Low – Low 型省域中，仅广西和甘肃通过 LISA 显著性检验呈 Low – Low 型特征。该类型省域的自主创新绩效评价得分较低，其邻近省域的自主创新绩效水平同样较低，彼此间呈现出正向空间相关性，是全样本范围内自主创新的绩效"洼地"，其自主创新水平亟待提升。上述两省域均通过了 5% 的 LISA 显著性水平检验。

6.6　生活质量绩效层面

参评省域经济发展方式转变生活质量层面绩效评价得分（2006～2012 年均值）的空间分布四分位分析结果显示，按绩效评价得分高低可将各参评省域划分为四个排列级别。第一级排列地区由四川、云南、贵州、广西、湖南、江西和安徽组成，该 7 个省域均位于中部地区和西部地区，是生活质量评价得分较低的一类地区；第四级排列地区由北京、天津、上海、江苏、浙江、广东和辽宁组成，该排列的省域均来自东部地区，是生活质量绩效评价得分最高的一类地区。总体而言，生活质量层面的绩效评价水平并没有显示出明显的地区分布特征。

期末年份与期初年份相比，湖南替代甘肃进入第一级排列地区；辽宁则取代山西进入第四级排列地区，这两级排列地区其他6个省域未发生变化。第二级排列地区新增了甘肃、宁夏、黑龙江，减少了青海、湖南和福建；第三级排列地区则增加了青海、山西和福建，减少了黑龙江、辽宁和宁夏，见表6-16。

表6-16　2006年和2012年各参评省域生活质量得分四分位图分布情况

年份	第一级排列地区	第二级排列地区	第三级排列地区	第四级排列地区
2006	甘肃、四川、云南、贵州、广西、江西、安徽	内蒙古、青海、河北、河南、湖北、湖南、福建	新疆、黑龙江、吉林、辽宁、陕西、宁夏、山东	北京、天津、上海、江苏、浙江、广东、山西
2012	四川、云南、贵州、广西、湖南、江西、安徽	内蒙古、甘肃、宁夏、黑龙江、河北、河南、湖北	新疆、青海、吉林、陕西、山西、山东、福建	北京、天津、上海、江苏、浙江、广东、辽宁

资料来源：根据各参评省域生活质量准则层面绩效评价得分计算而得。

6.6.1　空间差异分析

2006～2012年，参评省域生活质量准则层面总体基尼系数最大值为0.2065，最小值为0.1174，波动幅度为43.34%。总体基尼系数在评价区间内呈现下降—上升—下降—上升—下降的波动形态，上升幅度均较小，总体呈下降趋势，年均降幅为7.22%。观察总体基尼系数的分解结果可知，中国各地区在生活质量层面的差异仍主要由地区间的差异构成，其对于总体基尼系数的平均贡献率达到74.53%，最高时达到75.81%，而三大地区的地区内差异的最高贡献率仅为27.70%，见表6-17。

表6-17　基尼系数及其贡献度分解结果（生活质量准则层面绩效评价得分）

年份	总体	贡献度		贡献率（%）		地区内差异			地区间差异		
		地区内	地区间	地区内	地区间	东部	中部	西部	东中部	东西部	中西部
2006	0.2065	0.0532	0.1533	25.76	74.24	0.1828	0.1152	0.1266	0.2383	0.274	0.1320
2007	0.1910	0.0497	0.1413	26.02	73.98	0.1780	0.0887	0.1236	0.2229	0.2579	0.1151
2008	0.1939	0.0497	0.1442	26.63	74.37	0.1805	0.0913	0.1192	0.2378	0.2605	0.1131
2009	0.1520	0.0421	0.1099	27.70	72.30	0.1527	0.0906	0.1029	0.1867	0.1923	0.0996

续表

年份	总体	贡献度 地区内	贡献度 地区间	贡献率（%）地区内	贡献率（%）地区间	地区内差异 东部	地区内差异 中部	地区内差异 西部	地区间差异 东中部	地区间差异 东西部	地区间差异 中西部
2010	0.1592	0.0392	0.1200	24.62	75.38	0.1520	0.0762	0.0830	0.2153	0.2176	0.0819
2011	0.1480	0.0358	0.1122	24.19	75.81	0.1415	0.0561	0.0833	0.2061	0.2034	0.0745
2012	0.1174	0.0286	0.0888	24.36	76.64	0.1157	0.0467	0.0660	0.1664	0.1601	0.0608

资料来源：根据各参评省域生活质量准则层面绩效评价得分计算而得。

以生活质量准则层面地区内基尼系数的大小来看，呈现出东、西、中部的排列形态。东部地区区内各省域在生活质量准则层面的非均衡程度最高，其绩效评价得分差异亦最大，除2008年略有回升之外，评价区间内东部地区区内基尼系数均呈稳定下降趋势，年平均降幅为6.12%；中部地区的基尼系数介于0.1152~0.0467之间，是三大地区中生活质量层面区内差异最小的地区，中部地区区内基尼系数的变化趋势与东部地区极为相似，总体呈持续下降趋势，2008年略有小幅回升，年均降幅为9.91%；西部地区的区内基尼系数介于东、中部之间，总体亦呈稳定的下降趋势，年均降幅为7.98%。综合而言，东、中、西部地区区内省域间在生活质量层面的差异均有一定程度改善，中部地区非均衡性改善速度最快，东部地区非均衡性改善速度相对最慢，如图6-26所示。

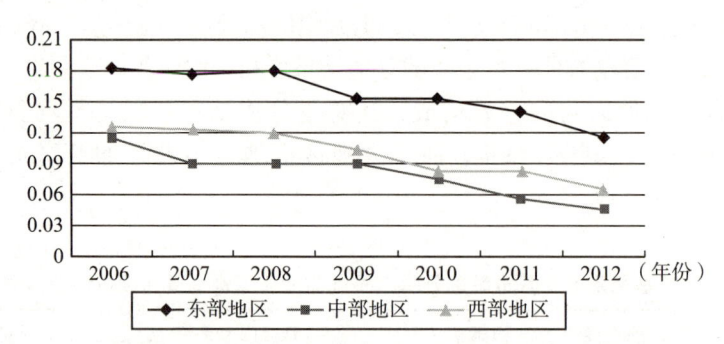

图6-26 参评省域生活质量层面东、中、西部地区内基尼系数变化趋势

资料来源：根据各参评省域生活质量准则层面绩效评价得分计算而得。

生活质量准则层面地区间基尼系数的变化情况为，东西部地区和东中部地区间基尼系数的波动趋势基本相同，2006年其基尼系数值最高，分别为0.274和0.2383，2012年两者的基尼系数均达到最低值，分别为0.1601和0.1664，评价区间内，东西部地区间基尼系数的年平均下降幅度为6.93%，略高于东中部地区5.03%的年均降幅。中西部省域间的基尼系数呈下降态势，总降幅达到53.94%，年均降幅亦达到8.99%。总体而言，东西部地区间的差异最大，而中部地区与西部地区间的差异最小；三大地区的地区间非均衡性均有所改善，见图6-27。

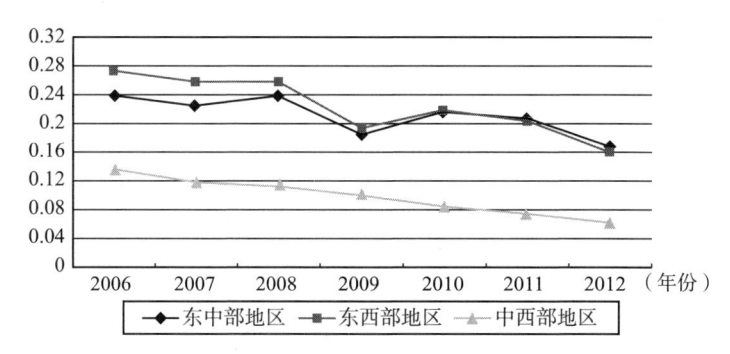

图6-27 参评省域生活质量层面地区间基尼系数变化趋势

资料来源：根据各参评省域生活质量准则层面绩效评价得分经计算而得。

6.6.2 极化程度分析

图6-28清晰地展示了评价区间内总体基尼系数和极化指数的波动趋势。总体基尼系数在评价区间内总体呈下降趋势，期末比期初下降了43.34%。极化指数的变化趋势与此不同，2006~2009年，极化指数以年均15.96%的增长幅度递增，2009年极化指数为0.0525，是评价区间内的最大值。2009~2012年，极化指数呈波动下降趋势，年均降幅为4.95%，期末的极化指数为0.0447，略高于期初的0.0355，期末比期初增长了25.92%。由此推知，参评省域生活质量层面的非均衡性正在进一步改善，但各地区对民生建设资源的竞争更为激烈，可能会对提升总体民生水平产生一定程度的阻碍作用。

年份	2006	2007	2008	2009	2010	2011	2012
总体基尼系数	0.2065	0.191	0.1939	0.152	0.1592	0.148	0.1174
LU指数	0.0355	0.0379	0.0447	0.0525	0.0480	0.0509	0.0447

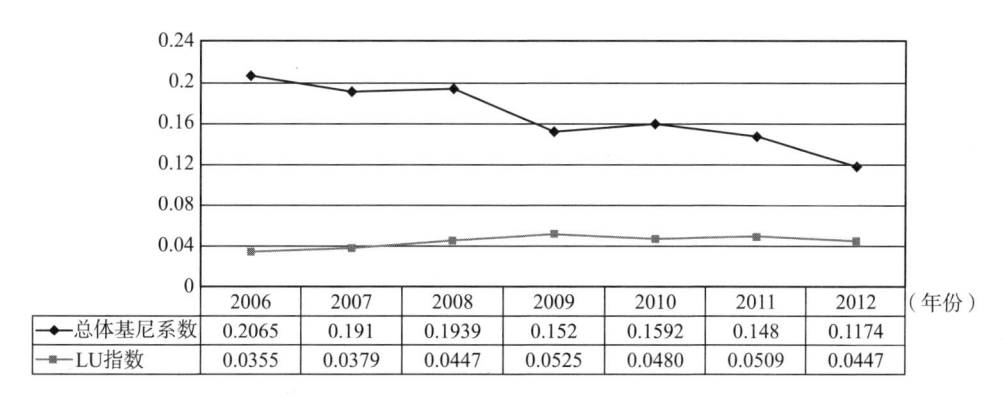

图6-28 生活质量层面总体基尼系数与极化指数对比

资料来源：根据各参评省域生活质量指标层面绩效评价得分经计算而得。

6.6.3 全局空间自相关分析

在得到参评省域生活质量准则层面绩效评价得分的基础之上，本章通过 GEODA 软件计算得到了评价区间内参评省域生活质量绩效得分的 Moran's I 指数。2006~2012 年，参评省域生活质量层面的 Moran's I 指数分别为 0.3698、0.3291、0.3249、0.2890、0.3288、0.3477 和 0.3453。评价区间内 Moran's I 指数均显著为正，最小值为 0.2890，最大值为 0.3698，且通过了5%的显著性检验（其 Z 检验值在此不一一列出），表明经济发展方式转变在生活质量层面上显示出显著的正向空间自相关性。

由生活质量层面绩效评价得分均值的 Moran's I 散点图分布表可知，北京、天津、上海、浙江、江苏位于第一象限，与邻近省域间呈现出 High – High 型的正向空间自相关关系；河北与福建位于第二象限，与邻近省域间呈现出 Low – High 型的负向空间自相关关系；广西、甘肃、贵州、云南、湖北等 16 个省域位于第三象限，与邻近省域间呈现出 Low – Low 型的正向空间自相关关系；广东、辽宁、山西和新疆位于第四象限，与邻近省域间呈现出 High – Low 型的负向空间自相关关系。吉林位于坐标轴之上，其与邻近省域间不存在显著的空间相关关系，见表 6 – 18。

表 6 – 18　参评省域生活质量得分均值 Moran's I 散点图分布情况

年份	High – High 型	Low – High 型	Low – Low 型	High – Low 型	坐标轴
历年均值	北京、天津、上海、浙江、江苏	河北、福建	广西、甘肃、贵州、云南、湖北、河南、黑龙江、内蒙古、陕西、青海、湖南、四川、江西、山东、宁夏、安徽	广东、辽宁、山西、新疆	吉林

资料来源：根据各参评省域生活质量准则层面绩效评价得分计算而得。

2008~2009 年，内蒙古从 LL→HL，发生了类型 I 的时空跃迁，黑龙江从 LL→LH，辽宁从 HL→HH，发生了类型 II 的时空跃迁；2009~2010 年，内蒙古从 HL→LL，发生了类型 I 的时空跃迁，辽宁从 HH→HL，黑龙江从 LH→LL，发生了类型 II 的时空跃迁；吉林从 HH→LL，发生了类型 III 的时空跃迁；2010~2011 年，山西从 HL – LL，发生了类型 I 的时空跃迁；2011~2012 年，青海从 LL – HL，发生了类型 I 的时空跃迁。评价区间内其他省域都只发生了类型为 0 的时空跃迁。

吉林、山西和青海脱离了原有的集群范畴，内蒙古、黑龙江和辽宁虽发生了时空跃迁，但并未脱离原有的集群范畴，说明生活质量层面大多数省域的时空格局演化具有严重的路径依赖性。因篇幅限制，仅列出 2006 年和 2012 年的 Moran's I 散点图，如图 6-29 和图 6-30 所示。

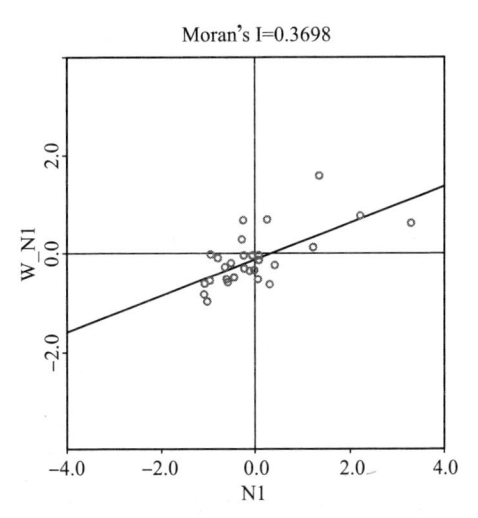

图 6-29　参评省域生活质量得分的 Moran's I 散点图 (2006 年)
资料来源：根据各参评省域生活质量准则层面绩效评价得分计算而得。

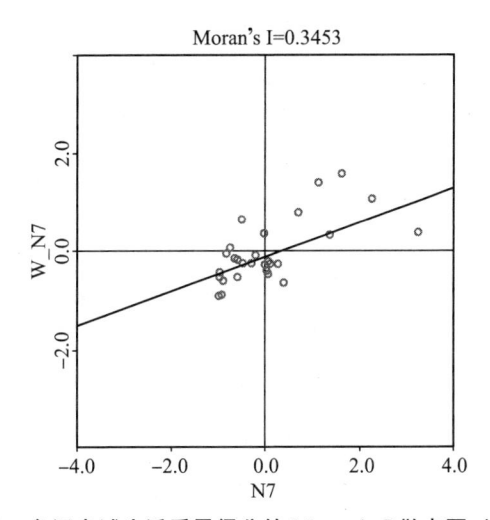

图 6-30　参评省域生活质量得分的 Moran's I 散点图 (2012 年)
资料来源：根据各参评省域生活质量准则层面绩效评价得分计算而得。

6.6.4　局域空间自相关分析

基于参评省域生活质量绩效平均得分的 LISA 分析结果，从中可以看出，参评省域生活质量准则层面的空间关联特征呈现出 High - Low、Low - High 和 Low - Low 三种类型。广东呈现 High - Low 型特征，其生活质量评价得分较高，但与周边相邻省域呈现出显著负相关的关联特征；河北呈现 Low - High 型特征，其生活质量准则层面评价得分较低，而周边相邻省域的生活质量评价得分较高，两者呈显著的空间负相关特征；通过 Moran's I 全局空间自相关检验的 16 个 Low - Low 型省域中，仅四川、云南、贵州、湖南、湖北通过 LISA 显著性检验。该类型省域的生活质量绩效评价得分较低，其邻近省域的生活质量绩效水平同样较低，彼此间呈现出正向空间相关性，是全样本范围内生活质量的绩效"洼地"，其民生建设水平亟待提升。上述省域均通过了 5% 以上的 LISA 显著性水平检验。

6.7 统筹省域经济发展方式转变进程的思路

6.7.1 以自主创新能力提升为重点，有序推进统筹协调工作

根据前述分析可知，经济发展方式转变的各准则层评价得分均存在显著的空间差异，各省域经济发展方式转变总体及各个准则层面绩效评价得分均值的空间四分位情况，如表 6-19 所示。其不均衡态势的表现程度各异，如表 6-20 所示，按其空间差异大小依次为自主创新准则层面、经济增长准则层面、生活质量准则层面、环境友好准则层面和经济结构准则层面。因而，当前应以自主创新能力提升为重点，有序推进统筹协调工作。

表 6-19 总体及五大层面省域经济发展方式转变绩效评价得分均值四分位图分布情况

层面	第一级排列地区	第二级排列地区	第三级排列地区	第四级排列地区
总体层面	新疆、青海、甘肃、宁夏、云南、贵州、广西	内蒙古、河北、山西、河南、安徽、江西、湖南	黑龙江、吉林、辽宁、山东、陕西、湖北、四川	北京、天津、江苏、上海、浙江、福建、广东
经济增长	甘肃、四川、云南、贵州、广西、河南、江西	河北、山西、安徽、湖南、新疆、青海、宁夏	山东、福建、广东、黑龙江、吉林、湖北、陕西	北京、天津、上海、江苏、浙江、内蒙古、辽宁
经济结构	新疆、甘肃、内蒙古、云南、贵州、湖南、河南	黑龙江、吉林、河北、安徽、贵州、青海、宁夏	辽宁、山西、陕西、四川、山东、江西、湖北	北京、天津、上海、江苏、浙江、福建、广东

续表

层面	第一级排列地区	第二级排列地区	第三级排列地区	第四级排列地区
环境友好	新疆、内蒙古、青海、甘肃、宁夏、陕西、贵州	辽宁、河北、天津、江苏、上海、河南、陕西	吉林、北京、山东、安徽、湖北、四川、云南	黑龙江、浙江、福建、江西、湖南、广东、广西
自主创新	新疆、青海、内蒙古、宁夏、云南、广西、贵州	吉林、河北、山西、河南、甘肃、湖南、江西	黑龙江、辽宁、山东、安徽、湖北、福建、四川	北京、天津、上海、江苏、浙江、广东、陕西
生活质量	四川、云南、贵州、广西、湖南、江西、安徽	黑龙江、河北、河南、湖北、青海、甘肃、宁夏	新疆、内蒙古、吉林、陕西、山西、山东、福建	北京、天津、上海、江苏、浙江、广东、辽宁

资料来源：根据各参评省域经济发展方式转变绩效评价得分计算整理而得。

表 6-20　　　　　　　　各准则层面的基尼系数平均值

准则层面	经济增长	经济结构	环境友好	自主创新	生活质量
基尼系数	0.2947	0.1172	0.1532	0.4881	0.1669

资料来源：根据各参评省域经济发展方式转变绩效评价得分计算整理而得。

1. 自主创新准则层面

自主创新准则层面的基尼系数均值在所有准则层中最高，表明各省域在自主创新领域的空间差异最为显著。因此，应将自主创新层面作为五大准则层面中的重点层面进行统筹协调。在自主创新领域中，新疆、青海、内蒙古、宁夏、云南、广西和贵州等省域的自主创新水平最低，这些省域均位于西部地区，经济发展水平整体落后于中东部地区。产业规模小、技术水平滞后、财政收入低、科研资金和高水平人才匮乏是该类省域共同面临的问题。要提升这些省域的自主创新水平，一方面，要提升经济发展水平，扩大产业规模，以此来增加自主创新的驱动力；另一方面，要加大财政扶持和人才输送力度，为提升西部省域的自主创新水平创造有利条件。北京、天津、上海、江苏、浙江、广东和陕西等省域的自主创新水平相对较高，该类型省域应该充分利用自身的创新水平优势，加快自主创新成果向生产领域的转化进程，将创新成果转变为现实的生产力，构建产学研互相促进的良性循环，并积极推进面向自主创新相对落后地区的技术扶持和人才扶持，缩小自主创新层面的空间差异。

2. 经济增长准则层面

从基尼系数均值来看，各省域在经济增长层面的空间差异仅次于自主创新层面。甘肃、四川、云南、贵州、广西、河南和江西等7个省域的经济增长综合评价得分最低。这些省域全部位于西部地区和中部地区，因为地理位置、自然资源储量、人口总量等客观因素的限制，这些省域的经济发展水平相对落后，经济增长的驱动力不足。该类型省域应从内外两个层面着手来提升经济增长水平，一是充分发掘本省域内独特的发展资源，形成新的经济增长点；二是依靠先进地区的技术对接、产业转移和人才输送来促进本省域的经济增长。北京、天津、上海、江苏、浙江、内蒙古和辽宁的经济增长水平相对较高，该类型省域应该继续实施技术创新推动经济发展的战略，提升产品的技术含量，提升资源的利用效率，实现经济发展的低碳化、绿色化。

3. 生活质量准则层面

各省域在生活质量准则层面的空间差异小于经济增长准则层面，如何实现生活质量层面的统筹协调发展也是推进省域经济发展方式转变的工作重点之一。四川、云南、贵州、广西、湖南、江西和安徽的生活质量综合评价得分最低。中央财政投入应更多地倾向于此类地区，增加这些省域的民生建设和社会保障支出，帮助其建立起更为完善的生活质量系统。北京、天津、辽宁、浙江、上海、江苏和广东的生活质量综合评价得分较高，应该充分利用其现有优势，不断积累经验和完善现有的生活质量体系，为民生建设相对落后的地区提供可推广和借鉴的民生建设模式。

4. 环境友好准则层面

环境友好准则层面的基尼系数均值较小，表明在该层面各省域的空间差异亦较小。新疆、内蒙古、青海、甘肃、宁夏、陕西和贵州等7个省域的综合评价得分最低，说明这些省域的生态环境质量水平较低。这些省域当前的工作重点是减少生产和生活污染物的排放量，加强对已污染区域的治理力度，加强生态环境保护工作的宣传力度，积极推广绿色生产、绿色生活理念。黑龙江、浙江、福建、江西、湖南、广东和广西7个省域的环境友好综合评价得分较高，表明这些省域的生态环境质量水平亦较高。该类型省域都有良好的自然环境基础，森林覆盖率较高且水系发达，其在生态环境保护领域积累了一定的工作经验。下一阶段其工作重点主要包括继续加大对生态环境的保护力度，总结本地区的环境治理经验并积极帮助落后省域实现环境友好水平的提升，实现生态环境与经济发展的共同进步。

5. 经济结构准则层面

经济结构准则层面的基尼系数均值在所有准则层中最小，表明该准则层的各省域间的空间差异亦最小。新疆、甘肃、内蒙古、云南、广西、湖南和河南等 7 个省域的经济结构综合评价得分最低，这些省域长期以来形成的资源消耗型、传统工业主导型格局未有大的改变，经济结构调整的进程相对滞后。下一阶段的工作重点主要包括合理配置第一产业、第二产业、第三产业的比重，加快运用高新技术和先进适用技术、现代管理技术改造提升传统产业，加快发展战略性新兴产业及现代服务业。北京、天津、上海、江苏、浙江、福建和广东的经济结构综合评价得分较高，其经济结构相对较为合理。但这些省域仍应立足于当前的经济结构基础，结合本省域的地理、资源、人才优势，进一步提升本省域的经济结构水平。

6.7.2 以东、中、西部三大区域间差距为调控重点，促进区域协同发展

前述分析结果表明，就基尼系数的分解情形而言，无论是省域经济发展方式转变综合评价得分，抑或是各准则层绩效评价得分，其空间差异均主要表现为东、中、西部之间的区域差距，地区间基尼系数贡献度占总体基尼系数比重均在 70% 以上，而区域内部基尼系数的贡献度均小于 30%。因此，调控重点应以东、中、西部三大区域间的差距为主，之后才是三大区域各自的区内差距。

由表 6-21 可知，从省域经济发展方式转变的地区间基尼系数贡献率来看，东部地区与西部地区之间的经济发展方式转变差距最大，之后为东部地区与中部地区之间的差距，中西部地区之间的差距最小，故而调控重点应放在东部地区与西部地区之间的差距上。在经济增长准则层面，东部地区和西部地区之间的差距最大，其基尼系数对地区间基尼系数的贡献率达到了 43.67%，之后为东部与中部之间的差距，其基尼系数贡献率为 36.69%，中西部之间的差距亦为最小。在经济结构、自主创新和生活质量三个准则层面，地区间的差距也表现出相似的特征，东部地区与西部地区之间的差距最大，东部地区和中部地区间的差距次之，中西部地区之间的差距最小。在环境友好准则层面，东部地区和西部地区间的差距仍为最大，之后为中部地区和西部地区的差距，而东中部地区之间的差距最小。因此，无论是从总体层面还是从经济增长、经济结构、环境友好、自主创新、生活质量等准则层面考虑，均应把调控重点放在缩小东部与西部之间的差距上，通过统筹缩小地区间的经济发展方式转变差异，达到促进地区均衡发展的目标。

表 6-21　　　　　　　　总体及五大层面基尼系数贡献率对比

贡献率	地区间（%）	地区内（%）	东中部（%）	东西部（%）	中西部（%）
总体层面	78.74	21.26	38.08	47.69	14.23
经济增长	76.64	23.36	39.69	43.67	16.64
经济结构	76.67	23.33	37.55	44.80	17.64
环境友好	71.48	28.52	21.01	41.26	37.73
自主创新	76.03	23.97	37.36	44.14	18.50
生活质量	74.53	25.47	39.65	42.13	18.22

资料来源：根据各参评省域经济发展方式转变绩效评价得分计算整理而得。

6.7.3　因地制宜，实施区域分类指导

由于各地区、各省域在地理位置、资源禀赋、产业基础等方面存在着客观差异，因此，在协调省域经济发展方式转变的进程中需要因地制宜，根据各地区的具体情况实施分类指导，提出符合地区实际的发展建议。

1. 经济发展方式转变绩效领先地区

北京、天津、江苏、上海、浙江、福建、广东、辽宁、山东等东部省域无论是总体层面的评价得分，还是准则层面的评价得分均处于领先水平。这些省域多位于东部沿海地区，地理位置优越，基础设施完善，经济和产业发展相对成熟，其在推进经济发展方式转变上占据先导优势。经济发展方式转变领先地区应从三个方面开展工作：首先，应确立发展目标，在世界范围内选择与本地区基本情况相似但在经济发展方式转变领域成绩斐然的地区作为赶超对象，学习发达地区的成功经验，通过模仿与创新相结合的策略实现经济发展方式的进一步转变；其次，要实现本地区经济发展方式的均衡转变，既要在富有传统优势的经济增长、结构优化、科技创新和民生建设领域保持发展速度，更应该加大对资源环境保护等弱势领域的建设投入，实现经济发展方式转变的全方位、多层次、均衡发展；最后，应充分总结梳理自身的经济发展方式转变经验，通过产业转移、技术扶持、人才输送等途径带动欠发达地区实现经济发展方式转变。

2. 经济发展方式转变绩效追赶地区

该类型地区主要位于中西部，包括黑龙江、吉林、陕西、湖北、四川、山西、河南、安徽、江西、湖南等，所包括的省域数量最多，是中国经济发展的重要腹地，对实现全国经济发展方式的顺利转型意义重大。经济发展方式转变追赶地区主要可以从两大方面制定发展战略：第一，要以技术创新和

产业升级为突破点，重塑本地区长期以来形成的资源消耗型、传统工业主导型经济格局，充分利用本地区固有的产业基础、矿藏储备、人才资源和旅游资源，大力发展科技农业、新兴制造业、现代服务业和特色旅游业，打造本地区独有的经济发展新模式；第二，要认清本地区在全国经济发展战略中的功能定位，充分发挥自身在经济发展方式转变中的"承接区"作用，在贯彻实施国家"中部崛起"等战略的基础上，做好东部先进地区产业、技术转移的承接工作，积极帮扶西部经济发展方式转变绩效相对落后地区，加强本地区经济、技术、人才对这些地区的辐射作用。

3. 经济发展方式转变绩效相对落后地区

新疆、青海、甘肃、宁夏、云南、贵州、广西等省域位于西部地区，其经济发展方式转变绩效相对较低，这些省域普遍存在着经济增速缓慢、产业结构失衡、创新水平滞后等问题。该类地区在推进经济发展方式转变的过程中，面对的阻力更大、困难更多。

本书认为，可从以下几个方面提升其经济发展方式转变绩效：一是要充分利用国家的帮扶政策，紧抓"西部大开发"战略所带来的资金、人才、技术资源，发掘本地区的优势产业和优势资源，打造西部地区独特的经济亮点；二是要对东、中部地区的产业转移进行选择性的承接，各省域要根据自身的人口资源、自然资源特点选择能实现效益最大化的产业进行承接，并利用承接的先进产业来实现本地区原有产业的升级转型；三是要利用西部地区独有的旅游资源，通过科学规划、有序开发、积极宣传等手段，将其打造成具有国内乃至国际知名度的旅游示范区，实现西部地区经济发展方式的科学转变。

6.7.4 加强宏观统筹，缓和省域经济发展方式转变的竞争程度

极化指数分解结果表明，2006～2012年，省域经济发展方式转变绩效综合评价得分的极化指数逐年递增，总增长幅度达到46.35%。由此可见，虽然省域经济发展方式转变的地区间差异正在不断缩小，但不同地区在经济发展方式转变过程中的竞争关系是客观存在的。而且，随着时间推移，地区间在经济发展方式转变领域的竞争有不断加剧的趋势，在一定程度上制约着各省域经济发展方式的协调转变。本书认为，应该从宏观层面进行统筹协调，以缓和经济发展方式转变的地区冲突，促进省域经济发展方式的科学、有序转变。具体而言，可以通过市场的"无形之手"和政府的"有形之手"予以调节。

1. 提升市场对发展资源的宏观配置能力

市场机制通过供求关系、要素价格、竞争关系等来对资源进行分配和组合，其运作规律就如同一只"看不见的手"，能实现资源要素的高效利用。我国经济体制改革的目标是建立社会主义市场经济体制，发挥市场在资源配置中决定性的作用。因此，在推进省域经济发展方式转变的过程中应该充分发挥市场之手的作用，营造出公平有序的经济发展环境，以实现资源要素在地区与省域间的自由流动，从而实现各类资源的高效利用。提升市场机制对于经济发展资源的宏观配置能力，一方面，能够促进人力、物力、财力资源流向最高效的地区、行业与企业，从而形成经济高速增长、产业高度聚集的经济增长极，带动周边地区的经济发展；另一方面，能够在地区和行业间形成良性的竞争机制，推动各地区、各行业通过不断模仿和创新来实现赶超式发展。充分发挥市场机制对于发展资源的宏观配置能力，能够促进发展资源的合理流动和有效利用，有助于各省域经济发展方式的协调转变。

2. 优化政府对发展资源的宏观调控能力

市场机制虽然在经济发展资源的配置中发挥着关键性的作用，但是其在资源配置过程中的作用并不是万能的。市场追求经济利益的最大化及资源要素的最高效利用，易导致资源要素在地区和省域间的非均衡配置，使得地区间的竞争局面更为紧张，此时政府的宏观调控能力就显得尤为重要。经济与产业发达的地区对资源要素具有天然的吸引力，拥有大量的优质资源，而经济与产业相对落后地区则无法获得充足的发展要素，经济发展易于陷入"强者更强，弱者更弱"的怪圈，致使地区间的竞争关系日益激化。

政府对于发展资源的宏观调控可以从两方面着手：一是通过制定国家层面的发展规划来实现资源要素的有效化利用，目前政府已经陆续出台了"东部率先发展""中部崛起""西部大开发"等战略规划，使得有限的发展资源在全局层面得到了较好的配置，健康、有序的经济发展秩序得以初步建立。下一阶段，政府部门可以根据各地区、各省域的产业基础和资源特点，制定出更加细化的地域发展规划，进一步提升资源利用效率；二是通过设立专门的经济发展方式转变管理结构来负责区域发展的协调工作，该机构的主要职责包括监督国家发展政策的贯彻实施情况，分析区域经济发展的差异演化情况，对地区与省域在经济发展中的矛盾进行协调。

6.7.5　强化省域协作，构建省域经济发展方式转变的互利格局

基于 LISA 方法的局域空间自相关分析结果表明，中国总体评价层面及经济增长、经济结构、环境友好、自主创新、生活质量评价层面都存在着绩效"洼地"。经济发展方式转变的绩效"洼地"，不仅意味着单个地区区内的经济发展方式转变进程滞后，还会对构建积极和谐的经济发展方式转变整体格局产生阻碍作用。本书认为，通过强化省域间的技术创新、人才培养协作，可以逐步消除绩效"洼地"的负面影响作用。

1. 强化省域间的技术创新协作

科学技术作为第一生产力，对于经济发展的促进作用不言而喻，强化省域间在技术研发和技术创新领域的合作关系，有助于先进的生产技术和科研成果在省域之间的流动和传播，对于提升绩效"洼地"的经济发展方式转变绩效意义重大。强化省域间的技术创新协作可以通过筹建跨省域、跨地区的技术创新协会来得以实现，技术创新协会可以为科研机构和企业搭建沟通和合作的平台，促进科研机构的技术创新成果在省域之间的交流和转化。产学研合作不应限于某个省域或某个地区区内，而是应该扩大交流合作的范围，使得技术创新成果能够得到有效转化，实现其最大价值。

2. 强化省域间的人才培养协作

经济发展方式的转变离不开人才的力量，高素质的人才资源是经济增长的动力源泉。各省域尤其是绩效相对较低的省域，要想推进本省域的经济发展方式转变进程就必须加强对高科技、复合型实用人才的培养力度。具体而言，一是要积极推进高校教育机制改革，提升经济发展相对落后地区的高等教育学生录取比例，通过跨省域的人才培养机制为经济相对落后省域培养更多高素质的人才资源，并通过出台优惠政策促使他们回乡就业，为家乡的经济发展做贡献；二是要建立起省域间的人才帮扶机制。

3. 明确创新主体职责，深化产学研合作

产学研结合能够深化自主创新能力，有效推进经济发展方式转变。然而，目前各省域在产学研合作领域产学研三者之间联系不紧密，缺乏有效合作并且合作的层次不高，不仅不利于自主创新能力的提升，更会阻碍经济发展方式的转变。扭转这种不利的局势，必须积极发挥高等院校的基础和生力军作用，有效彰显国

家科研机构的骨干和引领作用，充分肯定企业在技术创新中的主体作用，促成这些创新主体形成联系紧密、互相合作的系统整体，建成各个创新主体利益共享和风险共担的产学研合作机制，进而提升科技成果转化和产业化的速度和程度，有效增强自主创新能力。为实现这个目标，各省域一方面，应积极配合，鼓励高等院校、科研院所和企业共同建立具有较高研发水平的企业技术中心，使其成为产学研合作的平台和自主创新的中介组织。政府应该有针对性地在开发选题、机构共建、成果转化以及其他需要协调、规范和支持的领域给予创新主体最大的帮助和扶持，协助它们配备人力、物力、财力并形成长期有效的运作机制，深化产学研合作。另一方面，各省域也应积极主动地参与到深化产学研合作中来，根据自身情况按照经济发展方式转变的需要有选择地加大同高校和科研机构的联系和合作，加强科技创新与区域经济社会发展的联系，充分发挥其对社会经济发展的支撑作用。与创新主体一起构建适宜本省域情况的高水平的产学研合作公共平台，以此为基础，提升科技成果转化的速度与程度，深化产学研合作，提升省域自主创新能力。

6.7.6 健全保障措施，确保转变进程协调有序推进

合理的政府绩效考核体系和财税政策是实现经济发展方式成功转变的重要保障，良好的舆论宣传可以大力推进经济发展方式转变进程。

1. 优化政府绩效考核，完善财税政策

加快优化政府绩效考核体系。充分发挥各省域的主观能动性，把各省域的工作重点和决策行为引导到加快经济发展方式转变的进程当中。各省域应积极协调正确处理好长期目标和短期目标、数量指标和质量指标、显性指标和隐形指标的关系，从源头上杜绝"面子工程""政绩工程"，更多关注经济增长、经济结构、资源环境、自主创新和以人为本等领域。为此，需要从四个维度来优化政府绩效考核：一是从侧重物质指标向注重以人为本指标的转变；二是从侧重经济数量指标向经济运行质量和效益指标的转变；三是从侧重经济发展速度指标向注重经济社会事业协调发展指标的转变；四是从侧重短期利益指标向注重长期战略目标的转变。此外，还应进一步完善财政政策，发挥财税杠杆的调节作用，提升全社会推进经济发展方式转变的积极性。主要措施包括，一是加快生产型增值税向消费型增值税的转变和以间接税为主向以直接税为主的转变，推动区域经济协调发展；二是通过优化财税收支结构，鼓励技术创新，推动节约资源、保护环境，加快经济发展方式由低效粗放、资源环境代价过高的格局向高效集约、节

能减排的格局转变；三是加快完善财政转移支付制度，为促进区域协同发展创造基础条件。

2. 加强舆论宣传，营造良好氛围

当前，各省域面临着资源消耗居高不下、环保形势不容乐观等不利影响，需要各省域大力推进经济发展方式转变。但经济发展方式转变是长期的系统工程，民众对经济发展方式转变的认知水平还有待提升，片面追求经济增长的思维模式仍然存在。为此，各省域应积极调动各种宣传资源，以报纸、电视台等传统媒体为主导，充分发挥互联网、微博、社交网络和手机等新媒体的独特优势，积极开展以经济发展方式转变为主题的宣传教育活动。提升全社会对经济发展方式转变的认识，使全体民众自觉参与到经济发展方式转变的进程，提升对经济发展方式转变重要性的认识，树立加快经济发展方式转变的新观念、新思维。应将经济发展方式转变的相关内容纳入各级学校教育中去，广泛开展形式多样的专题讲座、科普竞赛，真正使经济发展方式转变思想深入人心，使其逐渐成为全社会公民的责任意识和自觉行动。

第7章

科普资源共建共享：促进省域经济发展方式转变的必然选择

近年来，中国科普事业迈入了一个崭新的阶段。随着科普工作的深入开展，科普资源已越来越难以满足科普受众的需求，其建设工作逐渐被提至重要的议事日程。如何把众多分散在不同部门、不同单位的科普资源集成起来，通过二次开发形成标准统一、质量上乘的优质科普资源，在全社会范围内实现共享，已成为一个亟须应对的现实问题。

科普资源的共建共享，是科学技术普及化的一项关键环节和重点内容，亦是有效提升区域科普资源开发水平的重要手段。当前，大力推进省域科普资源的共建共享，已成为促进省域经济发展方式转变的必然选择。

7.1 科普资源共建共享的由来与含义

7.1.1 科普资源共建共享的由来

科普资源的共建共享由来已久。国际上，以美国、欧盟、日本等为代表的一些国家和地区积极推动科普资源的共建共享，并取得了显著成效。美国积极利用并整合各种媒介形式的科普功能，拓宽科普资源的形式与渠道，大力吸引和整合社会资源，面向家庭、社区不同年龄、不同层次的成员提供有针对性的科普服务，还通过其科普资源共建共享的核心计划——"2061计划"的实施，有效提升了全民特别是青少年的科学素养；欧盟诸国则有意识地在科普领域陆续尝试、引进各种创新型的公众参与模式，比如，共识会议、科学商店等；日本亦高度重视科普工作的社会化,其各项科普工作都有着明确的定位和目标人群,力图以科普资源共建共享为纽带,把政府机关、产业界、学校、科技场馆、研究技术人员、媒体、志愿者等各方面的力量结合起来,充分发挥各自的比较优势,共同促进全民科学素养的提升。

自 2008 年至今,科普资源共建共享工作受到了前所未有的高度重视和普遍关注,其在科普事业中的重要性日益凸显。近年来,中国许多省区市在科普资源共建共享方面都取得了积极的成效。例如,上海非常重视以信息化促进科普资源共建共享,启动了上海市科普资源开发与共享信息化工程;十分注重引导社会各方力量共同参与科普场地资源的建设,形成了科普场地资源开发主体多样化、社会参与面广的特点;注重拓宽科普人力资源开发渠道,通过健全科普志愿者管理制度,成功吸引了大批科技工作者志愿参与科普活动;注重深入挖掘当地丰富的潜在科普资源,使具有独特科普价值的潜在科普资源显性化、为社会所用,大大增强了上海市科普资源的共建共享成效。山东省则努力构建"政府推动、全民参与"的大科普工作格局,通过推行年度工作任务项目化管理、实行领导小组成员联系点制度、建立督导工作制度、完善信息和宣传工作机制等途径形成了各部门联合协作、共同推进科普资源共建共享的工作机制。

7.1.2 科普资源共建共享的含义

1. 资源共享的含义

资源共享的实践自人类社会产生信息检索需求之日起就开始了,最早的共享形式是信息检索部门之间的合作,包括图书馆等机构之间的馆际互借和藏书的分工协调(孔志军,2005)。1876 年,美国图书馆协会的成立促使资源共享的概念获得了广泛的认同(Jaswal,2005),但就其含义问题理论界仍莫衷一是,其中较具代表性的观点有两种,一种是美国图书馆学家肯特的观点,肯特认为,资源共享最确切的意义是指互惠(Reciprocity),意即一种每个成员都拥有一些可以贡献给其他成员的有用事物,并且每个成员都愿意且能够在其他成员需要时提供这些事物的伙伴关系(莫扬等,2008);另一种则是中科院研究生院科技传播中心课题组的观点,其认为,共享作为一种社会现象,本质上是一种关系。共享关系联系着有特定目标和任务的人群,他们关注有价值的共有资源,相互之间协调行动,形成或松或紧的组织框架,在此基础上进行资源的重新分配。上述两种界定虽在表达形式上有所不同,但却有两个共同点:一是都肯定了资源共享的公众性,认为指的是与资源关联的群体的活动;二是都认为资源共享是一种关系,并确定了这种关系的本质是互惠互利。

2. 科普资源共享的含义

对于科普资源共享的含义问题，目前较权威的界定以中科院课题组的观点为其代表。他们将"科普资源共享"概念界定为，科普资源拥有主体（包括机构及个人）之间，通过建立各种合作、协作、协调关系，利用各种技术、方法和途径，开展包括共同揭示、共同建设在内的共同利用资源的一切活动，最大限度地满足科普工作者和社会公众对于科普资源的需求（莫扬，2008）。同时，亦从狭义角度入手对科普资源共享这一概念进行了界定，专指通过建立参与科普资源共享活动的成员（机构或个人）之间的各种合作、协作、协调关系，利用各种技术、方法和途径，共同利用科普资源的活动。

3. 科普资源共建的含义

共建与共享二者间无疑存在着密切的辩证关系：共建是手段，共享是目的；换言之，共建是共享的基础（王国亮，2008）。没有共享，共建就缺乏必要的内在驱动力，即共享决定共建，而共建反作用于共享（王国亮，2008）。资源的共享主要是指，资源需求者对资源的共同占有，这需要依靠资源各方拥有者的协调和整合才能实现，而协调和整合正是通过资源的共建来实现的。从其作用上看，资源的共建共享不仅可以节约资源的利用成本，而且可以营造出一种双赢的机制，有利于最大限度地实现资源利用的最大化。因此，资源的共建可以为共享铺路搭桥，提供物质保障。从某种意义上说，共建没产生之前，可以产生共享（尽管不圆满），而共享要臻于圆满，则必须有共建作基础。

由此可见，科普资源的共建是其共享的基础和手段，其内涵应涵盖实现科普资源有效共享的所有建设活动，包括对科普资源的收集整合、开发利用、筛选集散等运营管理以及协调保障各参与主体和谐共享科普资源的一系列技术、方法、行为和途径。就其内容而言，应包括硬件设施和软件设施的共建。前者主要指，科普资源基础设施的建立，如网络设备、科普资源的相关载体、场馆或基地建设等；后者主要指，用于规范和指导科普资源共建工作的相关法律、法规和规则、标准等的制定和确立，如一站式科普资源传播模式（郑文丰，2008）的开发、科普资源共建标准的确定，等等。《全民科学素质纲要》中提到的四大基础工程（任福君，2009）：科普资源开发与共享工程、大众传媒科技传播能力建设工程、科普基础设施工程和科学教育与培训基础工程，在某种程度上亦可以视为科普资源共建的基础工程。从狭义上讲，本书认为，在当今信息技术高速发展的情况下，科普资源的共建也可以被界定为网络环境下科普资源共享平台的建设。

4. 科普资源共建共享的含义

所谓科普资源共建共享，就是指拥有科普资源的所有主体（包括个人和组织等），在提升科普资源投入水平的基础上，通过建立各种合作、协作、协调关系，利用各种技术、方法和途径来共同建设各类科普资源，以增加科普资源总量，提升科普资源品质，优化科普资源结构和形式，为公众科学素质建设工作提供强有力的资源支撑，以求最大限度地满足广大科普工作者和社会公众对于科普资源的需求，进而实现最大限度地提升全民科学文化素质的目标。

7.2 科普资源共建共享的要素及方式

7.2.1 科普资源共建共享的基本要素

科普资源是一个复合动态的系统，从系统工程的角度来诠释科普资源共建共享体系的要素，可将其划分为，共建共享客体、共建共享主体、共建共享方式、共建共享协议。

1. 共建共享客体

科普资源共建共享的客体，指的就是科普资源，这是科普资源共建共享工作的重要基础和根本保障。没有科普资源，其共建共享就无从谈起。科普资源客体是科普资源共建共享的核心内容之一，主要包括达成科普目的所需投入的科普人力资源、科普财力资源、科普物力资源和科普政策资源等科普能力类资源，以及在上述科普投入基础上所产出的科普产品、达成的科普活动。

2. 共建共享主体

科普资源共建共享的主体，是与科普资源共建共享活动相关的所有成员，其种类包括机构和个人，主要指各种类型的科普工作管理机构、科普活动组织、执行机构及其他拥有科普资源的机构及个人，亦即共建共享体系中互惠互利行为的实施者和所有者，它是实现资源共建共享的能动力量。在共建共享活动中，共建共享主体既是共享科普资源的提供者，又是共享科普资源的分享者，同时也是共享方案的最终决策者。

3. 共建共享方式

科普资源共建共享的方式，主要是指为实现科普资源共建共享所采取的方法和形式。为了更好地实现科普资源的共建共享，以满足广大科普资源共建共享主体的需求，有效的方法和形式是必不可少的。它既包括科普资源投入方面人力资源、物力资源的利用形式，财力资源的投入方法，也包括科普资源产出方面科普产品的输出形式和科普活动的施行办法。人力资源共建共享方面，可以考虑以促进各主体间合作交流或者采取产学研结合等方式灵活予以达成；物力资源共建共享方面常见的举措有资源互借、交换共享等；财力资源共建共享可以采取分散投资或以某组织者为首的团体形式予以促进；科普产品共建共享可以同时以多种形式出现，还可以针对不同的受众设置产品；科普活动共建共享可以考虑将各种类型的科普场馆以非营利的方式向公众开放，亦可以考虑从成本的角度仅收取一定的入场费，等等。

4. 共建共享协议

科普资源共建共享的协议，指的是经科普资源共建共享主体共同确认并同意实施的公约。它的主要作用是协调各主体的关系和利益，以契约的形式保障在科普资源共建共享过程中实现有效、有序、有理和有据。所有科普资源共建共享的主体，都必须遵照执行共建共享协议。其有效达成，一方面，可以避免不必要的争议，另一方面，亦可以促进科普资源共建共享工作的健康发展。

7.2.2 科普资源共建共享的主要方式

1. 协作化

协作化是科普资源共建共享最基础的方式。它是指科普活动主体之间通过合作、协作、交换等形式，协同开发、利用各自的科普资源，达到集成各主体、各单位的科普资源要素，优势互补，增强科普资源开发能力。

在科普工作实践中，科普资源是多样的，有时需要相互结合，才能发挥较好的效果。由于拥有科普资源的各个主体虽然具有某一方面的资源优势，但缺乏其他的要素，资源的作用往往无法得到发挥。通过科普资源主体之间的协作化，互通有无、调剂余缺，才能充分发挥各种科普资源的作用。

2. 产业化

科普资源产业化就是以科普产品和服务的市场需求为导向，以科普中心、行业协会或科普合作经济组织为依托，以提升经济效益为目标，通过将科普产品和服务的设计、制作、销售和售后服务等诸环节联结为一个完整的产业系统，从而实现科普资源产供销一体化的生产经营组织形式。

产业化是科普资源协作化的一种高级化形式。它能使科普资源按科普需求市场信息的需要，用市场化的方式提供科普资源和服务，提升科普资源的配置效率，并在保证满足社会需要的前提下，取得一定的经济效益，是科普资源开发建设更为可持续发展的方式。

3. 国际化

国际化是协作化形式在国与国之间的体现。科普资源国际化，就是指用国际视野来把握、发展和传播科普思想、方式、内容等与科普有关的诸多方面，建立一种跨越民族文化和国界的科普体系，通过各国间的交流合作，实现科普资源在各国间的合理流动，最终使得各国的科普水平都得到提升的一种方式。

科普资源国际化是顺应经济全球化和区域经济一体化的潮流，是历史发展的必然。同时，信息网络全球化和信息技术智能化消除了人类在地域上的阻碍，为科普资源国际化创造便利的条件。科普资源国际化能让中国科普事业借鉴、吸收和消化国外科普在内容、形式、开展活动等方面的先进经验和做法，完善科管理念、生产方式和管理方式，从而推进中国科普工作的现代化进程。

4. 数字化

所谓科普资源数字化，是指借助于信息技术、计算机技术、数字化技术、多媒体技术等现代的高新技术将各式各样的科普资源信息，以数字方式和多媒体形式来组织和管理，并使之集成化、有序化和便利化的过程，极大地提升了科普资源的可传播性和可共享性。它符合信息社会发展的需要，具有时代性。

通过信息技术，各地的科普工作者可以利用互联网的传播视角多、容量大、速度快且不受时间、空间和地域的限制等特点，联合将与科普资源有关的所有信息，以多媒体的形式发布到网上，供人们欣赏、学习、查阅。使得人们足不出户便可通过声音、数据图像、影像来获得所需科普的一切信息。另外，这种方式不仅可被用来表征所有的科普资源，还强调被参观对象不会受到损害，是在持续管理的思想指导下开展的科普活动。科普资源的数字化技术可以缓解科普场所、科普媒体等的开放和传播压力，实现科普资源的可持续发展和便利共享。

总之，科普资源共建共享的实质是，协作化方式集成了各方的各种优势科普资源要素，产业化方式优化配置了各种科普资源要素，国际化方式学习、利用和借鉴了国外的科普资源和经验，数字化方式使科普资源的共享性和利用的便利性极大提升。共建共享的结果，增加了全社会科普资源的总量，优化了科普资源结构，提升了科普资源的品质，增强区域的科普能力，推动科普实效的提升和科普事业的向前发展。

7.3 科普资源共建共享的条件和原则

7.3.1 科普资源共建共享的条件

科普资源共建共享工作的有效达成必须满足一定的条件，具体而言，主要涉及以下几个方面：

1. 可供共建共享的科普资源

具备一定数量和质量的科普资源，是实现共建共享的基本条件。俗话说"巧妇难为无米之炊"，科普资源就是共建共享的"米"，是共建共享的物质基础。当今社会，拓展科普资源供给的途径有很多，如依托媒体（特别是互联网）开发科普资源（张秋立，2008）、把图书馆办成科普的重要阵地（孙淑珍，1999）等。在此基础上，坚持从实际出发，以受众为中心，就可以实现共建共享模式下的科普资源实效的充分发挥。

2. 能动、积极地参与主体

科普资源共建共享工作离不开共建共享主体的广泛参与和积极配合，其主观能动性的高低将直接决定共建共享工作的成效。如果有参与者却不能确保自主自愿，共建共享就不能顺利实现；如果仅有参与者的自愿加入却没有组织者的协调合作，共建共享就会陷入混乱；如果仅有组织者却意识落后、水平低下，共建共享就会停滞不前。因此，科普资源共建共享的第二个条件，就是一群有自主意愿、有组织、有水平的能动、积极地参与主体。

3. 资金及技术的支持

要实现科普资源的共建共享单靠资源和参与主体是不够的，还需要有来自资金和技术层面的支持。有可靠的资金投入，才能维持科普资源共建共享体系运作的正常开支，才能进行各种共建共享的活动。

引进和开发新技术，是实现科普资源共建共享的重要条件之一。随着社会的进步和科技的发展，人们愈益要求能够不分时间和地点自由地、及时地、有效地查询和搜索科普资源乃至其他资源。而各种新技术的应用，如网络环境下的数据库技术、多媒体信息技术、搜索引擎等在资源共建共享中的广泛运用，更凸显出新技术应用于科普资源共建共享工作的必要性。

4. 健全的法律法规和组织体系

科普资源的共建共享需要法律法规的指导、调节和规范，相应地，法律法规的健全也有利于促进科普资源共建共享的有效实现。目前而言，中国科普资源的共建共享研究尚处于较不成熟的阶段，需要更为健全的法律法规予以指导和约束。同样，健全的组织体系能促进科普资源共建共享工作的全面发展，将决定科普资源共建共享的技术水平、活动能力和综合效益。时代在发展，科普资源共建共享的组织体系也需要不断优化、与时俱进。而在传统的条块分割管理组织体系之下，跨系统、跨行业的科普资源开发和利用及共建共享方面的政令传达往往并不通畅。要解决相关问题，建立更为健全的组织体系和有效的组织协调机制是十分必要的。

7.3.2 科普资源共建共享的原则

根据中国科协信息中心与北京、上海、江苏、湖北、重庆、广东科协及有关部门联合共建的中国公众科技网科普平台的精神——"自发自愿、优势集成、资源共享、共荣辱、共兴衰"（葛霆，2008），结合一般组织行为的原则，本书认为，科普资源共建共享的有效实现应遵循以下几个原则：自主自愿原则、公平至上原则、互惠互利原则、节约环保原则。具体内容如下所述：

1. 自主自愿原则

自主自愿是科普资源共建共享的基础原则。没有科普资源参与者的自主自愿，科普资源共建共享就无法起步。科普资源的共建共享，需要每一个参与者自主自愿地融入其中，共同发展。

2. 公平至上原则

公平至上原则是科普资源共建共享的重要原则。它是实现科普资源共建共享持续、稳定发展的必要保证。现代社会，公平至上，在科普资源共建共享的过程中，每个参与者的权益都要同样得到保障，相应地，他们也会共同履行自己的义务，从而确实有效地实现科普资源的共建共享。

3. 互惠互利原则

互惠互利是科普资源共建共享的根本原则。正如前文所述，科普资源共建共享的本质就是互惠互利，其根本目的也是为了使资源的需求者能最大限度地获取所需资源。因此，科普资源的共建共享必须建立在互惠互利的基础上。这种互惠互利以市场为其基础，并且，只有利益共享才能长久、正确地维持体系的存在和发展（徐欣禄，2001）。总之，科普资源共建共享工作很有意义，应能使各个阶层都受益，其基础在于利益互动。

4. 节约环保原则

节约环保是科普资源共建共享的必要原则。为贯彻落实党的十七大精神，推进《全民科学素质行动计划纲要》的实施，中国科协七届三次全委会议对"加强科普资源共建共享工作，搭建高水平科普服务平台"[①]进行了部署，工作的主题就是"节约能源资源、保护生态环境、保障安全健康"。[②] 由此可见，"建设节约型社会"的理念，已经深入科普资源的共建共享工作之中。以信息资源的共建共享为例，在实施资源共建共享之前，各图书馆、资料室等往往存在着严重"文献孤岛"现象，造成了一定的资源浪费。为了实现科普资源的优势集成，避免资源浪费，也为了解决资源耗费剧增与资源容量有限的矛盾，"节约"科普资源势在必行。与此同时，实施科普资源的共建共享，亦是对"建设节约型社会""节能环保"行动的有力支持。

7.4 国内外科普资源共建共享的主要经验

7.4.1 国内经验

1. 上海

上海历来重视科普资源的共建共享工作，近年来取得了显著成效，其相关做法主要体现在以下几个方面：

（1）注重引导社会各方共同参与科普场地资源开发，且建设理念新、公益性

---

① 中国科协. 关于开展 2008 年科普展览资源共享服务工作的通知，2008 - 5 - 7.
② 中国科协科普部. 中国科协科普部 2008 年工作要点. 科协论坛，2008（4）.

特点显著。

上海十分注重引导社会各方力量共同参与科普场地资源的建设，形成了科普场地资源开发主体多样化、社会参与面广的特点。从主体上说，既有政府主导，也有社会各方面广泛参与。如铁路博物馆由上海铁路局建设，公安博物馆由上海公安局建设，汽车博物馆则是由一家企业——上海汽车集团公司建设等。从所有制层面来看，上海科普场地资源的建设呈现出国家所有制为主、多种所有制共存的特点。其中，国家所有制所占的比重最大，约占75.8%。这种多方参与的模式，大大促进了上海科普场地资源的共建共享。如今，上海的科普场地资源数量非常丰富，门类比较齐全，特色显著。此外，其建设理念和展示手段都较为现代化。注重将数字化展示与传统展示手段相结合，以使科普展示效果更具吸引力，这一特点在上海科技馆得到了很好的体现。与此同时，上海科普场地资源的公益性属性颇为显著，其基本定位大都面向公众，大多数是免费的，即便有参观费用，其数额也多能为公众所接受，而且多采用常年开放的模式，大大增加了共享效果。

（2）注重充分利用各种传媒手段，积极开发科普媒体资源。

科普媒体资源包括科普报刊、科普图书、广播电视和互联网等，上海在充分利用各种传媒手段开发科普资源以促进共建共享方面做得较为成功。

①科普报刊资源。上海的报刊，多能做到对社会公共科普事业的关注，是当地重要的科普媒体资源之一。那些发行量大、受众面广的综合类报纸大多能重视科普宣传，并自觉将科普宣传作为一项重要的报道内容。有些综合类报纸还设置了科普专版，定期登载科普文章。例如，《文汇报》设立了"科教卫新闻"版和科普专版"科技文摘"，《解放日报》设立了"科教卫·综合新闻"版，运用专版的方式登载科普内容。同时，这些报刊能够以普通读者为对象，以"科普（技）新闻"和"科普教育"等表达方式来传播科学知识。

②科普图书资源。科普图书是历来为上海大众喜闻乐见的重要科普媒体资源之一。上海的许多出版社广泛参与科普图书的出版工作，一些出版社甚至形成了自身的出版特色。其科普图书出版存在着丛书化的现象，例如，2007年度沪版科普图书中，总数为26家的出版社中有14家出版了科普丛书，在267种科普图书中共有160种属于丛书类科普图书。

③科普广播资源。科普广播是开展科普的重要渠道之一。上海科普广播节目既包括专门的科普节目，也包括渗透科普内容的节目。这些节目题材丰富，主要涉及的题材有"生活科技""科学知识""社会热点""实用科技"等，多能做到以通俗、朴实的语言解释科技问题，起到了向公众开展科普教育的作用。

④科普电视资源。作为科普信息传递最为重要的途径之一，电视已经成为最受大众欢迎的一种科普传播媒体。上海各家电视台的电视频道广泛地参与了科普节目的播出，并且形成了一些具有科普特色的电视频道。例如，上海教育电视频道播出的"奇趣大自然""身边的奥秘""走进科学""科技超市"等类科普节目。

⑤科普网站资源。利用互联网进行科普信息的传播是新时期科普的重要渠道，科普网站是新兴的、正在快速发展的重要科普资源。上海非常重视网络科普资源的开发，为了将分散的科普场所在网络平台上整合到一起，为社会公众搭建一个全面、快捷、方便的科普窗口。从2007年开始，上海市启动了一项规模庞大的信息化建设工程，即上海市科普资源开发与共享信息化工程。2008年，上海市科普资源开发与共享平台正式启用，在科普资源的共建共享方面体现了一种新机制和新模式。

（3）注重拓宽科普人力资源开发渠道，人力资源来源多元化。

在全国各大城市中，上海市科普人力资源形成了一块人才高地，不仅来源广，而且资源充沛。这种成效主要归功于上海多元化的科普人力资源开发渠道。首先，在培养和引进科普专职人员的基础上，注重吸引科技工作者参与科普兼职工作。其次，通过科技学会，聚集了大批高质量的科普人员。上海市科协系统拥有181家市级科技学会，这些学会是高质量人才的聚集地，也是高质量科普人员的聚集地。最后，通过健全科普志愿者管理制度，成功吸引了大批科技工作者志愿参与科普活动。

（4）注重科普经费筹集渠道的多元化，且科普活动支出比重高。

上海科普财力资源较为充裕，主要得益于其注重营建多元化的科普经费筹集渠道。同时，丰富多样的科普活动支出在科普经费支出中占比较高。

（5）重视科普政策法规建设，充分发挥政策法规的引导、规范作用。

科普政策法规是规范、调动和有效使用其他科普资源的重要手段。上海在科普政策法规建设中，投入了较多组织资源，形成了较为完整的科普政策法规体系。其成功做法主要体现在以下几个方面：

①广泛发动各级各类机关参与制定和发布科普政策法规。上海市注重广泛发动各类政策制定主体，按照各自职权，制定和发布了各种形式和不同层次的科普政策法规，包括地方性法规、地方规章、市级政策和区（县）政策等，涵盖了地方立法和地方政策的所有形式。

②在落实国家科普政策法规的基础上，积极制定有地方特色的政策法规。上海在保证国家科普政策法规所确定的科普工作目标和要求得到实现的前提下，积极发挥主观能动性，结合城市发展的实际，根据上海城市的条件和特点

制定了许多有地方特色的科普政策法规。例如，在制定《上海市科普事业"十一五"规划》时，根据上海经济、文化和社会发展的状况，在工作目标中明确将科学普及作为塑造上海城市精神的重要手段，明确提出要实现人均科普经费在"十五"时期的基础上翻一番，人均科技类场馆占有率达到每 50 万人一个，科普内容占广播电视传播内容总量的比率比"十五"期末提升 5%。在工作任务中，紧密结合上海社区建设的特点，根据社区建设的目标和要求，提出了社区要开展经常性科普活动和创建科普示范社区的重点任务，并将科普工作纳入社区建设中。

（6）注重深入挖掘当地丰富的潜在科普资源。

科技密集型的单位有成功参与社会科普工作的可能性，它们是潜在的科普资源。上海潜在的科普资源比较丰富，无论是大学、研究所，还是企业、医疗机构都有科普资源的丰富积累。上述科技密集型单位对不同类型科普资源的关注各有特色，无疑是建设针对性科普资源的良好基础。同时，这些单位对结合本单位实际建设科普资源的意愿比较强烈。上海市充分认识到当地丰富的潜在科普资源的价值，并采取相应措施合理有效地对其开发利用。例如，在规划和建设科普资源时，就鼓励和支持高科技单位发展网络科普资源。通过这些措施，使具有独特科普价值的潜在科普资源显性化、为社会所用，大大增强了上海市科普资源的共建共享成效。

2. 山东

近几年来，山东省积极开拓创新科普资源共建共享途径，开展多层次、多形式的科普活动，科普工作成效显著。其相关做法主要体现在以下几个方面：

（1）各部门联合协作、共同推进科普资源共建共享。

山东省努力构建"政府推动、全民参与"的大科普工作格局，形成了各部门联合协作、共同推进科普资源共建共享的工作机制。涉及的部门主要有省科协、省科技厅、省委组织部、省教育厅、省农业厅、省信息产业厅、省广电局、省科学院、省医科院等。这种工作机制操作模式的特点主要体现在以下几个方面：一是推行年度工作任务项目化管理。这些部门依据总体实施规划和年度工作重点，由各成员单位将所承担的任务具体化，细化为一个个工作项目，明确目标、任务、进度、保障、责任人等有关内容，通过对项目实施的监督管理，保障工作任务的落实。二是实行领导小组成员联系点制度。自 2007 年起，山东省领导小组要求各成员单位建立联系点，协调指导一个地方或单位的实施工作。三是建立督导工作制度。组建了 8 个督导组对 17 个市开展定期或不定期、全面或个别的工作督导活动。四是完善信息和宣传工作机制。通过联络员、信息员网络，工作网站、《工作通讯》等信息平台，将各方面工作信息加以汇集，使工作信息渠道保持畅通。

（2）重视科普创作，加大科普产品和信息资源的开发力度。

科普创作是全社会科普工作的基础，也是体现国家和区域科普能力的重要方面。山东省十分重视科普创作，积极引导、鼓励和支持科普产品和信息资源的开发，其具体做法有：

①制定重点科普创作选题规划，对部分优秀选题进行重点扶持或资助，以推介、倡导等方式，鼓励、引导社会力量支持重点选题的创作；

②加大奖励和扶持优秀科普作品力度，扩大科技进步奖中科普奖项的范围，支持基层科普工作者结合实际创作高水平的科普作品；根据国家有关政策研究设立山东优秀科普作品奖，定期评选表彰一批优秀科普作品；

③根据《全民科学素质行动计划纲要》实施工作的需要，开发一批公共科普资源；支持从事科普编创、科技传播等专业机构、团体和人员参与科普产品和信息资源的开发；加强科技、教育界与媒体合作，扶持科普类广播、影视内容的开发和制作；

④发挥科普创作协会、青少年科技教育协会、科技场馆协会等科普团体的作用，开展多种形式的交流、进修和培训，提升科普书报刊编辑、科技辅导员、科普场馆展教人员、展教品开发人员等专职科普工作者的科学素质和业务水平。

（3）建立健全科普政策法规，搭建科普资源交流共享平台。

科普政策法规是政府为科普事业提供的保障，它对科普资源开发与共享具有规范作用。山东省制定了推动科学技术研究、开发的新成果及时转化为科普资源的政策。例如，根据当地科普工作实际，研究制定了《科普资源库建设方案》。还加大制定相关法规、规章和标准的力度，充分保护各类科普资源知识产权，营造公共科普信息资源公平使用的社会环境。以科普资源库开发建设为主导，搭建科普资源交流共享平台，为公众提供更多的科普公共产品和服务。依托科技报社，调动科普创作协会等学会的力量，整合利用社会资源，开发制作农村、城区科普挂图和适合主要科普对象的图书资料，以及用于大型科普活动的科普展品等。整合利用社会科普资源，加大山东科普资源网建设，从2007年开始着手建设科普知识数据库、科普产品信息库、科普人才库，初步建成了山东省科普传播工作平台。通过这些措施，初步形成了全省科协系统科普产品共享机制，实现了全省范围内科普资源的共享。

3. 辽宁

针对科普资源共建共享工作中存在的主要问题，辽宁省坚持"统筹规划、先易后难、横向联合、纵向联动、共建共享"的工作原则，秉持以受众为核心的理念，在调查研究的基础上，有针对性地创新科普服务模式，拉近了科普与受众之间的距离。其相关做法主要体现在以下三个方面：

一是针对科普资源缺乏、不平衡的现状，建立科普展品中心，打造服务全省的"流动科技馆"。通过科普巡展活动使中小城市的群众与省会城市的群众一样享受高水平的科普资源教育。二是利用电视、网络媒体资源，加大专题科普栏目整合开发力度。三是针对科普画廊更新不及时的现状，建立科普传播便捷渠道。

4. 河北

农民是科普四大受众群体之一，农村是科普资源共建共享工作不可忽略的领域，河北省以建设"一站一栏一员一会一地"为核心，以构建县级科协的科普惠农服务中心、科普惠农资源库、科普惠农专家服务团为主要内容的支撑服务体系为重点，建设植根于基层的科普公共服务平台。通过这种做法把农村实用人才培训、信息传递、技术推广、科普宣传、组织管理和促进产业化生产发展等项工作整合起来，使科学知识、科技信息和实用技术持续地传播到每个农民身边，使广大农民持续地享有接受科普教育和享受科技发展成果的机会，通过科普资源共建共享带给农民更多实惠，在开展农村科普资源共建共享工作中取得了丰硕成果。

7.4.2 国外经验

1. 美国

（1）大力实施"2061 计划"。

"2061 计划"是由美国科学促进会发起并组织实施的一项旨在改善美国中学科学教育水平的长远计划，其期限是 1985~2061 年，涉及企业界、教育界及美国政府的多个部门和机构，以提升全美公民科学素养、特别是青少年的科学素养为目标。"2061 计划"的施行，是美国科普资源共建共享行为的典型代表。

（2）推动家庭、社区共享科普服务。

面向家庭和社区为不同年龄、层次的成员提供有的放矢的科普服务，是美国推进科普资源共建共享的一项重要举措。如，美国倡导面向家庭开展家庭科学之夜（family science night）活动，其目的在于提升青少年对科学的兴趣爱好，鼓励父母及其他家庭成员更为广泛地介入孩子的科学教育。美国伊利诺伊州一所小学就联合当地科普场馆开展了星期六家庭科学日（family science saturday）活动。美国玛丽安·科什兰（Marian Koshland）科学博物馆亦推出了家庭免费参观日活动，向各个家庭免费提供参加科普活动的机会。为了普及夏日防蚊常识，教授家庭成员如何驱蚊虫，2008年6月21日博物馆推出了主题为"天啊，蚊虫、跳蚤都来了"的家庭免费科普活动。美国纽约科学馆（the new york hall of science）推出了一系列包括家庭科学工具箱、课余科学俱乐部①在内的家庭科普项目，配合学校科学教育的阶段主题，为各个年级的青少年提供参与科学体验的广泛机会。

作为科普服务的另一主要对象，社区亦是美国科普资源共建共享活动的主要载体。美国有相当一部分科研机构秉持如下理念，科普是传播科技知识进而让公众了解其存在价值从而支持其工作的一项使命。如身为高水平研究机构的美国费米国家实验室，就极为注重开展针对实验室所在社区的科普服务。

（3）整合多种形式的科普功能。

美国注重整合多种形式的科普功能，推动全民科普的有效路径。如将科普注入电影产业，在美国斯隆基金会倡导下自2003年开始美国圣丹斯电影节设立了"传播科学或表现科学家最佳影片奖"即是典型案例之一。此外，斯隆基金会还常举办具有科学含量的故事片脚本大赛以推广科普。鼓励科学家积极参与科普活动，亦是整合科普功能的重要途径之一。如诺贝尔化学奖得主、美国化学家罗尔德·霍夫曼从2002年起围绕"科学与娱乐"的主题发起了每月一次的"享受科学"沙龙，产生了积极影响。

（4）通过科技博物馆大力开办科普教育。

自美国政府颁布国家科学教育标准以来，美国各科技博物馆围绕国家级科学教育项目积极开展科普教育活动，这些活动通常可分为场馆教育（field trip）活动、驻校服务（outreach）活动、博物馆学校（museum school）活动等。

场馆教育活动是最为常见的活动方式。科技博物馆在实验室和工场间、气象站和表演剧场、天文馆以及其他场所，可为学生团体到科技博物馆的参观学习活动提供多种科普教育与互动服务。驻校服务是科技博物馆开展的到校科普教育服务，由博物馆人员进驻课堂，带着展示或教材教具一起到学校，服务教师与学生，指导学生设计、制作展示，协助学生进行研究、分享学习成果。博物馆学校发端于100多年前，是美国博物馆界的特殊科普教育载体之一。博物馆学校是指，通过建立学校与博物馆的伙伴关系，落实博物馆学习（museum learning）的学校，通过博物馆学校的学习，可创新展品、创办展览甚至开办新的博物馆。博物馆学校的教学目标，是将"科学中心型的方式"与在学校中实施的常规教育方法相整合，其所开展的教学活动具有体验性、主动性、参与性特征，需使用实际

---

① 课余科学俱乐部是一项为学生提供课外科学体验机会，以提升其科学兴趣的科普服务。俱乐部活动每天课余时间进行，学生在科学俱乐部辅导员的带领下进行科学实验。一般而言其主题每学期都会进行调整，学生可以一直参与，直至成为俱乐部的领袖，其后可申请科学馆的解说员职位并得到相应报酬。

样品。学校学生既可到博物馆上课，同时亦可在博物馆学校的协助之下，在校园内设计和创办自己的展览。

（5）多方入手加大科普投入。

美国科普投入主要源自两个层面：一是政府对科普的直接投入。如在美国国家科学基金会的总预算中，科普预算占比达1%以上。此外，政府捐赠的作用亦颇为重要。如1998年美国国家航空航天局（NASA）即向美国自然历史博物馆捐赠800万美元，在其"全国科学素养、教育和技术中心"兴建过程中发挥了重要作用。二是民间机构对科普活动的投入和科普组织的捐赠。社会各方（如企业、社会团体、民间基金会等）均高度重视科普服务，如美国国家科学院院士丹尼尔·科仕兰（Daniel Koshland）曾捐资2500万美元兴建了一个面向公众的科学中心，玛丽安·科什兰科学博物馆（the marian koshland science museum）。同时，为保证所募捐款项均用于科普服务，常采用在线方式将其挂靠在科普场馆的网页（如加利福尼亚科学中心的募捐网页），详细介绍该笔款项将要投资的科学普及项目。在科普人力资源开发方面，美国颇为注重现有师资的科普教育培训。据统计，美国非正规科学教育机构每年向占全国近10%的小学教师提供多种类型的科学教育及职业发展培训机会，培训形式有讲习班及其后续班、专题研讨会、实习（包括驻馆实习）和上岗培训活动等。

2. 欧盟

（1）积极举办与科普有关的共识会议。

在科普资源共建共享领域，欧盟以重视推广公众参与模式著称。丹麦技术委员会就积极鼓励公众参与和科学相关的讨论，其最受瞩目的公众参与科普模式是共识会议。共识会议可视为一种在科学技术及其普及领域相关问题评估中扮演重要角色的方法，近年来逐渐受到各国的重视与仿效，旨在促成社会公众对科技政策等议题进行广泛而理性的辩论。在共识会议召开前，会邀请不具有专业知识的公众，针对具有争议性的科技政策议题，事前阅读相关资料并作讨论，设定该议题领域最迫切需要探查的问题；而后在会议进程中，由公众就这些问题向专家咨询；最后，对争议性的问题彼此辩论并作判断，将讨论后达成的共识观点向大众公布并供决策参考。共识会议无疑是一种有效的科普资源共享活动，在其召开过程中公众被提升至显著地位，由其界定什么是重要议题；专家提供的知识则起到辅助作用，由其协助评估政策议题所可能引起的利益与价值冲突。

（2）大力开办科学商店。

发端自20世纪70年代的科学商店亦是欧盟最为流行的科普资源共建共享形式，现已扩展到如奥地利、比利时、丹麦、法国、德国等许多欧盟成员国。科学商店又名"大学生科普志愿者服务社",为居民提供免费或超低价的大学生科技咨询、服务,社区居民之间并非传统意义上的买卖关系,是一种依托大学、根植社区、进行科学研究与普及的公益性组织。自 2001 年科学商店被列为欧盟第五框架计划以寻求更有效的科学与社会互动后,2005 年欧盟又将科学商店的培训和指导项目列入欧盟第六框架计划以支持新的科学商店。加拿大、以色列和美国等非欧洲国家也相继建立起科学商店。科学商店是一种科学传播的理念和服务,而非传统意义上的商店,是由大学、科研机构、科普场馆和其他一些民间团体组成的以满足社区居民科普要求为目的的非营利性机构。它运用双向互动的科学传播机制,支持科普人员深入社区拓宽研究视野,为社区居民提供科普服务;为大学生创造科普实践和了解社会的机会。目前,较有名的科学商店有荷兰乌得勒支(Utrecht)大学的化学科学商店。

7.5 科普资源共建共享的机制

省域科普资源共建共享机制是一个有机体系,主要包括组织保障机制、协作运行机制、利益激励机制、监督评价机制等,见图 7-1。

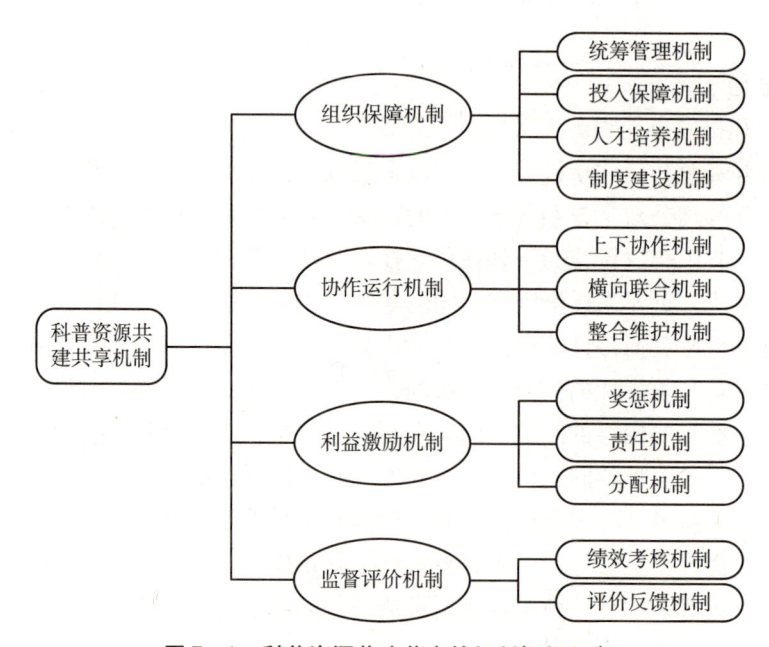

图 7-1 科普资源共建共享的机制框架示意

资料来源:作者在借鉴已有研究成果的基础上绘制而得。

7.5.1 组织保障机制

1. 统筹管理机制

作为科普资源共建共享工作实施的带头人，科协系统应通过"上下协作、横向联合"的方式展开工作，统筹管理，抓好组织领导工作，重视资金的投入、队伍的建设、制度的安排等环节。逐步形成以科协系统为基础，相关单位和社会力量共同参与的科普资源共建共享网络体系，如图7-2所示。国家科协应联合政府相关部门，建立区域科普资源共建共享工作统筹委员会，加强省域之间的协调管理和统筹规划。省科协及相关组织机构要按照国家科协的要求，根据本地区科普资源的需求，带领市级科协积极推广和使用已经开发集成的科普资源，实现科普资源纵向共建共享；要做好与社会各界力量的合作，集成当地科普资源并最大限度地加以利用，以形成协作联合的科普工作格局，实现科普资源横向共建共享。

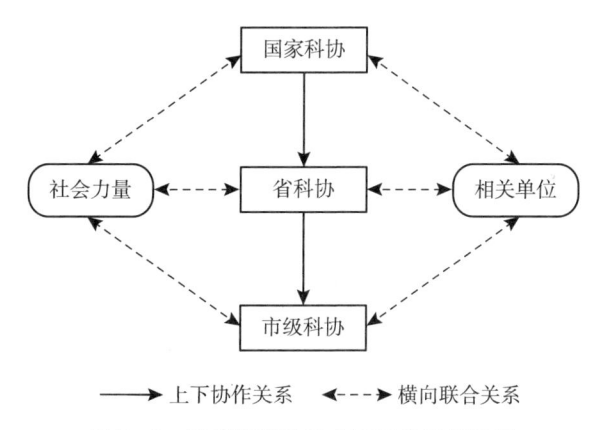

图7-2 科普资源共建共享工作网络示意

2. 投入保障机制

科普工作是社会各界的共同责任，其投入渠道应多元化。各级政府除了对其予以必要的财政支持外，还应通过相关政策的引导和激励，调动各方资金，形成全社会科普资源共建共享的大格局，如图7-3所示。

（1）应充分发挥政府财政投入的杠杆作用，带动社会资金的投入。各级政府应采取财政补贴、税收优惠、奖励等政策措施，吸引企业、高校、科研机构、非政府组织、私人力量等积极参与科普资源共建共享工作。

（2）省科协要制定相应的规划方案，广泛吸收省外和境外机构的资金支持本地区科普建设，逐步提升科普投入水平。尤其要根据地方实际情况调整经费的使用方向，建立长期追踪问效机制，提升科普资金的运营效益。

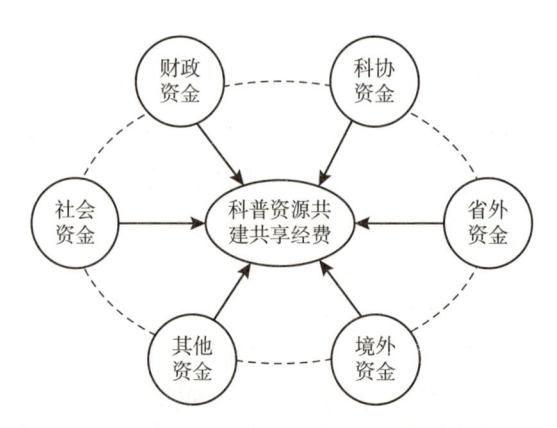

图 7-3　科普资源共建共享的多元化投入体系

3. 人才培养机制

人才队伍是科普资源共建共享的支持和保障，人才培养机制的构建应从以下几个层面展开：

（1）培养专业化人才。加强各大高校科普相关专业的建设，全面提升人才的科普素质和业务水平，着力培养一批有能力、有兴趣从事科普资源共建共享事业的专业人才。

（2）吸引兼职人才。增强宣传力度，聘请科技工作者、科技教育者、大众传媒人士等科技类专家，组建科普兼职人才队伍，开展科技前沿知识和先进科学技术的教育，提升全民科学素质。

（3）创建志愿者队伍。开展内容丰富、形式多样的培训活动，充分调动高校师生和社会各界人士参与科普资源共建共享工作的积极性，加强科普业务的学习。形成一支素质较高、适应性广泛的科普志愿者队伍。

4. 制度建设机制

科普资源共建共享的制度体系，主要涵盖相关的法律政策、规章制度和管理办法等三方面，其机制构建应从以下几个层面展开：

（1）完善法律法规。各省域应参照国家有关法律法规，根据本地区的实际情况，进一步健全和完善相关的法律政策，以保障科普资源共建共享工作的有效实施。

(2) 出台规章制度。各省域在已构建的法律法规框架下，应从科普服务平台建设、资源共建共享方式及资金运作办法等层面着手，出台引导其健康发展的规章制度。

(3) 制定实施管理办法。各省域应针对共建共享活动中产生的具体操作性问题，制定相应的实施管理办法，指导和规范共建共享平台的建设与运行。

7.5.2 协作运行机制

1. 上下协作机制

"上下协作"即科协系统各级部门之间有效沟通、分工负责、通力合作。现阶段，由于科普资源共建共享工作实施渠道较为单一，且集中实施于科协系统及相关部门，导致其他部门之间缺乏协调、管理与合作，使得科普资源重复性建设和开发利用率低等问题不断出现。上下协作机制的构建应从以下几个层面展开：

(1) 提升科普资源共建共享工作的针对性和可操作性。各省域科协系统应加大力度贯彻《中华人民共和国科普法》，并结合《全民科学素质行动计划纲要》的内容，制定具体的实施细则。

(2) 落实科普资源共建共享工作的规划方案。各级政府应成立科普资源共建共享工作领导小组，成立科普资源共建共享的管理协调机构，协调跨系统、跨部门之间不同主体的权责关系，将科协系统提出的有关建议和意见，转变为政府的政策规章，以提升对共建共享工作的宏观调控能力。

2. 横向联合机制

"横向联合"即各省域的科协系统联合本省域的相关政府部门和社会力量共同参与科普事业。建立横向联合机制的目的，是为了充分整合并高效利用社会各界科普资源，以使之更好地为共建共享服务。横向联合机制的构建应从以下几个层面展开：

(1) 联合相关政府部门。各省域的科协系统应主动与本省域的相关政府部门合作组建区域科普资源共建共享协作联盟，联盟可以如下渠道展开活动：聘请各类专家成立科普服务小组，提供学术交流和科技咨询等服务，全面扩大科普资源共建共享受益范围；组织科技工作者开展科普巡回演讲，有针对性地举办科技培训活动、技术报告会和科技讲座，选派科普志愿者进入社区宣传倡导科学文化，深入乡镇街道宣扬科学精神，传播科学技术。

(2) 联合社会力量。各省域科协系统应与社会各界力量合作，在区域科普资源共建共享协作联盟的引领下不断拓展共建共享的空间和范围。首先，应加快建立以科协系统为基础、以科技知识为核心、以科普教育为支撑的面向全社会的科普资源共建共享网络平台；其次，引导社会力量利用现有的科普资源，同科协系统合作建立起覆盖面广的二级科普资源共建共享网络。

3. 整合维护机制

（1）整合机制。为保证不同类型科普资源的有效整合，应依据社会需求，由区域科普资源共建共享协作联盟统筹规划建设功能各异、层次明晰的科普基地，并以此推动科普资源共建共享进程；并针对不同类型科普资源分别制定共享政策和管理办法，健全完善科普资源共享的相关法律法规。

（2）维护机制。为了将新近开发集成的科普资源纳入共建共享体系，使之能得到高效利用，必须建立资源更新与维护机制。可考虑由区域科普资源共建共享协作联盟组建负责资源更新与维护的技术人员队伍，并出台相应的监督制度，以实现对科普资源共建共享工作的有效管理。

7.5.3 利益激励机制

1. 奖惩机制

应遵循"谁贡献谁受益""谁犯错谁担当"的原则，对科普资源共建共享工作中贡献较大的有关部门或单位给予政策扶持、税收优惠或财政补贴；对在科普共建共享工作中表现突出的科研院所、社会团体、企业和个人，可授予其荣誉称号；与此同时，应严格考量科普资源共建共享工作的成效，对于成效不佳的部门或单位，可以要求其做出改进或采取适当的惩罚措施。

2. 责任机制

责任机制是使科普资源共建共享系统保持协调有序运行的动力。应通过将科普资源共建共享工作绩效纳入相关部门工作业绩的考核范围之内，使其成为一项重要的责任，以此来调动社会各界参与科普资源共建共享工作的积极性，逐步提升科普工作者的自觉性。

3. 分配机制

分配机制的作用在于，可通过这一机制，按照科普资源共建共享过程中参与者的贡献大小，制定科普资源收益的合理分配方式，保障共建共享活动参与者的合法权益。应按照社会效率最优化和经济效益最大化的原则来构建分配机制,以充分降低科普资源共建共享的交易成本,提升科普资源共建共享工作的公平性。

7.5.4 监督评价机制

1. 绩效考核机制

对共建共享效果进行考核,是科普资源共建共享机制建设的另一项重要内容。应构建起科学合理的科普资源共建共享绩效考核指标体系,建立科普资源共建共享工作监测机构,由该机构依据指标体系对共建共享项目、资金、设备、人员等进行监督和考核。通过监测机构的日常调查和信息收集,切实了解科普资源共建共享工作的进展情况。

2. 评价反馈机制

评价反馈机制是科普资源创新的内在动力,是共建共享工作进一步开展的基本保障。在科普资源共建共享绩效评价中,除了针对活动规模、活动过程和组织情况的评价外,还应对最终效果进行评价和反馈,且评价结果要结合领导、公众以及媒体的不同观点,以保证其绩效评价的科学性、独立性和客观性。

7.6 省域科普资源共建共享的空间溢出效应分析

7.6.1 空间溢出效应研究综述

空间计量理论(Anselin,1988)认为,一个地区空间单元上的某种社会经济地理现象或某一属性值与邻近地区空间单元上同一现象或属性值是相关的,几乎所有的空间数据都具有空间依赖性或空间自相关性的特征。由此可见,省域科普资源共建共享行为亦可能具备空间相关性,亦即空间上的交互作用与影响。然而,已有研究多集中于探讨科普资源共建共享的理论内涵(莫扬等,2008)及绩效评价(张良强等,2010),从空间计量视角对其省域间的空间相关性和溢出效应展开分析的研究尚属鲜见。

事实上,国内外理论界对于区域经济发展中空间溢出效应的研究由来已久,但多集中于区域间相互影响的经济增长溢出或者 GDP 溢出方面。在以中国为对象的相关研究中，(Brun, Combes & Renard, 2002) 的研究较具代表性，其指出，在短期内沿海和内陆地区之间的溢出效应还不足以减少区域间的不平衡。中国的文献亦就此问题进行了认真探讨。如，王铮等（2003）通过研究中国东中西部和各省区市的经济增长溢出效应，探讨了如何利用区域间的溢出效应加强区域合作、推动区域发展等问题。李小建（2006）、潘文卿（2007）、吴玉鸣（2007）等亦先后开展了相应研究。近年来相关研究呈现出以下特点：多采用空间计量模型来反映溢出的方式及范围，并运用空间计量方法估计溢出效应的大小及其显著性。

基于上述认知，本节试图从省域层面分析中国区域科普资源共建共享的空间溢出效应，在综合考虑经济发展水平和市场化力量对科普资源共建共享绩效影响作用的基础上构建合适的空间计量模型，通过实证分析回答并厘清下列问题：（1）中国的区域科普资源共建共享行为是否存在空间相关性，即在空间上存在着显著的依赖性和异质性？（2）中国的区域科普资源共建共享行为是否存在空间溢出效应？如果存在，其效应值有多高？（3）中国的区域科普资源共建共享绩效同经济发展水平之间存在何种相关关系？市场化力量在共建共享进程中是否发挥了显著的促进作用？

本节结构安排如下，首先，介绍建模所需的空间计量方法与模型；其次，在提出理论假说的基础上通过空间滞后模型（spatial lag model, SLM）的建构完成了对于科普资源共建共享的空间溢出效应的实证分析过程；最后，是结论及有关政策含义的讨论。

7.6.2 建模所需的空间计量方法与模型

空间计量模型主要解决回归模型中复杂的空间相互作用和空间依存性结构问题（Anselin, 1988）。与本章相关的空间计量方法与模型主要有纳入了空间效应（空间相关和空间差异）且适用于截面数据的空间常系数回归模型，包括空间滞后模型（spatial lag model, SLM）与空间误差模型（spatial error Model, SEM）两种。

1. 空间滞后模型（SLM）

空间滞后模型主要探讨各变量在一个地区是否有扩散现象（溢出效应），其表达式为：

$$Y = \rho W y + X\beta + \varepsilon \quad (7-1)$$

在式（7-1）中，Y 为因变量；X 为 n×k 的外生解释变量矩阵；ρ 为空间回归系数；反映了样本观测值中的空间依赖作用，即相邻区域的观测值 Wy 对本地区观察值 y 的影响方向和程度；W 为 n×n 阶的空间权值矩阵，一般用邻接矩阵（contiguity matrix）；Wy 为空间滞后因变量，ε 为随机误差项向量。

参数 β 反映了自变量 X 对因变量 Y 的影响，空间滞后因变量 Wy 是一内生变量，反映了空间距离对区域行为的作用。区域行为受到文化环境与空间距离有关的迁移成本的影响，具有很强的地域性。

2. 空间误差模型（SEM）

空间误差模型的数学表达式为：

$$Y = X\beta + \varepsilon \quad (7-2)$$
$$\varepsilon = \lambda W\varepsilon + \mu \quad (7-3)$$

在式（7-1）、式（7-2）中，ε 为随机误差项向量，λ 为 n×1 的截面因变量向量的空间误差系数，μ 为正态分布的随机误差向量。

参数 λ 衡量了样本观察值中的空间依赖作用，即相邻地区的观察值 Y 对本地区观察值 Y 的影响方向和程度，参数 β 反映了自变量 X 对因变量 Y 的影响。SEM 的空间依赖作用存在于扰动误差项之中，度量了邻接地区关于因变量的误差冲击对本地区观察值的影响程度。

3. 模型判别准则

由于事先无法根据先验经验推断在 SLM 模型和 SEM 模型中选择何者更加符合客观实际，阿瑟林等（Anselin et al., 2004）提出了如下模型判别准则：一般可通过两个拉格朗日乘数（lagrange multiplier）形式 LMERR、LMLAG 和稳健（robust）的 R-LMERR、R-LMLAG 等途径来判断 SLM 模型和 SEM 模型中哪种更为恰当。如果在空间依赖性的检验中发现，LMLAG 较之 LMERR 在统计上更加显著，且 R-LMLAG 显著而 R-LMERR 不显著，则可以断定适合的模型是空间滞后模型；相反，如果 LMERR 比 LMLAG 在统计上更加显著，且 R-LMERR 显著而R-LMLAG 不显著，则可以断定空间误差模型更为合适。除了拟合优度 R^2 检验以外，常用的检验准则还有，自然对数似然函数值（log likelihood, LogL）、似然比率（likelihood ratio, LR）、赤池信息准则（akaike information criterion, AIC）、施瓦茨准则（schwartz criterion, SC）等。对数似然值越大，AIC 值和 SC 值越小，模型拟合效果越好。这几个指标也用来比较 OLS 估计的经典线性回归模型和 SLM、SEM，似然值的自然对数最大的模型最好。

4. 估计技术

如果仍然采用最小二乘法对上述两种模型进行估计，系数估计值会有偏或者无效。因而需要通过工具变量法、极大似然法或广义最小二乘估计等其他方法对其进行估计。本章采用了阿瑟林（Anselin，1988）的建议，采用极大似然法估计 SEM 和 SLM 的参数。

7.6.3 理论假说与模型建构

1. 理论假说

一般而言，各省域科普资源共建共享行为的执行和影响范围确实仅限定于本省域之内，但是，其空间上的交互作用和影响可能是一个不容忽略的客观事实。

一是若某一省域加大了其科普资源共建共享行为的执行力度，完善了共建共享机制，推动了不同权属科普资源的集成共享，促进了科普工作和科技事业的相对繁荣发展，则由此所引致的区域社会发展软硬件环境改善将在某种程度上导致其他省域特别是相邻省域的资源要素流入，其中，必然包括部分可用于共建共享的科普资源，进而会导致其自身科普资源共建共享能力的提升和相关其他省域科普资源共建共享能力的弱化；这在空间上表现为负向溢出，即竞争效应。

二是面对该省域旨在提升科普资源共建共享绩效的付出与努力，其他受其负向溢出效应影响的相关省域亦会相应增加在科普资源共建共享方面的投入力度，以避免因资源要素的流失而产生自身区域竞争力的损失；这在空间上表现为正向溢出，即示范效应。此外，由于地理空间近邻关系的存在，其他相邻省域也会从因该地区加大科普资源共建共享投入力度而增加的社会公共科普服务供给中获益，这也会在空间上表现为正向溢出。

由此可见，中国省域科普资源共建共享的空间溢出效应的形成机制较为复杂，对其进行测度分析时，既要考虑因省域竞争而产生的负向溢出效应，也要考虑因示范效应、近邻关系而产生的正向溢出效应。

基于以上考虑，本书在已有研究基础上提出如下理论假说：

假说 1：区域科普资源共建共享工作存在一定程度上的空间相关性，尽管从空间范围角度而言区域科普资源共建共享工作往往限定于某一地区，但其影响并不局限于此，相关邻域地区的科普资源共建共享工作也会受其空间溢出影响，对其大小和作用方向的测度可以通过选择科学的空间计量模型进行分析而得以实现。

假说 2：由于经济发展水平决定了地方政府在推动科普资源共建共享工作时可资利用的区域科普资源数量多少，因而区域科普资源共建共享绩效与其经济发展状况密切相关,其水平高低主要取决于区域经济发展水平的高下。

假说3:由于科普资源共建共享的核心要义,在于通过多方参与、协同合作而推动不同权属科普资源的集成共享,形成社会化的科普工作格局,因而市场化力量的作用不容忽视,是科普资源共建共享进程得以推进的重要动力之一。除了经济发展水平外,市场化水平高低也会对区域科普资源共建共享绩效产生显著影响。

2. 模型构建

(1) 变量选定及数据来源。

①被解释变量的选择及数据来源。本书选择省域科普资源共建共享绩效为被解释变量,具体数据来源于笔者所在课题组已完成的评价结果。课题组专家曾根据对于相关概念的理解,提出图7-4所示的科普资源共建共享绩效逻辑模型,并构建了相应的评价指标体系,从增强科普能力绩效、提升科普效果绩效及共建共享水平绩效等层面对31个省域的科普资源共建共享绩效进行了评价,其具体结果如表7-1所示。

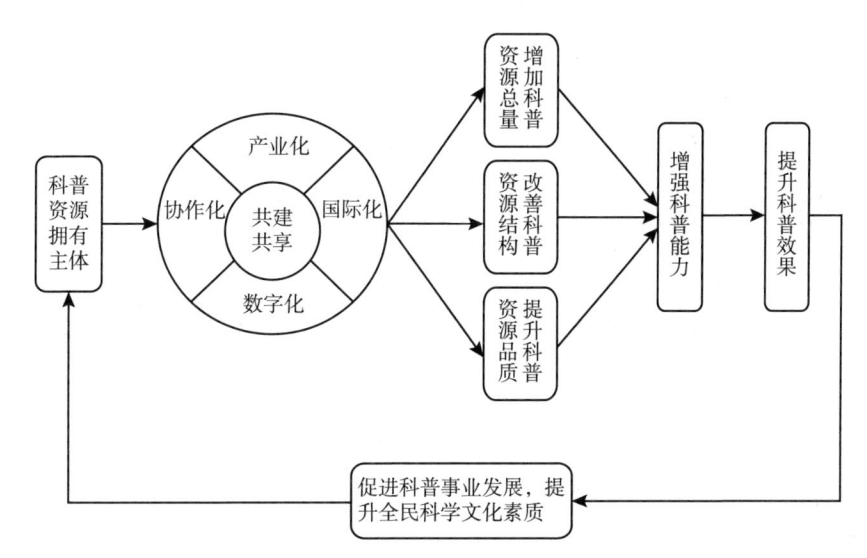

图7-4 科普资源共建共享绩效的概念模型

资料来源:张良强,潘晓君. 科普资源共建共享的绩效评价指标体系研究. 自然辩证法研究,2010(10):88.

表7-1　　各省域科普资源共建共享绩效评价结果（2008年）

地区	增强科普能力绩效评价得分	名次	提升科普效果绩效评价得分	名次	共建共享水平绩效评价得分	名次
北京	75.04	1	81.26	1	77.11	1
上海	55.26	2	31.09	2	47.20	2
天津	36.33	3	18.62	8	30.43	3
湖南	30.52	4	22.31	5	27.78	4
海南	24.26	10	25.59	4	24.70	5
四川	22.70	14	27.73	3	24.37	6
宁夏	27.45	7	17.21	9	24.04	7
云南	27.61	6	13.80	15	23.00	8
青海	26.45	8	14.07	14	22.33	9
湖北	28.15	5	9.19	25	21.83	10
重庆	21.65	18	21.00	7	21.43	11
陕西	23.45	12	17.17	10	21.36	12
浙江	25.14	9	12.50	18	20.93	13
广西	20.34	24	21.29	6	20.66	14
江苏	23.46	11	12.16	20	19.70	15
福建	22.82	13	12.74	17	19.46	16
辽宁	21.69	17	14.35	13	19.25	17
新疆	20.73	23	16.25	11	19.24	18
江西	21.02	22	14.43	12	18.82	19
甘肃	22.29	15	11.34	22	18.64	20
贵州	21.54	19	12.03	21	18.37	21
山西	21.89	16	9.30	24	17.70	22
内蒙古	21.46	20	8.79	26	17.24	23
河南	19.36	26	10.92	23	16.55	24
广东	18.41	28	12.38	19	16.40	25
吉林	21.20	21	3.82	30	15.41	26
安徽	19.37	25	7.41	28	15.38	27
黑龙江	18.53	27	8.59	27	15.22	28

续表

地区	增强科普能力绩效评价得分	名次	提升科普效果绩效评价得分	名次	共建共享水平绩效评价得分	名次
山东	15.90	30	13.49	16	15.10	29
河北	16.77	29	6.28	29	13.28	30
西藏	6.80	31	2.05	31	5.22	31
省域均值	22.51		12.09		19.03	

资料来源：张良强，潘晓君．科普资源共建共享的绩效评价指标体系研究．自然辩证法研究，2010（10）：92-93．

②解释变量的选择及数据来源。本书选择经济发展水平和市场化水平为解释变量，借鉴已有研究的一般做法，选取人均 GDP 为反映经济发展水平的变量指标，选取樊纲等发布的市场化指数为反映市场化水平的变量指标。具体数据来自于《中国统计年鉴（2009）》及《中国市场化指数：各地区市场化相对进程 2009 年报告》。

（2）模型建构。

根据空间计量模型与方法的基本原理和前述理论假说，本书的具体建模思路如下：先采用空间统计分析 Moran 指数法检验被解释变量（科普资源共建共享绩效）是否存在空间自相关性；如果存在空间自相关性，则以前述模型与方法和判别准则为依据，建立相应的空间计量模型，进行空间溢出效应的估计和检验。

空间权重矩阵是空间计量模型得以成功构建的关键，也是地区间空间影响方式的体现。目前，空间权重矩阵 W 的确定方法，主要有基于邻近概念的一阶邻近矩阵、高阶邻近矩阵及 K 值最邻近空间矩阵和基于距离的空间权值矩阵等。本书采用 K 值最邻近空间矩阵对其加以测算，利用 GEODA 软件生成。

①被解释变量的空间自相关性检验。省域科普资源共建共享绩效的 Moran's I 指数及其显著性检验结果如图 7-5~图 7-7 所示。经计算，省域增强科普能力绩效、提升科普效果绩效及共建共享水平绩效评价得分的空间自相关 Moran's I 指数分别为 -0.1161、-0.1031、-0.1199，显著性水平分别为 3%、4%、1%，在小于 5% 的水平上提供了强烈的空间负自相关证据，具体如表 7-2 所示。因此，可以认为省域科普资源共建共享绩效确实在空间上存在着依赖性和异质性，有必要从空间维度的相关性和异质性出发，对科普资源共建共享绩效的影响因素进行空间计量分析。

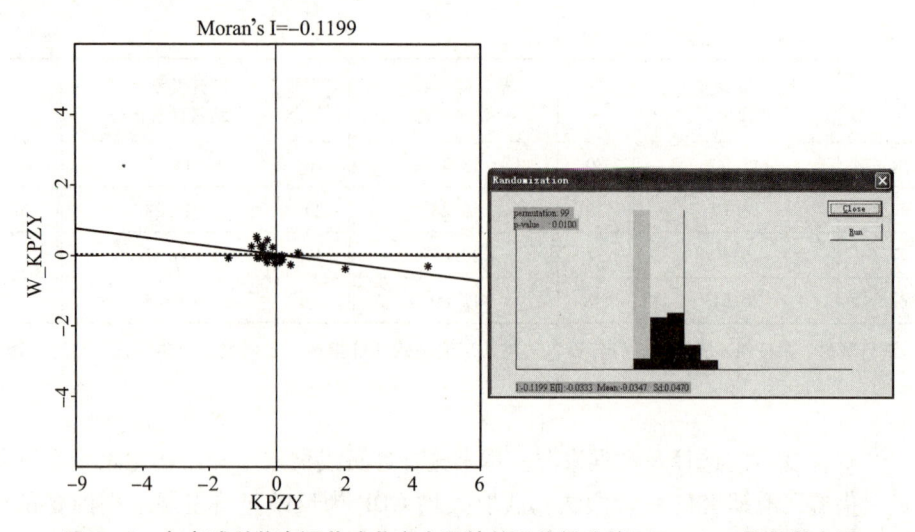

图 7-5　各省域科普资源共建共享水平绩效评价得分的 Moran's I 指数散点图

注：KPZY 表示 2008 年各省域的科普资源共建共享水平绩效评价得分。W_KPZY 表示邻近省域该项得分的加权平均值。

资料来源：根据表 7-1 中相关数据及《中国统计年鉴 (2009)》中国统计出版社，2009 及樊纲等《中国市场化指数：各地区市场化相对进程 2009 年报告》，经济科学出版社，2010，相关数据计算而得。

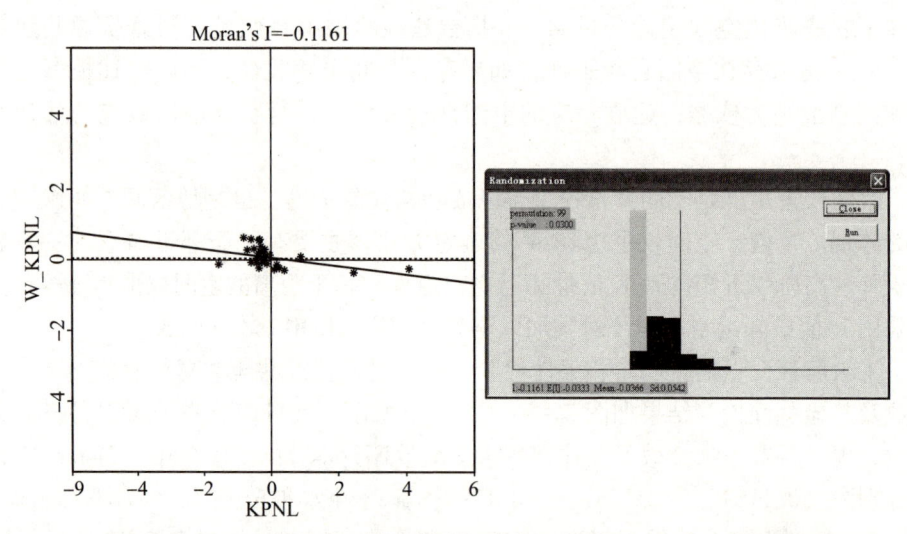

图 7-6　各省域增强科普能力绩效评价得分的 Moran's I 指数散点图

注：KPNL 表示 2008 年各省域增强科普能力绩效得分。W_KPNL 表示邻近省域该项得分的加权平均值。

资料来源：根据表 7-1 中相关数据及《中国统计年鉴 (2009)》，中国统计出版社，2009 及樊纲等《中国市场化指数：各地区市场化相对进程 2009 年报告》，经济科学出版社，2010，相关数据计算而得。

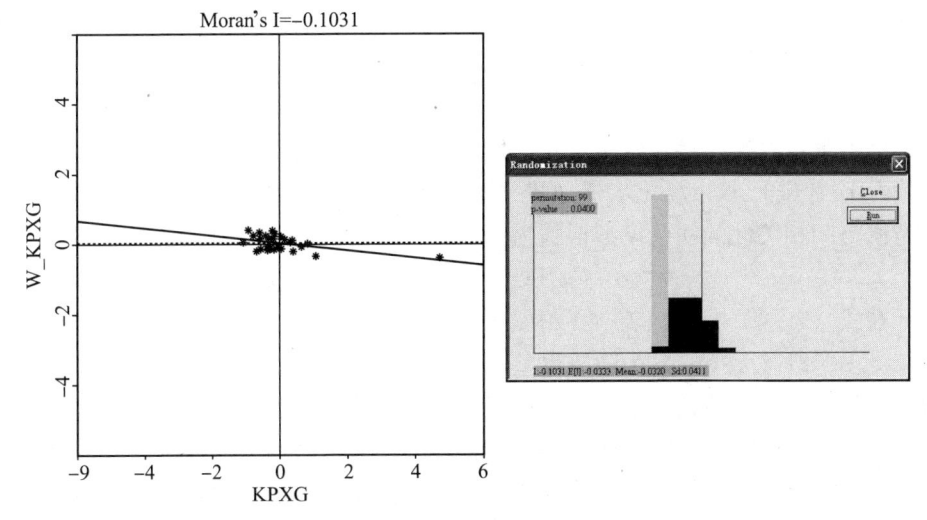

图7-7　各省域提升科普效果绩效评价得分的 Moran's I 指数散点图

注：KPXG 表示 2008 年各省域提高科普效果绩效得分，W_KPXG 表示邻近省域该项得分的加权平均值
资料来源：根据表7-1中相关数据、《中国统计年鉴（2009）》及樊纲等《中国市场化指数：各地区市场化相对进程2009年报告》相关数据计算而得。

表7-2　31个省域科普资源共建共享绩效 Moran's I 指数及其显著性检验结果

类别	Moran's I	Moran's I 期望值 E(I)	标准差 Sd	小概率 p 值
增强科普能力绩效	-0.1161	-0.0333	-0.0542	0.03
提升科普效果绩效	-0.1031	-0.0333	-0.0411	0.04
共建共享水平绩效	-0.1199	-0.0333	-0.0470	0.01

资料来源：根据表7-1中相关数据及《中国统计年鉴（2009）》，中国统计出版社，2009 及樊纲等《中国市场化指数—各地区市场化相对进程2009年报告》，经济科学出版社，2010，相关数据计算而得。

②空间计量模型的选择与估计。省域科普资源共建共享绩效可由三个层面的绩效评价得分反映：增强科普能力绩效、提升科普效果绩效及共建共享水平绩效，因此，本章拟从上述三个层面入手，分别选择增强科普能力绩效、提升科普效果绩效及共建共享水平绩效评价得分为被解释变量，构建三个模型，以较为全面地达成研究目的。

模型Ⅰ：以共建共享水平绩效评价得分为被解释变量，以经济发展水平（以人均 GDP 表征）和市场化水平（樊纲等发布的市场化指数为表征）为解释变量；不考虑空间相关性的初始模型形式为：

$$V_i = \alpha_1 + \beta_1 PGDP_i + \beta_2 MARKET_i + \varepsilon_i \tag{7-4}$$

模型Ⅱ：以增强科普能力绩效评价得分为被解释变量，以经济发展水平（以人均 GDP 表征）和市场化水平（樊纲等发布的市场化指数为表征）为解释变量；不考虑空间相关性的初始模型形式为：

$$E_i = \alpha_2 + \gamma_1 PGDP_i + \gamma_2 MARKET_i + \varepsilon_i \quad (7-5)$$

模型Ⅲ：以提升科普效果绩效评价得分为被解释变量，以经济发展水平（以人均 GDP 表征）和市场化水平（樊纲等发布的市场化指数为表征）为解释变量；不考虑空间相关性的初始模型形式为：

$$Z_i = \alpha_3 + \varphi_1 PGDP_i + \phi_2 MARKET_i + \varepsilon_i \quad (7-6)$$

在式（7-4）～式（7-6）中，α 代表常数项，β、γ、φ 为回归参数，i 为 1，2，…，31 个省域，ε 为随机误差项。被解释变量 V、E、Z 分别代表 31 个省域的共建共享水平绩效评价得分、增强科普能力绩效评价得分和提升科普效果绩效评价得分，PGDP 和 MARKET 则分别代表人均 GDP 和市场化指数。

如前文所述，可供本章选用的空间计量经济模型主要有纳入了空间溢出效应的空间滞后模型（SLM）与空间误差模型（SEM）两种。为进行 SLM 模型和 SEM 模型的选择，先对模型Ⅰ、模型Ⅱ、模型Ⅲ运用普通最小二乘法以不考虑空间相关性的初始模型形式进行估计，以进一步确认空间相关性的存在，结果见表 7-3 和表 7-4。

如表 7-3 所示，模型Ⅰ、模型Ⅱ、模型Ⅲ的回归估计结果均表明，表征经济发展水平的人均 GDP 变量的回归系数均为正，且通过了 1% 的变量显著性检验，说明经济发展水平对科普资源共建共享绩效有显著的正向促进作用，与理论假设一致。而表征市场化力量的市场化指数变量却在模型Ⅰ、模型Ⅲ中均没有通过 5% 的显著性检验，在模型Ⅱ中显著性水平也仅达到 4.4%，说明市场化力量对科普资源共建共享绩效并未产生显著影响，与理论假设有出入。表 7-3 中，模型Ⅰ、模型Ⅱ、模型Ⅲ的空间依赖性检验结果表明，Moran's I 指数的 P 值分别为 0.019、0.034、0.026，均在 5% 的显著性水平下通过检验，表明不考虑空间相关性的初始模型回归误差的空间依赖性（相关性）非常明显，有必要在模型中加入空间效应因素，运用合适的空间计量模型对其进行修正。根据前述模型判别准则，如果 LMLAG 较之 LMERR 在统计上更加显著，且 R-LMLAG 显著而 R-LMERR 不显著，则可以断定适合的模型是空间滞后模型；模型Ⅰ、模型Ⅱ、模型Ⅲ的检验结果均表明，LMLAG 较之 LMERR 在统计上更加显著，且 R-LMLAG 均通过了 5% 的显著性检验，而 LMERR 和 R-LMERR 均未能通过 5% 的显著性检验，因此，根据前面介绍的判别准则，对于模型Ⅰ、模型Ⅱ、模型Ⅲ，空间滞后模型（SLM）均是相对较为合适的模型。

表 7-3　　　　　　　模型Ⅰ、模型Ⅱ、模型Ⅲ的 OLS 估计结果

评价指标	模型Ⅰ（被解释变量为共建共享水平绩效）			模型Ⅱ（被解释变量为增强科普能力绩效）			模型Ⅲ（被解释变量为提升科普效果绩效）		
R^2	0.5293			0.6010			0.3392		
R^2_{adj}	0.4957			0.5724			0.2920		
F	15.7452			21.0834			7.1851		
LogL	-109.4610			-106.4880			-118.2690		
AIC	224.9220			218.9760			242.5380		
SC	229.224			223.278			246.84		
解释变量	回归系数	t 统计值	显著性水平	回归系数	t 统计值	显著性水平	回归系数	t 统计值	显著性水平
常数项	21.11	2.963	0.006	23.64	3.652	0.001	16.1	1.701	0.1
MARKET	-2.4	-1.87	0.072	-2.47	-2.11	0.044	-2.27	-1.33	0.195
PGDP	9E-04	4.744	0	9E-04	5.463	0	8E-04	3.243	0.003
空间依赖性检验									
检验指标	数值	统计值	显著性水平	数值	统计值	显著性水平	数值	统计值	显著性水平
Moran's I	0.043	2.35	0.019	0.033	2.118	0.034	0.038	2.231	0.026
LMLAG	1	1.917	0.166	1	2.341	0.126	1	0.886	0.347
R-LMLAG	1	5.131	0.023	1	4.854	0.028	1	4.428	0.035
LMERR	1	0.254	0.614	1	0.156	0.693	1	0.201	0.654
R-LMERR	1	3.468	0.063	1	2.669	0.102	1	3.742	0.053

资料来源：根据表 7-1 中相关数据、《中国统计年鉴（2009）》及樊纲等《中国市场化指数：各地区市场化相对进程 2009 年报告》相关数据计算而得。

根据以上判断，在模型Ⅰ、模型Ⅱ、模型Ⅲ中均加入空间效应，分别建立相应的空间滞后模型（SLM）对其进行估计。本章利用极大似然估计法（ML）对空间计量经济参数进行估计，得到的估计结果如表 7-4 所示。从表 7-4 中不难看出，相对于 OLS 估计的经典回归模型，SLM 的拟合优度检验值 R^2 和对数似然函数值都有所提升，AIC 值均相对变小，表明考虑了空间效应以后，用极大似然法估计的模型有效地消除了因忽略了空间自相关而导致的估计误差。空间滞后因变量的回归系数显著为负，说明假说 1 成立，但负向溢出的态势较为明显，当前因省域竞争而产生的负向溢出效应要显著大于因示范效应、近邻关系而产生的正向溢出效应。经济发展水平变量的回归系数仍显著为正，再度验证了与假说 2 的一致性。而表征市场化力量的市场化指数变量在模型Ⅲ中仍未通过 5% 的显著性检验，在模型Ⅰ中显著性水平也仅达到 4.6%，且其回归系数为负，说明市场化力量对科普资源共建共享绩效并未产生显著的正向促进作用，假说 3 难以成立。

表 7-4　　　　　　　　　SLM 模型的 ML 估计结果

评价指标	模型1（被解释变量为共建共享水平绩效）			模型2（被解释变量为增强科普能力绩效）			模型3（被解释变量为提升科普效果绩效）		
R^2	0.6297			0.6925			0.4080		
LogL	-106.6310			-103.2800			-117.0500		
AIC	221.2620			214.5600			242.1010		
解释变量	回归系数	t统计值	显著性水平	回归系数	t统计值	显著性水平	回归系数	t统计值	显著性水平
空间滞后因变量	-0.8418	-2.6663	0.00767	-0.8052	-2.8675	0.00414	-0.6268	-1.645	0.099
C	39.7164	4.51527	6.3E-06	42.7707	5.0974	3E-07	27.8857	2.7208	0.00651
M	-2.1748	-1.9978	0.04573	-2.1046	-2.1475	0.03175	-2.335	-1.5171	0.12925
E	0.00081	5.25952	1E-07	0.00085	6.12852	0	0.00075	3.43993	0.00058

资料来源：根据表 7-1 中的相关数据、《中国统计年鉴（2009）》及樊纲等《中国市场化指数：各地区市场化相对进程 2009 年报告》相关数据计算而得。

7.6.4　结论及政策含义

本章从省域层面分析中国区域科普资源共建共享的空间溢出效应，在提出理论假说的基础上综合考虑经济发展水平和市场化力量对科普资源共建共享绩效的影响，依据相关模型回归检验结果及判别准则，在各种备择模型中选择空间滞后模型（SLM）对空间溢出效应的方向及大小进行了尝试性的分析探讨。经实证研究发现：

（1）中国的省域科普资源共建共享行为存在显著的空间相关性，即在空间上存在着显著的依赖性和异质性。尽管从空间范围角度而言，区域科普资源共建共享工作往往限定于某一地区，但其影响并不局限于此，相关邻域地区的科普资源共建共享工作也会受其空间溢出影响。

（2）当前，中国省域科普资源共建共享行为的负向溢出态势较为明显，说明当前因省域竞争而产生的负向溢出效应要显著大于因示范效应、近邻关系而产生的正向溢出效应。

（3）当前，中国省域科普资源共建共享绩效与其经济发展状况密切相关，经济发展水平的高低对科普资源共建共享绩效有显著影响，正向促进作用十分明显；但市场化力量对科普资源共建共享绩效的促进作用并不显著，尚未成为推进科普资源共建共享的重要动力。

上述结论具有鲜明的政策含义。

首先，区域空间传递机制（空间相互依赖）和溢出效应的存在，使得省域内影响其自身科普资源共建共享绩效的各因素能够在更大的空间范围内发挥作用，这为推进省域之间在科普资源共建共享上的区域合作提供了切实的理论依据和更为迫切的现实要求。

其次，当前中国省域科普资源共建共享行为所呈现出的空间负向溢出效应亦具有一定的警示意义，要警惕由负向溢出效应所引致的先进地区同后进地区之间离心效应的发生和强化，防止一味支持先进地区在科普资源共建共享方面做大做强的片面做法，在推进省域科普资源共建共享工作的进程中要做好统筹调控工作，促进此项工作在空间区域层面的协调发展。

再其次，经济发展水平对科普资源共建共享绩效有显著影响的研究结论表明，经济发展是科普资源共建共享绩效提升的主要动力，当前应切实推进经济发展方式转变，提升经济发展的质量和水平，以夯实科普资源共建共享的经济基础。

最后，研究结论还显示，现阶段市场化力量对中国省域科普资源共建共享绩效的促进作用并不显著，这表明当前中国科普事业的发展仍未摆脱主要由"政府推动"的发展模式，尚未实现向主要依靠"市场拉动"的发展模式转变，市场机制在科普资源共建共享中的有效作用亟待充分发挥。

7.7 促进省域科普资源开发共建共享的对策建议

7.7.1 统筹规划促进区域科普资源开发均衡发展

应对各省域的科普资源开发工作进行统筹规划。经过深入调查研究，对区域科普资源共建共享的现状、指导思想和工作原则、工作目标、重点任务、保障条件、重点工程等作出科学规划，以引导科普资源共建共享工作有效进行，改变目前区域科普资源配置不均衡的现状。首先，应注重发挥科普资源开发水平较高地区在科普资源开发共享中的带动辐射作用，促进其与科普资源开发水平相对落后地区之间形成互动，循序渐进、层次分明地有序提升区域科普资源开发水平。其次，应提升各区域科普资源开发的积极性，鼓励各区域开展科普工作交流与合作，健全互助、扶持机制，加大对科普资源开发水平较低地区的支持力度，加强科普经费投入，优化科普人员配置，强化科普教育基地、科技场馆设施的建设。最后，应大力开发各地区的特色科普资源，以凸显其自身科普资源建设优势。

7.7.2 打造科普资源开发长效机制

健全科普资源共建共享机制对于提升省域科普资源共建共享工作具有重要意

义，当前应以科普资源开发为重点打造长效机制，如图 7-8 所示，以共建促共享。

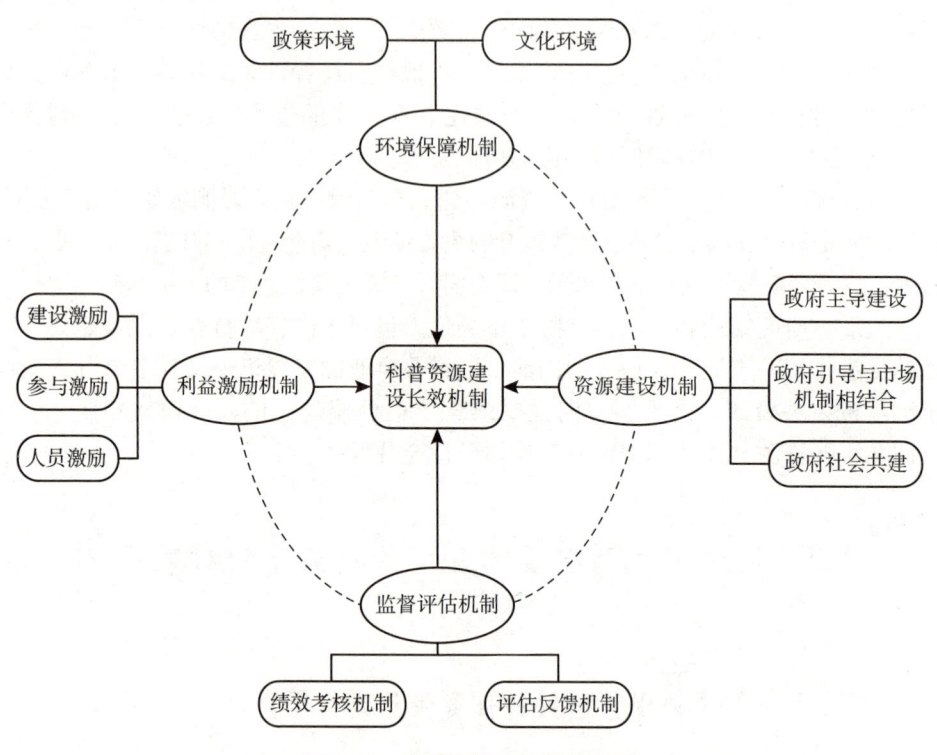

图 7-8 科普资源开发长效机制

1. 打造环境保障机制

一方面，应注重科普政策法规体系的战略前瞻性和规划引导性的建设，以提升公众科学素质和科普能力水平为战略目标，形成和实施合理的科普政策法规体系制定规划，在规划中明确法规政策的调整范围，明确各辖区政策法规的分工界限和轻重缓急；另一方面，紧紧围绕国家的科技发展规划、战略部署、相应的科普政策法规、方针以及科普工作重点，结合本地区的实际情况和特色，制定相应的科普政策法规，特别要重视科普传媒资源和活动资源等方面政策的制定，以保证科普工作的全面开展，如研究制定鼓励扶持优秀的科普图书和影视作品的政策、规定电台、电视台科普类节目、报刊科普栏目及作品所占的比例。此外，要紧随时代发展的需要，更新科普观念，适时改进不适应时代发展要求的科普政策；注重提升科普法规政策的实效性水平，在制定科普法规政策过程中，应着眼科普政策法规的可操作性和可实施性，强化与其他政策法规的协调性，以保证科普法规政策能够真正执行、落实。

在科普资源开发中，应积极发挥科普作为文化形态的重要作用，促进公众、企业乃至政府认识、理解科学，增强科普意识。将科普纳入社会文化建设工作，动员社会各方力量积极参与社会文化建设，科普领导者和工作者应立足于科普能为地区经济社会发展提供良好社会氛围的战略高度，着眼未来，用心经营，认真扎实地做好科普工作，实现科普工作的可持续发展。各地的科普工作主管单位，应以弘扬科技文化、提升本地区的"文化软实力"为重要途径，营造学科学、讲科学、用科学、爱科学的良好社会氛围，促进本地区科普事业又好又快地发展。同时，应积极建设科普社会文化，当科普成为社会共同的价值认可、上升为文化后，科普行为便成为自发的、可持续的愿望和要求。从这种意义上来说，科普文化建设工作仍任重而道远。

2. 打造灵活多样的资源开发模式

根据科普资源的性质、特点的不同，可将其分为公益性资源和经营性资源。基于公益性资源和经营性资源的特点，科普资源开发可采取以下三种模式：

（1）"政府主导"建设模式。

针对面向大众的、基础性的科普资源，如博物馆、图书馆、自然资源保护区、生命科学馆、科学素质教育中心、科普活动中心（站）、科技教育基地等，因其具备投资大、维护费用高、完全公益性性质等特点，可采取"政府主导建设"模式，以各级科协单位、政府有关部门为主负责建设，建设资金由政府拨款。

（2）"政府引导与市场机制相结合"建设模式。

针对经营性性质比较强或者可市场化程度较高的科普资源，如农业观光园、绿色生态园、技术培训中心、机构或企业所拥有的其他科普资源等，可采取"政府引导与市场机制相结合"模式。一方面，政府可采取财政补贴、税收优惠、金融优惠等手段吸引、激励各类企业、学会（协会）、高校、科研机构、民间组织、个人等社会资金投入建设，以"上面花小钱"达到"下面办大事"的目的；另一方面，因该类资源来自社会，是对公益性资源的补充，应依据自负盈亏、优胜劣汰的市场机制，建立资源有偿使用和服务机制，通过对外提供服务收取费用来运用，但相关费用的收取应符合有关规定，政府可以进行适当的财政补贴，以减轻科普受众的经济负担。

（3）"政府社会共建"模式。

针对具有一定经营性性质同时又有一定公益性性质的科普资源，如海洋馆、动物园、植物园、职业技术学校、科技示范园等，可以采取"政府社会共建"模式。应依据具体情况，有些由科协和财政投资建设，有些则由企业、学会（协会）、高校、科研机构、民间组织、个人等社会资金投入建设。如厦门市思明区的动漫墙即为较具代表性的案例，该动漫墙是由科协与企业合作共建的，建设资金主要以企业投入为主，科协亦投入了部分资金。通过科协与企业的共建，科协进一步完善了科普资源的建设，吸引更多科普受众参与科普活动，而企业通过动漫墙的建设，扩大自身的知名度，并据此开发、经营多种衍生产品，获得了一定的品牌效益。

3. 打造利益激励机制

（1）建设激励。

科普场馆、科普基地力求陆续免费开放，公共服务体系日益完善。通过对同类科普资源年度接待科普受众的多少、科普受众的满意度评价、协作的状况、效益的好坏等科普评比，决定后续建设项目支持与否，以及应该支持的强度。同时，根据评比状况，确定以财政补贴、税收优惠、后收购、奖励、命名或挂牌等政策、措施和方式予以奖励。

（2）参与激励。

把参加科普活动作为一种奖励：对个人、群体、协会和单位，积极参与科普活动的给以不同程度的活动奖励或经费补贴。科普基地对未成年人、大中专学生和老年人免费开放（可限定人次，并给予每人次一定的经费补贴）；寒暑假期间，夏令营等活动亦享受类似待遇。每年给予接纳未成年人、大中专学生和老年人的科普场馆、科普基地一定数额的经费补贴。

（3）人员激励。

设立多种形式的科普奖励如科普作品奖、科普建议奖等，将科普工作和科普成果纳入工作考评指标中，使其成为职称评定、职位晋升的重要考察因素。对于认真履行工作职责的农村村级和城市社区的科普宣传员，经考评表现优秀者，每年将在县区财政安排的专项资金中给予每人一定的奖励性补贴。

4. 打造灵活多样的资源开发模式

一方面，要建立绩效考核机制，可构建科普工作绩效考核指标体系，依据指标体系对科普项目的实施过程和结果进行考核、监管及评价。另外，可建立科普工作监测机构，通过监测机构的调查和信息收集工作，了解公众的科学素养和科普资源开发的情况。同时，能及时掌握社会大众对科普工作的监督与建议。另一方面，要建立评估反馈机制。定期对科普资源的质量、科普设施的使用情况、科普人员的行为结果等进行监测评估，努力解决建设、运营中存在的问题。在科普工作评价中，除了对活动规模、活动过程和组织情况的评价外，还要对最终效果进行评价和反馈。此外，评价结果要结合领导、公众以及媒体的不同观点，保证评估的客观性、独立性和公正性。

7.7.3 提升科普活动的参与度和普及率

1. 加强科普国际交流与合作

应积极开展国际间的交流和合作，认真学习国外成功的科普资源开发经验，不断探索和创新国际合作共享的模式。可与国外成功的科普网站链接，双方合作共同开发科普资源；应根据科普发展的需要，组织开展多层次、多形式、多学科的科学研讨、科学考察等活动；定期或不定期进行人员和科普资源交流，组织专业人员参与国际交流和研讨；广泛开展学术交流活动，邀请国外学者讲学或从事技术交流活动，引进国外智力，通过举办和参加各种科普会议、科普作品与展品的交流、出国考察培训等形式进一步加强与国际民间科普组织的交流；进一步加强已有国际科普交流品牌的建设，同时应积极寻找新合作切入点，开拓新领域的合作与交流，如可选派本省域学生赴国外开展交流活动、国外大学生来中国实习以及开展科普教育合作，等等。

2. 进一步促进科研与科普紧密结合

首先，应对科普活动工作进行统筹规划和组织管理，在科研机构内成立专门的科普工作领导小组，并通过实验室等科普设施开放制度、科研人员科普工作管理制度、科普工作绩效评估制度等制度的完善与建设，促进科普工作的日常化和规范化。可借鉴国外科研机构的一些优秀做法，如澳大利亚科学与工业研究组织创立之初通过成立专门的科学传播机构使得澳大利亚科学与工业研究组织的研究动态和新成果在社会中得到了广泛的传播；为了保障各类科学传播项目的组织与协商工作的顺利开展，美国国家工程院还专门成立了美国国家工程院科学传播项目办公室。科研机构可依据实际情况成立科学传播办公室，选拔优秀的且愿意致力于科学传播的科研人员成为专职传播者，一方面，负责科研机构的研究动态、新成果等方面的传播工作，另一方面，应致力于科研资源科普化的工作，加强科研与科普的紧密联系。

其次，科研机构应积极创造条件，逐步增加开放时间，鼓励有条件的单位实行长期开放，开展科普活动时应以贴近和服务公众为宗旨，采用通俗易懂、言简意赅的语言，通过制作科研成果图册、科研成果的科普模型和示意展品等形式向公众展示科研成果。

再其次，应提升科研资源的利用率，如可将科研器材、实验仪器、科技成果、科研报告等在科技馆或博物馆等场所进行展示，通过建立专题网站对相关科技论文、科研报告、科研人员的科研经历、科研案例进行传播。

最后，强化科研人员的科普意识，调动广大科研人员的科普积极性。可由政府出资设立科普专项资助经费，用于向愿意开展科普项目的大学、科研机构等提供资助，可要求受资助的科研人员每年必须抽出一至两日从事科普活动。抑或制定一些硬性规定，督促科研人员积极参与科普工作，如规定做好科技计划项目的同时必须兼顾科普工作，在申请科技项目时要求申请者提交一项有关科普活动的方案等；针对重大科研项目或政府资助力度较大的项目，可从项目经费中划拨部分资金用于相关科技成果的科学普及工作，或者用于项目实施单位和科学家科普活动的开展。

3. 进一步丰富科普活动资源开发绩效

开展形式多样、内容丰富、面向群众的全民科普日、科技周等活动，活动内容包括讲座、培训、展览、电影，以及同观众之间的各种互动等，不断创新科普活动形式，基本形成以科技展览、科普讲座和报告、科技竞赛、青少年科普、体验式科普等为主体的科普活动资源开发绩效体系。一方面，应注重公众科普需求，提升科普活动效果。可依据不同人群的心理特点和需求选取不同科普内容，组织开展不同形式的科普活动，将影视节目、科普图书、挂图等展教资源与各类科普基础设施的展教活动有机结合起来，提升科普资源利用率和活动效果。如面向青少年可开展"大手拉小手科技传播行动"、科技专家进校园（社区、科普基地）、走进科学殿堂、科技竞赛等活动，开设科普教育课堂，组织科学家与青少年进行"面对面"的科技交流活动。另一方面，应重视特色科普活动的开展。如，可依托文化馆、图书馆、活动中心等场所，推出简便易行、具有特色的科普展览和科普活动；推动旅游景区、绿色生态园、农业观光园等结合自身特色与优势，开展特色科普展教活动，如开展面向海洋开发的特色科普活动；加强海峡两岸科普活动交流与合作等。

7.7.4 整合媒体功用强化科技传播

1. 发挥传统媒体作用的同时强化网络科普传媒建设

长期以来，大众传媒在科学普及中起着重要的作用。图书、报刊、电视、广播等作为传统的媒介在科学普及中的地位尤为突出。传统媒体的传播力度不足，是制约科普资源开发水平提升的重要原因之一。为此，首先，应加大科普图书、音像制品、电子出版物的出版力度，丰富出版物种类，提升出版物质量，扩大发行量，同时应注重科普创作的创新性，打造一批具有特色的科普图书、音像制品、电子出版物精品。其次，应依据民众的需要，有计划性地增加各类报刊等科普出版物的发行量和种类，应特别注重增加各类报纸期刊所涉及的科普内容题材以及综合性报纸科技栏目的数量与版面数，从而培育一批影响度较高的综合性报刊科技专栏，充分发挥专业科技报刊的作用，提升传统媒体的受众率。最后，针对电视、广播等传统媒介，应有计划性地增加电视台、广播电台科技节目的播出频道、增加频道内科技类节目的播出时间和栏目，同时亦可在重要时段播出一定比例的科普公益广告和科普节目，积极建立一批科普节目制作基地，推出一批具备地方特色的精品科普栏目。

与传统的科普媒介相比，网络科普能提供更为广泛的信息，快捷、便利、跨时空和地域，并且采用多媒体技术，图文并茂，形式与内容将更为生动活泼、丰富多彩，同时也使得科普受众掌握主动权，能更为主动、积极地关注科普信息。一方面，应在开展网络科普的过程中有针对性地设置内容丰富、形式多样的栏目，引导网民浏览科普栏目，且因大部分网民上网的主要目的是获取信息和休闲娱乐，可将简短的科普知识附在相关科技信息之后或者融入一些娱乐休闲软件中，使得网民在获取信息或娱乐的同时能够接触了解一些科普常识。另一方面，为了增加网络科普的多样性和互动性，应研究开发网络科普的新技术和新形式，为受众创造良好的虚拟环境，如可鼓励采用相应的虚拟技术，辅以图像、动画、视频、音频等多媒体技术构建虚拟博物馆、虚拟科技馆，以此激发公众对科学的兴趣，引导人们主动走近科学、了解科学和认识科学。

2. 整合科普媒体资源，打造媒体品牌

应树立资源整合观和品牌发展观，将各方科普媒体资源整合起来，实现优势互补和资源共享。应充分利用传统媒体和现代媒体的各自优势，做到扬长避短、功能互补，如可利用网络平台，开办报纸、广播等的网络版，抑或借助计算机技术、多媒体技术等现代高新技术将各种纸质版的科普资源数字化以提升科普资源的可传播性和可共享性。此外，可通过打造媒体品牌以提升大众传媒科普传播能力和效果，选择一些高质量的科普报刊加以重点扶持，将其进一步打造成国内知名、先进的品牌科普报刊，亦可培育、扶持若干对网民特别是青少年具有较强吸引力的品牌科普网站。

7.7.5 多方入手加大科普经费投入力度

1. 发挥政府引导作用，广泛筹集社会资金

应加强政府对社会资金的引导，通过政策引导和激励，调动社会各方面的资金，形成科普资源全民建设的社会化大科普格局。各级政府或科协可采取财政补贴、税收优惠、后收购、奖励、命名或挂牌等政策、措施和方式，吸引学会（协会）、企业、高校、科研机构、民间组织、个人等社会资金参与科普资源开发工作。同时，各级政府和科协应制定相应的政策措施，广泛吸纳省外和境外机构、个人的资金支持本地区科普建设。

从发达国家科普经费来源来看，科普经费投入不仅依靠政府的财政投入，而且采用科普项目"费用分担"的资助方式确保高强度的科普经费投入。如美国国家科学基金会建立了一套调动企业和社会资金实施科普项目的机制，一方面，政府向愿意开展科普项目的科普专业机构、大学、研究机构等提供资助，另一方面，政府也鼓励项目执行机构从企业、民间组织等社会渠道获取科普经费。可借鉴"费用分担"的资助方式，实行面向社会的科普项目资助制度，使政府的资金投入成为"种子"资金，吸收大量社会资金，解决科普经费不足的"瓶颈"问题。

2. 推进科普产业化

发挥市场的引导、优化和调节作用，逐步建立公益性科普事业与经营性科普产业并举的体制。以公众科普需求为导向，扶持一批成长性好、持续发展能力强的企业从事科普产品的研发、生产、集散和服务。采取适当的形式有针对性地将科普资源（如科普读物、科普博物馆、科普音像制品等）推向市场。中国一些地区已经进行了尝试并取得了良好的成效，如天津万科出资建设天津市青少年科技俱乐部、南方自然博物园有限公司在广东筹建南方自然博物园等。随着社会的发展，人们越来越注重精神消费，科普产品作为新思想、新知识的载体，未来亦有可能成为新经济增长点和新消费热点，可充分利用科普场所、科普示范教育基地、观光园等资源，充分挖掘科技夏令营、主题旅游、科技旅游等市场潜力，同时，亦可建设寓教于乐的科技馆或高品位的科技文化博物馆。应以公众科普需求为导向，发挥市场的引导、优化和调节作用，制定相关招商引资政策，推动科普出版、科普展览展品开发制作、科普玩具、科普游戏软件等科普产业发展，逐步建立科普产业商业化运作体制，解决科普资金投入不足的问题。

7.7.6 专兼职结合加强科普人才队伍建设

1. 培养高素质科普专业人才

一是重点培养高水平、具有创新能力的科普专业人才。应重点培育科普创作、科普场馆专门人才、科普传媒、科普研究与开发等方面的科普专业人才。培养科普场馆专门人才可以充分利用各类科普场馆设施资源，依据科普场馆运行与管理的需要，重点培养科普展览设计、场馆运营管理等方面的人才；支持、鼓励科普创作，注重科普创作人员的知识水平和创新能力的提升，培育一批高层次的科普创作人才；培养科普研究与开发人才则应加大对科普项目的资助力度，鼓励企业、高校、科研院所等开展科普理论研究，营造良好的科普研究开发氛围，办好各类科普报刊；应注重培养高素质、传播能力强的科普新闻、出版、影视等方面的高端科普传媒人才和针对网络、手机、移动电视、移动通信等新兴媒体人才。二是建设科普专业人才培养基地。一方面，应鼓励、支持企业、科研院所等组织机构建设科普专业人才培训实践基地，充分发挥企业、科研院所等组织机构的资源优势，加强交流和合作，提升科普专业人才队伍的建设水平；另一方面，应在高校专门设立与科普相关的专业方向（如科技传播、科普创作和理论研究等专业方向），建设不同层次与科普相关的专业学位点（本科、硕士点、博士点、博士后流动站（工作站）），培养大批文理兼容的优秀高端科普创新专业人才。

2. 加强科普志愿者队伍建设

一是加强科普志愿者队伍的组织建设。为了向科普志愿者提供施展才能的平台，应加大对各级各类科普志愿者协会、科普志愿者社团等组织的建设力度，加强科普志愿者网站和志愿者服务站的建设，同时，应进一步加大对科普志愿者的培训，提升科普志愿者队伍的整体素质。

二是鼓励各方社会力量加入科普志愿者队伍。可强化科技社团的科普志愿者队伍建设，充分调动学会等科技社团的积极性和创造性，激励、支持学会等科技社团开展形式多样的科普活动，组织会员参与各项科普工作；积极发展大学生科普志愿者队伍，与高校科协或学生团体组织合作，积极动员、鼓励大学生注册成为科普志愿者，组织大学生参加各项科技创新活动或科普志愿服务活动，促进大学生参与科普工作；各级科普协会、服务站、社团等组织应积极动员不同专业的老专家、老教授等离退休科技人员加入科普志愿者队伍，鼓励其将专业和技术特长广泛地融入科普工作中，提升其参与科技教育和科技传播工作的积极性。

三是建立各项机制以保障科普志愿者队伍的发展。建立健全应对重大突发事件的科普志愿者动员机制，发展应急科普志愿者队伍；不断探索、创新有效激励机制，充分发挥相关奖项的激励作用，调动广大科技工作者和其他专业人才的积极性，鼓励其融入科普志愿者组织。

7.7.7 强化科普基础设施建设

应积极完善各类科技场馆建设，主要措施有：一是对现有科技场馆进行更新改造。有计划地更新改造不具备展教功能或难以发挥科普效用的科技场馆，引入新理念，加强展览和教育活动的主题策划设计，增强科技场馆的教育功能，激发活力，使其满足大众对科普活动的需求。二是充分挖掘社会科普设施资源。逐步建立全社会科普场馆资源共建共享体制和良好的运行机制，营造全社会科普资源开放共享的环境，推进科普资源的高效利用；充分开发利用高校、科研院所、企事业单位等开放的科研、生产设施和场所资源，建设专业科技馆或产业科技馆。

应大力建设基层科普设施。一方面，应依托青少年学生校外活动中心、青少年宫、妇女儿童活动中心、乡镇（街道）、行政村（社区）的文化站、广播站、中小学校、农技协、农村专业合作经济组织等相关社会设施，鼓励、支持各县（市、区）建设综合性科普活动场所，但应重视其科普教育、培训、展示等功能的发挥。另一方面，应加强公共场所科普宣传设施的建设，充分发挥科普活动站（室）、科普画廊（宣传栏）的宣传作用，并有计划性地增加科普图书、挂图、声像资料等科普资源的数量和比例，使得科普宣传教育内容更为丰富多彩。

另外，应积极推进科普教育基地建设，重点支持青少年宫和青少年实践基地等未成年科技教育基地的建设，增加科普教育内容，并对科普教育基地进行有效管理和广泛宣传，充分发挥科普教育功能。同时，应因地制宜，依据自身特点和资源，充分发挥自身地域和行业优势，将区域重点产业发展与科普工作有机结合，建设不同功能的产业科普基地。此外，应加大海洋馆、主题公园、野生动物园、自然保护区、地质公园、森林公园、动植物园等经营性旅游场馆的建设力度，强化其科普教育功能。

参 考 文 献

[1] 白雪飞. 我国经济发展方式转变协调度研究——基于 1995～2010 年的数据. 辽宁大学学报（哲学社会科学版），2013，41（5）：77-83.

[2] 陈晓玲，李国平. 我国地区经济收敛的空间面板数据模型分析. 经济科学，2006（5）：5-17.

[3] 陈柱兵. 准确把握转变经济发展方式的深刻内涵. 经济研究参考，2008（24）：13.

[4] [英] 达德利·西尔斯. 发展的含义. 载罗荣渠主编. 现代化：理论与历史经验的再探讨. 上海：上海译文出版社，1993：46.

[5] 丁刚，罗暖. 我国省域科技创新人才队伍建设的现状评价与空间集聚效应研究——基于 GPCA 模型和 ESDA 方法. 武汉理工大学学报（社会科学版），2012（4）：519-525.

[6] 董正信，耿晓玉，杨晶晶. 河北省经济发展方式转变进程评价. 统计与管理，2011（1）：17-20.

[7] 都波. 论经济增长与经济发展. 科技创新与应用，2012（6）：232-232.

[8] 杜锦锦，金晶瑜. 国内外关于"转变经济发展方式"的理论研究. 政策瞭望，2008（7）.

[9] 樊纲，王小鲁. 中国市场化指数：各地区市场化相对进程 2009 年报告. 经济科学出版社，2010.

[10] 葛霆. 中国公众科技网科普平台的作用. 科协论坛，2002（8）.

[11] 顾成军，龚新蜀. 中国经济增长方式的转变及其影响因素研究. 中国科技论坛，2012（3）：111-117.

[12] 关浩杰. 经济发展方式转变评价指标体系构建及应用研究——以河南省为例. 河北工程大学学报（社会科学版），2013，29（4）：25-30.

[13] 郭庆旺，贾俊雪. 中国全要素生产率的估算：1979～2004. 经济研究，2005（6）：51-59.

[14] 郭治. 科技传播学引论. 天津科技翻译出版公司，1996：14-16.

[15] 韩晓明. 转变经济发展方式进程测评体系构建. 新疆财经，2013

(1): 5 - 10.

[16] 何郁冰. 从系统论的角度看科技普及的内涵. 科学管理研究, 2003, 21 (1): 42 - 45.

[17] 贺立龙. 转变经济发展方式的含义与动力探析. 社会科学辑刊, 2011 (3): 91 - 93.

[18] 洪兴建. 中国地区差距、极化与流动性. 经济研究, 2010 (12): 82 - 97.

[19] 胡俊平, 钟琦, 罗晖. 科普信息化的内涵、影响及测度. 科普研究, 2015 (1): 11 - 16.

[20] 胡学勤. 国际上十种发展观类型及当前新的发展观特点. 扬州大学学报 (人文社会科学版), 2006, 10 (3): 54 - 58.

[21] 湖北省科协课题组. 科普资源共建共享机制研究. 2010 湖北省科协工作理论研讨会论文集: 1~22, 湖北省科学技术协会, 武汉: 2010 年 7 月 31 日.

[22] 江峻任. 科普的系统化. 科技情报开发与经济, 2004, 14 (4): 152 - 153.

[23] 蒋晶晶, 冯邦彦. 广东省要素投入与全要素生产率的实证分析. 广东商学院学报, 2011, 26 (1): 76 - 82.

[24] 蒋志华, 李庆子, 李瑞娟. 转变经济发展方式的内涵及相关范畴研究. 经济研究导刊, 2010 (6): 11 - 12.

[25] 科技部政策法规与体制改革司. 2006 年度全国科普工作统计调查方案, 2006.

[26] 中国科协. 关于开展 2008 年科普展览资源共享服务工作的通知, 2008 - 5 - 7.

[27] 孔志军. 国外信息资源共建共享研究现状及发展趋势. 图书馆建设, 2005 (5).

[28] 李朝晖, 任福君. 从规模、结构和效果评估中国科普基础设施发展. 科技导报, 2011, 29 (4): 64 - 68.

[29] 李健民, 杨耀武等. 关于上海开展科普工作绩效评估的若干思考. 科学学研究, 2007, 25 (S2): 331 - 336.

[30] 李玲玲, 张耀辉. 我国经济发展方式转变测评指标体系构建及初步测评. 中国工业经济, 2011 (4): 54 - 63.

[31] 李婷. 地区科普能力指标体系的构建及评价研究. 中国科技论坛, 2011 (7): 12 - 17.

[32] 李阳, 丁秋蕊. 对科学普及的系统分析. 科技创业月刊, 2006 (6): 162 - 163.

[33] 厉无畏，王振．转变经济增长方式研究．学林出版社，2006.

[34] 林卫斌，陈彬，蒋松荣．论中国经济增长方式转变．中国人口资源与环境，2012，22（11）：130-136.

[35] 林毅夫，苏剑．论我国经济增长方式的转换．管理世界，2007（11）.

[36] 刘承功，卢晓红．用历史唯物主义的观点看经济增长与经济发展．复旦学报（社会科学版），2001（5）：43-47.

[37] 刘华军等．中国二氧化碳排放分布的极化研究．财贸研究，2013（3）：84-90.

[38] 刘为民．试论"科普"的源流发展及其接受主体．科学学研究，2000，18（1）：75-78.

[39] 骆希干．中国经济发展方式的转变及其自主创新支持研究．西北大学，2009：6-20.

[40] 吕政．转变经济发展方式需要解决的突出问题．前线，2008（3）：10-12.

[41] ［美］M.P. 托达罗著．经济发展与第三世界．王蓉生等译．中国人民大学出版社，1988：130.

[42] 莫扬，孙昊牧，曾琴．科普资源共享基础理论问题初探．科普研究，2008（5）.

[43] 牛文元．2000年中国可持续发展报告．北京．科学出版社，2000：87-95.

[44] 牛政斌．关于经营科普资源的思考．科协论坛，2006（1）：20-22.

[45] 欧志文，蒋均时．"转变经济发展方式"的科学理念与时代内涵．消费导刊，2008（2）：209-211.

[46] 裴卫旗．中国经济发展方式合理性转变的定量评价．中州学刊，2013（2）：40-44.

[47] 戚敏，王宇良，徐惠琴．企业科普资源评估与因子设计的初步研究．科普研究，2007（5）：42-46.

[48] 秦学，邹春洋．广州市科普资源与科普基地类型及分布研究．广州市经济管理干部学院学报，2004（2）：37-41.

[49] 邱竞．北京经济增长方式转变研究——基于增长约束的分析．中国人民大学博士学位论文，2008.

[50] 任福君．关于科技资源科普化的思考．科普研究，2009，4（3）：60-65.

[51] 上海科普资源开发与共享中心（编）．上海科普资源状况（2008）．上海科学普及出版社，2008：4-6.

[52] 沈露莹，葛寅等．上海转变经济发展方式评价指标体系研究．科学发展，2010（6）：11-35.

[53] 石宏博．转变经济发展方式的绩效评价与地区间差异分析——以辽宁省为例．财经问题研究，2011（9）：124-128.

[54] 石顺科．英文"科普"称谓探识．科普研究，2007（2）：63-66.

[55] 史路平，安文．科普项目评估制度化探析．科普研究，2010（1）：48-52.

[56] 宋立．经济发展方式的理论内涵与转变经济发展方式的基本路径．北京市经济管理干部学院学报，2011，26（3）：3-7.

[57] 孙淑珍．把图书馆办成科普的重要阵地．牡丹江医学院学报，1999，20（2）.

[58] 孙玉涛等．基于专利的中欧国家创新能力与发展模式比较．科学学研究，2009，27（3）：440-444.

[59] 孙祖芳．转变经济增长方式中人力资源因素分析．同济大学学报（社会科学版），2009（5）：5-111.

[60] 唐龙．体制改革视角下转变经济增长方式研究述评．求实，2009（7）：41-44.

[61] 田小平．发挥科普资源优势提高弱势群体能力——关于实施"3320科普扶弱社会计划"的构想与建议．北京观察，2003（7）：24-25.

[62] 佟贺丰，刘润生，张泽玉．地区科普力度评价指标体系构建与分析．中国软科学，2008（12）：54-60.

[63] 汪洋．自主创新是加快转变经济发展方式的核心推动力．学术研究，2010（3）.

[64] 王大鹏，吴育华，朱迎春．中国城市经济增长的全要素动态分析．统计与决策，2008（24）：76-78.

[65] 王国亮．共享促共知带共建——论共建共享辩证关系与策略．民营科技，2008（2）.

[66] 王火根，沈利生．中国经济增长与能源消费空间面板分析．数量经济技术经济研究．2007（12）：98-107.

[67] 王小鲁．中国经济增长的可持续性与制度变革．经济研究，2000（7）：3-15.

[68] 王一鸣．转变经济增长方式与体制创新．经济与管理研究，2007（8）：5-10.

[69] 卫兴华，侯为民．中国经济增长方式的选择与转换途径．经济研究，

2007（7）：15-22.

[70] 吴华刚．我国省域科普资源建设水平指标体系的构建及评价研究．科技管理研究，2014（18）：66-69.

[71] 吴敬琏．中国增长模式抉择．上海远东出版社，2005：1-10.

[72] 吴树青．转变经济发展方式是实现国民经济又好又快发展的关键．前线，2008（1）：17-31.

[73] 吴易风．经济增长理论：从马克思的增长模型到现代西方经济学家的增长模型．当代经济研究，2000（8）：1-4.

[74] 向进青．基层科普干部简明读本．武汉：湖北科学技术出版社，2002：3-4.

[75] 肖元真．中国经济发展方式转变的有效途径与战略目标．中国石油大学学报，2008（2）：17-20.

[76] 谢延新，周颖．浅谈科普资源及苏州的优势．苏州教育学院学报，2005（1）：89-92.

[77] 徐欣禄．关于建立图书馆文献信息资源共建共享体系的探讨．图书馆界，2001（3）.

[78] 许捷，龚新蜀．经济发展方式转变测评——以新疆生产建设兵团为例．商业时代，2014（1）.

[79] 玄海燕，黎锁平，刘树群．地理加权回归模型及其拟合．甘肃科学学报，2007，19（1）：51-52.

[80] 薛贺香．河南省经济发展方式转变影响因素实证分析．商业时代，2012（3）：133-134.

[81] 颜鹏飞．经济增长与发展有区别又有联系．江苏农村经济，2011（11）：24-24.

[82] 杨晶晶．河北省经济发展方式转变的评价体系研究．河北大学硕士学位论文，2010.

[83] 杨磊．从"中等收入陷阱"谈中国的经济增长与经济发展．生产力研究，2012（7）：26-27.

[84] 杨勇，李素文，包菊芬．科普产业空间集聚度及发展模式识别．经济地理，2015（3）：15-19.

[85] 姚聪莉．中国经济发展方式转变中工业化道路的转型．福建论坛（人文社会科学版），2007（12）：20-23.

[86] 奕文莲．转变经济发展方式要实现三个转变．学习论坛，2008（6）：34-37.

[87] 尹奥,袭著燕,刑旭东. 山东经济发展方式转变评价指标体系构建研究. 科技和产业,2012,12 (4): 64 – 67.

[88] 尹霖,张平淡. 科普资源的概念与内涵. 科普研究,2007 (1): 34 – 41.

[89] 袁清林. 科普学概论. 北京:中国科学技术出版社,2002: 31 – 33.

[90] 2004 年度广东省科普工作统计实施方案. 2004.

[91] 翟杰全. 基于公共传播理念的科学普及. 科普研究,2010,5 (3): 44 – 47.

[92] 翟树刚. 注重流动科普资源建设 提升共享水平和创新能力. 科技视界,2013 (2): 144 – 146.

[93] 张二勋,陈晓霞. 20 世纪国外发展观的嬗变与启示. 城市问题,2008 (5): 82 – 88.

[94] 张风帆,李东松. 我国科普评估体系探析. 中国科技论坛,2006 (3): 69 – 72.

[95] 张良强,潘晓君. 科普资源共建共享的绩效评价指标体系研究. 自然辩证法研究,2010,26 (10): 86 – 94.

[96] 张秋立. 媒体如何促进科普资源共享. 青年记者,2008 (9).

[97] 张仁开,李健民. 建立健全科普评估制度,切实加强科普评估工作. 科普研究,2007 (4): 38 – 41.

[98] 张义芳,武夷山,张晶. 建立科普评估制度促进我国科普事业的健康发展. 科学学与科学技术管理,2003 (6): 7 – 10.

[99] 张志敏. 科普展览巡展的社会效益评估指标体系研究. 科普研究,2010,5 (29): 45 – 49.

[100] 张卓元. 转变经济增长方式:政府改革是关键. 经济研究参考,2006 (74): 16 – 19.

[101] 张卓元. 深化改革,推进粗放型经济增长方式转变. 经济研究,2005 (11): 4 – 9.

[102] 章道义. 科普创作概论. 北京:北京大学出版社,1983: 1 – 5.

[103] 郑念,廖红. 科技馆常设展览科普效果评估初探. 科普研究,2007 (6): 43 – 46.

[104] 郑文丰,何晓桃. 以资源开发为主线,实施一站式科普传播服务. 广东科技,2008 (9).

[105] 郑予洪. 关于经济增长理论的简明述评. 商业经济,2013 (3): 9 – 11.

[106] 中国科协科普部. 中国科协科普部 2008 年工作要点. 科协论坛,2008 (4).

[107]《中国科普效果研究》课题组. 科普效果评估理论和方法. 社会科学文献出版社, 2003: 305-309.

[108] 周孟璞, 松鹰. 科普学. 成都: 四川科技出版社, 2007: 121-122.

[109] 朱效民. 中国科普事业走向研究. 北京大学博士学位论文, 1999.

[110] 宗兆礼. 山东省经济增长方式实证研究. 山东社会科学, 2006 (7): 110-114.

[111] Anselin, Luc. Spatial Econometrics: Methods and Models. Boston: Kluwer Academic.

[112] Brueckner, Jan K. Strategic Interaction Among Local Governments: An Overview of Empirical studies. International Regional Science Review, 2003 (26): 175-188.

[113] Anselin, Luc. Spatial Econometrics: Methods and Models, Boston: Kluwer Academic Publishers. 1988.

[114] Anselin. Interactive techniques and exploratory spatial data analysis. In: Michael F Goodchild. David J Maguire, David Wrhind. Geograghical Information Systerms, Principles, Technical Issues, Management Issues and Applications Paul A Longley. New York: John Wiley & Sons, 1999: 253-266.

[115] Arrow, Kenneth J. Economic Implications of Learning by Doing [J]. In: Review of Economic Studies, 1962.

[116] Basalla G. Pop science: the depiction of science in popular culture [M]. Boston: D. Reidel Publishing Company, 1976: 261-278.

[117] Chow, Gregory C. Capital Formation and Economic Growth in China [J]. In: Quarterly Journal of Economics, 1993, Vol. 108 Issue 3: 809-842.

[118] Chris Brunsdon, A Stewart Fotheringham and Martin E Charlton. Geographically Weighted Regression-modelling: Spatial non-stationarity [J]. The Statistician, 1998, 47 (3): 431-443.

[119] Cornelis Gustaaf C. Is Popularization of Science Possible [EB/OL]. [2012-03-09]. http://www.bu.edu/wcp/Papers/Scie/ScieCorn.htm.

[120] Dagum C. A New Approach to the Decomposition of the Gini Income Inequality Ratio [J]. Empirical Economics, 1997 (4): 515-531.

[121] Esteban J and Ray D. On the Measurement of Polarization, Econometrica 62, Issue 4, 1994: 819-851.

[122] Esteban, J., Gradn C. and Ray D. 1999, Extensions of a Measure of Polarization, with an Application to the Income Distribution of Five OECD Countries,

Luxembourg Income Study Working Paper Series 218, Maxwell School of Citizenship and Public Affairs Syracuse University, Syracuse, NewYork. http: //www. webology. org/2008/v5n1/editorial15. html.

[123] James P. LeSage: A Family of Geographically Weighted Regression Models: http: //www. spatial-econometrics. com/html/bgwr. pdf. 2001 – 11 – 9.

[124] Jaswal B. A. Impact of Digital Technology on Library Resource Sharing: Revisiting Labelnet in the Digital Age [J]. Pakistan Journal of Library & Information Science, 2005 (7): 87 – 104

[125] J. D. Bernard. The Social Function of Science [M]. British: Georeg Routledges & Sons, 1994: 84 – 104.

[126] J. F. Brun, J. L. Combes and M. F. Renard. Are there spillover effects between coastal and noncoastal regions in China? [J]. China Economic Review, 2002 (13): 161 – 169.

[127] J. M. Ziman. The Force of Knowledge [M]. British: Cambridge University Press, 1977: 82 – 110.

[128] J. Paul Elhorst. Matlab Software for Spatial Panels, Presented at the IVth World Conference of the Spatial Econometrics Association (SEA), Chicago, 2010 (6).

[129] John C. Burnham. How Superstition Won and Science Lost: Popularizing Science and Health in the United States [M]. American: Rutgers University Press, 1987: 37 – 40.

[130] Lasso de la Vega and Urrutia A. M. , An Alternative Formulation of the Esteban – Garden – Ray Extended Measure of Polarization, Journal of Income Distribution 15, 2006: 42 – 54.

[131] León Bienvenido. Science Popularisation through television documentary: A study of the work of British wildlife filmmaker David Attenborough. [EB/OL]. http: //www. pantaneto. co. uk/issue15/leon. htm, 2012 – 03 – 09.

[132] LeSage, James P. and Pace R. Kelley. Introduction to Spatial Econometrics, CRC Press /Taylor & Francis Group: London, 2009.

[133] Lucas Rober. On the Mechanism of Economic Development [J]. In: Journal of Monetary Economics, 1988.

[134] NoruziAlireza. Editorial: Science Popularization through OpenAccess [J]. Webology, 2008, 51.

[135] Robert King Merton. Science and Society in 17th Century England [J].

Science & Society, 1939, 3 (1): 3-27.

[136] Romer P M. Increasing Return and long-run Growth [J]. Journal of Political Ecomomy, 1986, Endogenous Technological Change [J]. Journal of Political Economy, 1991.

[137] T. W. Burns, D. J. O'Connor and S. M. Stocklmayer. Sciencecommunication a contemporary definite-on [J]. Public Understandingof Science, 2003, 12 (2): 183-202.

[138] Tobler, W. R. A Computer Movie Simulating Urban Growth in Detroit Region. Economy Geography, 1970 (46): 234-240.